动手学

PyTorch建模与应用

从深度学习到大模型

王国平 编著

清華大學出版社
北 京

内 容 简 介

本书是一本从零基础上手深度学习和大模型的PyTorch实战指南。本书共11章，第1章主要介绍深度学习的概念、应用场景及开发环境搭建。第2章详细介绍PyTorch数学基础，包括函数、微分、数理统计、矩阵等基础知识及其案例。第3章介绍数据预处理及常用工具，包括NumPy、Pandas、Matplotlib、数据清洗、特征工程以及深度学习解决问题的一般步骤等。第4章介绍PyTorch基础知识，包括张量的创建、激活函数、损失函数、优化器等。第5章介绍PyTorch深度神经网络，包括神经网络概述、卷积神经网络、循环神经网络等。第6章介绍PyTorch数据建模，包括回归分析、聚类分析、主成分分析、模型评估与调优等。第7～10章介绍PyTorch图像建模、文本建模、音频建模和模型可视化。第11章介绍大语言模型的原理、主要的大语言模型及模型本地化部署、预训练与微调技术。本书还精心设计了50个动手案例和上机练习题，并对所有代码进行了详尽注释和说明，同时提供数据集和配书资源文件，以帮助读者更好地使用本书。

本书讲解深入浅出，注重动手实操，特别适合想学习AI技术或想进入该领域的初学者，对深度学习感兴趣的新手、在校学生和从业者阅读，也很适合作为培训机构和高校相关专业的教学用书。

图书在版编目（CIP）数据

动手学 PyTorch 建模与应用 ：从深度学习到大模型 / 王国平编著. -- 北京 ：清华大学出版社，2024. 7(2025. 5 重印).
ISBN 978-7-302-66659-2

Ⅰ. TP181

中国国家版本馆 CIP 数据核字第 2024PP5141 号

责任编辑： 王金柱
封面设计： 王　翔
责任校对： 闫秀华
责任印制： 丛怀宇

出版发行： 清华大学出版社
网　　址：https://www.tup.com.cn，https://www.wqxuetang.com
地　　址：北京清华大学学研大厦 A 座　　邮　　编：100084
社 总 机：010-83470000　　邮　　购：010-62786544
投稿与读者服务：010-62776969，c-service@tup.tsinghua.edu.cn
质量反馈：010-62772015，zhiliang@tup.tsinghua.edu.cn
印 装 者： 三河市天利华印刷装订有限公司
经　　销： 全国新华书店
开　　本： 185mm×235mm　　**印　　张：** 23.5　　**字　　数：** 564 千字
版　　次： 2024 年 8 月第 1 版　　**印　　次：** 2025 年 5 月第 2 次印刷
定　　价： 99.00 元

产品编号：107449-02

前　言

在人工智能时代，机器学习技术日新月异，深度学习是机器学习领域中一个全新的研究方向和应用热点，它是机器学习的一种，也是实现人工智能的必由之路。深度学习的出现不仅推动了机器学习的发展，还促进了人工智能技术的革新，已经被成功应用在语音识别、图像分类识别、自然语言处理、大语言模型等领域，具有巨大的发展潜力和价值。

本书是一本带领读者快速学习PyTorch并将其运用于深度学习建模方向的实战指南，重点介绍了基于PyTorch的图像建模、文本建模、音频建模、模型可视化和大语言模型等。本书的特点是动手学，带领读者在实操中学习。为此，本书每一章基本上都精心设计了动手练习案例，同时还给出了上机练习题，上机练习题提供了实现代码和操作步骤，读者只需要按步骤操作即可，在动手中理解概念、发现问题、解决问题。另外，本书所有代码都给出了详细的注释和说明，大幅降低了读者理解代码的难度。

本书内容介绍

本书共11章，各章内容概述如下：

第1章是深度学习和PyTorch入门知识，内容包括深度学习概述、搭建开发环境以及深度学习的应用场景。

第2章介绍PyTorch数学基础，内容包括函数、微分、数理统计、矩阵等基础知识及其案例。

第3章介绍数据预处理及常用工具，内容包括NumPy、Pandas、Matplotlib、数据清洗、特征工程以及深度学习解决问题的一般步骤等。

第4章介绍PyTorch基础知识，内容包括张量的创建、激活函数、损失函数、优化器等。

第5章介绍PyTorch深度神经网络，内容包括神经网络概述、卷积神经网络、循环神经网络等。

第6章介绍PyTorch数据建模，内容包括回归分析、聚类分析、主成分分析、模型评估与调优等。

第7章介绍PyTorch图像建模，内容包括图像分类技术、图像识别技术、图像分割技术及其案例。

第8章介绍PyTorch文本建模，内容包括Word2Vec模型、Seq2Seq模型、Attention模型及其案例。

第9章介绍PyTorch音频建模，内容包括音频处理及应用、音频特征提取、音频建模案例。

第10章介绍PyTorch模型可视化，内容包括Visdom、TensorBoard、Pytorchviz和Netron。

第11章介绍从深度学习到大语言模型，内容包括大语言模型的原理、主要的大语言模型以及常用的模型预训练与微调技术。

本书的主要特色

1）由浅入深，循序渐进，易于初学者学习

从PyTorch开发环境讲起，循序渐进地介绍相关数学基础、深度学习、PyTorch的基础知识以及常用工具，并辅以操作示例和步骤演示，图文并茂，易于初学者快速理解。

2）边学边练，在实操中掌握，成就感十足

本书各章都提供了相应的动手练习案例，读者可以从这些案例中提高运用深度学习算法的综合能力，理解深度学习项目实施的具体流程，所有案例尽可能贴近实际工作，为读者解决深度学习实际问题打下基础，学以致用是本书的一大特色。

3）丰富的上机操作题，大大提升应用技能

本书精心设计了19个动手练习和31个上机练习题，所有上机练习题还提供了详细的实现代码和操作步骤，读者按照步骤演练即可。在上机练习中，读者可以加深对理论知识的理解，发现问题并及时解决。

4）技术先进，代码注释详尽

本书基于PyTorch 2.2编撰，书中所有示例代码都提供了详尽的注释和说明，大大降低了读者理解代码的难度。本书还在最后介绍了当前热点的大模型的基本概念、模型本地化部署、预训练和微调技术等知识，让读者能够与时俱进，跟上技术发展的步伐。

本书适合的读者

读者可以通过本书学习PyTorch的使用，掌握深度学习的概念及其应用。本书主要适合以下读者：

- 深度学习、数据分析和数据挖掘的初学者。
- 程序员和人工智能行业从业者。
- 对深度学习感兴趣的各类人员。
- 培训机构和高校相关专业的学生。

配书资源下载

为了方便读者使用本书，本书还提供了数据集、源代码和PPT，扫描以下二维码即可下载：

如果读者在学习本书的过程中遇到问题，可以发送邮件至booksaga@126.com，邮件主题写“动手学PyTorch建模与应用：从深度学习到大模型”。

由于编者水平有限，书中难免存在疏漏之处，敬请广大读者和业界专家批评指正。

编　者

2024年3月

目　录

第 1 章

深度学习和PyTorch概述

1

深度学习（Deep Learning，DL）是人工智能的一种，相比于传统的机器学习，深度学习在某些领域展现出了最接近人类的智能分析效果，开始逐渐走进我们的生活，例如刷脸支付、语音识别、智能驾驶等。本章首先介绍深度学习的发展历史、深度学习框架及其应用领域，然后介绍如何搭建深度学习的开发环境。

1.1 走进深度学习的世界

深度学习可以让计算机从经验中学习，并根据层次化的概念来理解世界，让计算机从经验中获取知识，可以避免由人类来给计算机形式化地制定它所需要的所有知识。本节介绍深度学习的发展历史和主要框架，及其重要的应用领域。

1.1.1 深度学习的发展历史

深度学习的出现是为了解决那些难以形式化描述的任务。传统的机器学习方法往往需要人工提取特征并设计模型，对于复杂的任务来说，这往往是非常困难甚至不可能的。而深度学习通过构建多层次的神经网络，可以自动学习和提取特征，从而解决这一难题。例如，面对图像识别、语音识别等难以形式化描述的任务，深度学习都取得了极大的成功。

深度学习还可以解决人工智能难以解决的问题。人类可以凭借直觉轻易解决的问题，往往对于机器学习算法来说是非常困难的。例如，人类可以轻易识别出一张猫的图片，但对于计算机来说，要让它理解什么是猫，却需要大量的训练数据和复杂的模型。深度学习则可以模拟人类大脑的工作方式，从而实现对这些比较直观的问题的解决。

深度学习的发展可以追溯到20世纪50年代，当时科学家们就开始尝试模拟人脑神经元的工作方式，但由于计算机性能的限制和数据集的缺乏，这一领域并没有得到很大的发展。

2006年是深度学习的元年，加拿大多伦多大学的Geoffrey Hinton在《科学》杂志上发表论文，提出了深层网络训练中梯度消失问题的解决方案，其主要思想是先通过自学习的方法学习训练数据的结构（自动编码器），然后在该结构上进行有监督训练微调。

Hinton被认为是“人工智能教父”，他在机器学习广泛流行之前就一直是这个领域的开拓者。Hinton对人工神经网络和机器学习算法的发展做出了重大的贡献。他参与发明了反向传播算法，这是一种用于训练人工神经网络的基本算法。他还在玻尔兹曼机的发展中发挥了重要的作用。他还将通用人工智能（Artificial General Intelligence，AGI）革命与车轮的发明进行了比较，并展望了人工智能的未来。作为人工智能领域众多突破性发展的幕后推动者，他在业界有着巨大的影响力。

2011年，Hinton和Nair提出了ReLU（Rectified Linear Unit）激活函数，该激活函数能够有效地抑制梯度消失问题，首次成功的应用于神经网络中，随后，ReLU因其在深度学习模型中的优异表现而被广泛采用。

2012年，深度神经网络（Deep Neural Networks，DNN）技术在图像识别领域取得了惊人的效果，Hinton的团队利用卷积神经网络（Convolutional Neural Networks，CNN）设计了AlexNet，使之在ImageNet图像识别大赛上打败了所有团队。

2015年，深度残差网络（Deep Residuals Networks，ResNets）被提出，这是由微软研究院的何凯明小组提出来的一种极度深层网络，当时提出来的时候已经达到了152层，并获得全球权威的计算机视觉竞赛的冠军。

深度学习的发展历史如图1-1所示。

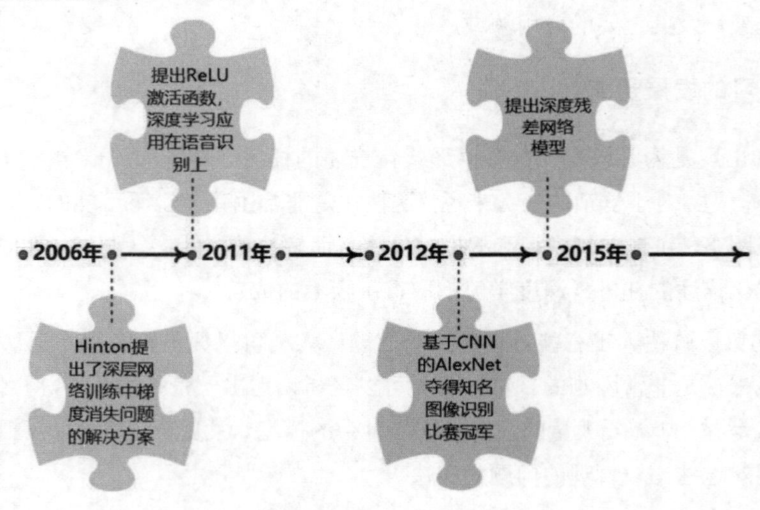

图 1-1　深度学习的发展历史

毫无疑问，深度学习将会推动人工智能领域的发展，为人类带来了更多的便利和可能性。

1.1.2　深度学习框架 PyTorch

深度学习框架是指通过将深度学习算法模块化封装，实现模型的快速训练、测试与调优的工具。它为技术应用的预测与决策提供了有力支持，当前人工智能生态的朝气蓬勃与深度学习框架的百家齐放可谓相辅相成，相互成就。

深度学习框架的快速发展为人工智能领域带来了巨大的推动力。通过模块化封装，深度学习框架使得复杂的深度学习算法变得更易于理解和使用。这种模块化的设计使得开发者能够更加专注于算法本身，而不必过多关注底层的实现细节，从而提高了开发效率和算法的可移植性。

此外，深度学习框架的出现也使得模型的训练、测试与调优等变得更加高效。开发者可以利用这些框架来快速构建并训练自己的深度学习模型，同时也能够通过框架提供的丰富工具来对模型进行测试和调优，从而不断提升模型的性能和准确性。

深度学习框架主要有Facebook的PyTorch、谷歌的TensorFlow、Theano、MXNET、微软的CNTK等，如何选择和搭建合适的开发环境，对今后的学习与提高十分重要。从GitHub各个架构的讨论热度、各大顶级会议的选择来看，PyTorch和TensorFlow无疑是当前受众最广、热度最高的两种深度学习框架。本书使用的是PyTorch框架。

PyTorch是一个由Facebook的人工智能研究团队开发的开源深度学习框架，它提供了强大的GPU加速和自动求导系统。

PyTorch的历史可以追溯到2016年，当时由Facebook AI研究团队（FAIR）公开发布。它是Torch的Python版本，旨在提供一个快速、灵活且动态的深度学习框架。PyTorch的设计哲学与Python的设计哲学非常相似：易读性和简洁性优于隐式的复杂性。PyTorch用Python语言编写，是Python的一种扩展，这使得其更易于学习和使用。

与TensorFlow等其他框架相比，PyTorch的一个显著特点是它的计算图是动态的，这意味着计算图的构建是即时的，可以根据计算需求实时改变。这种动态性为研究和实验提供了极大的灵活性。此外，PyTorch还具有以下优点。

- 易用性：PyTorch以其易用性和灵活性受到广泛好评，它的设计理念是让深度学习的研究和开发更加直观和高效。
- 社区和支持：PyTorch拥有一个活跃的社区，提供了大量的教程、文档和第三方库，这些资源对于初学者和专业人士非常有帮助。
- 适用场景：PyTorch适用于多种深度学习应用场景，包括但不限于计算机视觉、自然语言处理、生成对抗网络（GANs）等。

至于版本方面，PyTorch定期更新，不断引入新的特性和改进，以满足不断发展的深度学习技术需求。目前最新的PyTorch版本是PyTorch 2.2，本书使用的就是该版本。关于该版本的具体信息和新特性，读者可以查看PyTorch的官网，此处不做详述。

总的来说，PyTorch因其动态计算图、易于学习、使用的接口以及强大的社区支持，成为深度学习研究和开发中非常受欢迎的工具。无论是学术研究还是工业应用，PyTorch都提供了一个高效的平台来构建和部署复杂的深度学习模型。

1.1.3　深度学习的应用领域

通过模型多层的“学习”，计算机能够用简单明了的形式来表达复杂和抽象的概念，这解决了深度学习中的一个核心问题。如今，深度学习的研究成果已成功应用于推荐算法、语音识别、模式识别、目标检测、智慧城市等领域，如图1-2所示。

图 1-2　深度学习的应用领域

1. 推荐算法

随着互联网技术的快速发展，在满足用户需求的同时，也带来了信息过载的问题。在海量的信息中迅速筛选出用户感兴趣的内容变得至关重要，这就使得个性化推荐技术日渐受到关注。电商平台通常会基于用户的购物历史进行推荐，门户网站则可能根据用户阅读新闻的习惯来定制内容，而娱乐行业则通过分析用户过往观看电影的偏好来挖掘潜在兴趣，进而向用户推荐相关信息。这些个性化推荐机制大大提升了用户体验，同时提高了内容的针对性和有效率。

2. 语音识别

语音信号的特征提取与使用是语音识别系统的重要步骤，其主要目的是量化语音信号所携带的众多相关信息，得到可以代表语音信号区域的特征点，显示出了其比传统方法具有更大的优势。利用深度学习对原始数据进行逐层映射，能够提取出能较好地代表原始数据的深层次的本质特点，从而提高传统的语音识别系统的工作性能。

3. 模式识别

传统的模式识别方法就可以获得许多传统特征。然而，传统的模式识别方法依赖专家知识选取有效特征，过程繁杂、费时费力且成本高昂，很难利用大数据的优势。与传统模式识别方法的最大不同在于，基于深度学习的模式识别方法能够从数据中自动学习出刻画数据本质的特征表示，摒弃了复杂的人工特征提取过程。

4. 目标检测

目标检测是计算机视觉领域中的研究热点。近年来，目标检测的深度学习算法有突飞猛进的发展。目标检测作为计算机视觉的一个重要研究方向，已广泛应用于人脸检测、行人检测和无人驾驶等领域。随着大数据、计算机硬件技术和深度学习算法在图像分类中的突破性进展，基于深度学习的目标检测算法成为主流。

5. 智慧城市

随着机器视觉技术的不断发展，基于机器视觉的智慧城市人流量统计能够更好地服务群众，减少安全隐患，增加管理效率。例如，对于智慧城市公共场所的人流密度进行实时统计与跟踪得到了广泛的研究和应用，对特色景点和公园等人流密度较大的公共区域进行人数统计，准确地掌握当前区域的游客数量，有利于避免踩踏及偷窃等多种不良事件发生。

深度学习作为人工智能领域的重要分支，其在计算机科学和工程领域的应用已经取得了巨大的成功。展望未来，深度学习仍将持续发展并拓展更多的应用领域。随着人工智能技术的不断进步，深度学习将更加深入地融入各行各业中。未来，我们有望看到深度学习在医疗诊断、金融风控、农业智能化等领域发挥更加重要的作用，为人类社会带来更多的便利和创新。

1.2　搭建开发环境

学习深度学习，不仅要掌握相关理论与算法，更重要的是动手练习，这样才能达成深入理解和掌握的目标。因此，搭建一个适合自己的开发环境是非常必要的。本节介绍如何搭建基于PyTorch 2.2的深度学习开发环境，包括安装Python 3.12、Jupyter Lab等工具。

1.2.1　安装 Python 3.12

本书中使用的Python版本是截至2024年2月的新版本（即Python 3.12.1），下面介绍其具体的安装步骤，安装环境是Windows 11家庭中文版64位操作系统。

> 注意　Python需要安装到计算机磁盘根目录或英文路径文件夹下，即安装路径不能有中文。

01 首先需要下载 Python 3.12.1，其官方网站下载页面如图 1-3 所示。

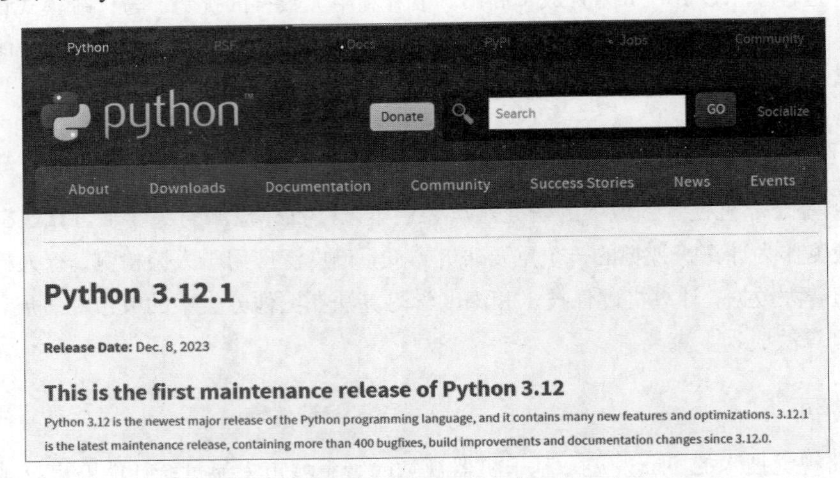

图 1-3　下载 Python 软件

02 右击 python-3.12.1-amd64.exe，在弹出的快捷菜单中选择“以管理员身份运行”，如图 1-4 所示。

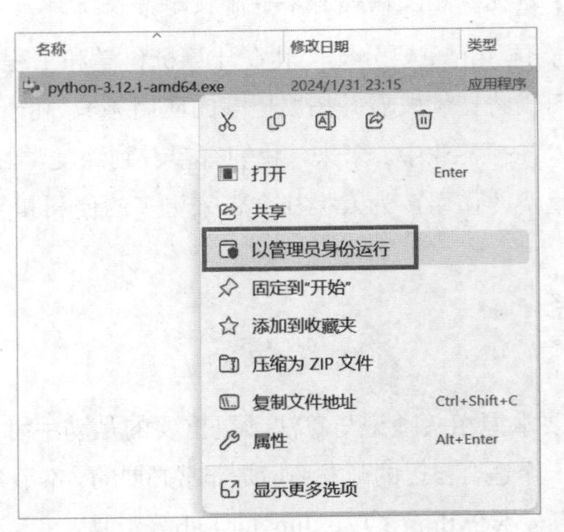

图 1-4　运行安装程序

03 勾选 Add python.exe to PATH 复选框，然后单击 Customize installation Choose location and features 按钮，如图 1-5 所示。

04 根据需要选择自定义的选项（Optional Features），其中 pip 选项必须勾选，然后单击 Next 按钮，如图 1-6 所示。

图 1-5　自定义安装

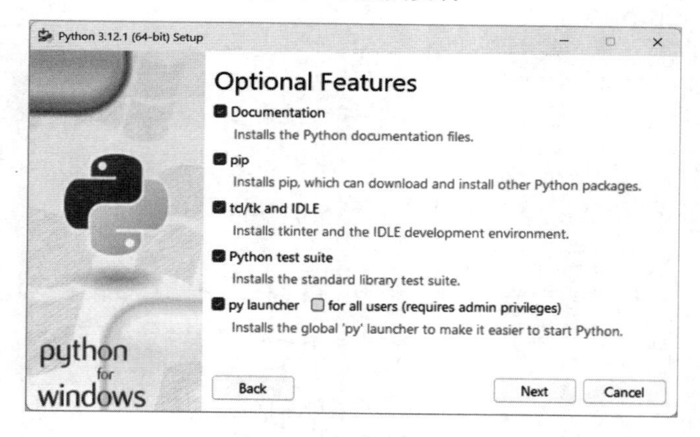

图 1-6　功能选项

05 选择软件安装位置，默认安装在 C 盘，单击 Browse 按钮可更改软件的安装目录，然后单击 Install 按钮，如图 1-7 所示。

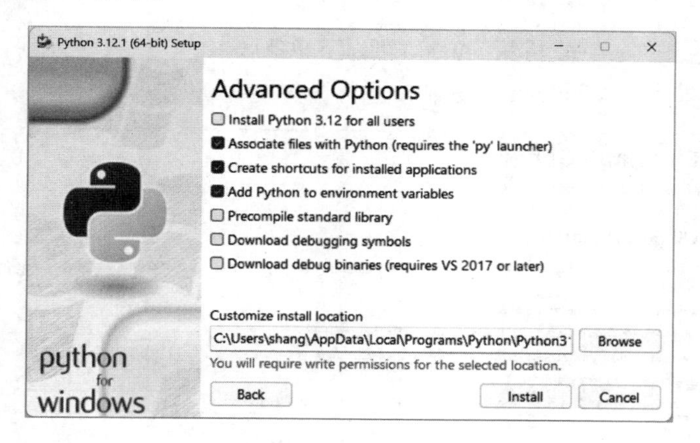

图 1-7　高级选项

06 稍等片刻，会弹出 Setup was successful 对话框，说明正常安装，最后单击 Close 按钮即可，如图 1-8 所示。

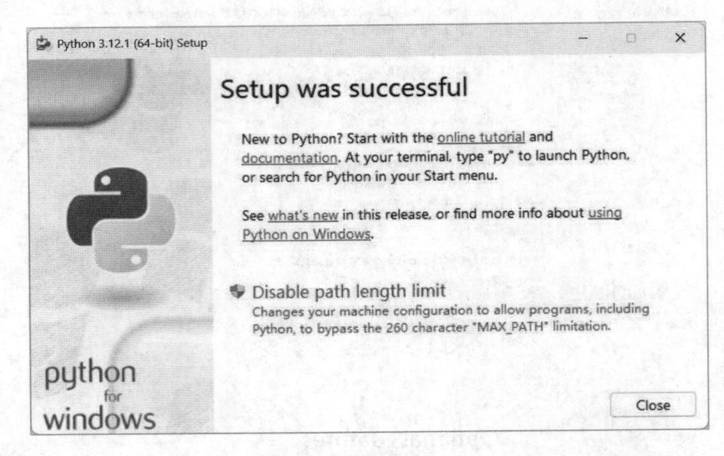

图 1-8　安装结束

07 在“命令提示符”窗口输入 python 后，如果出现如图 1-9 所示的信息，即 Python 版本信息，进一步说明安装没有问题，这样就可以正常使用 Python 了。

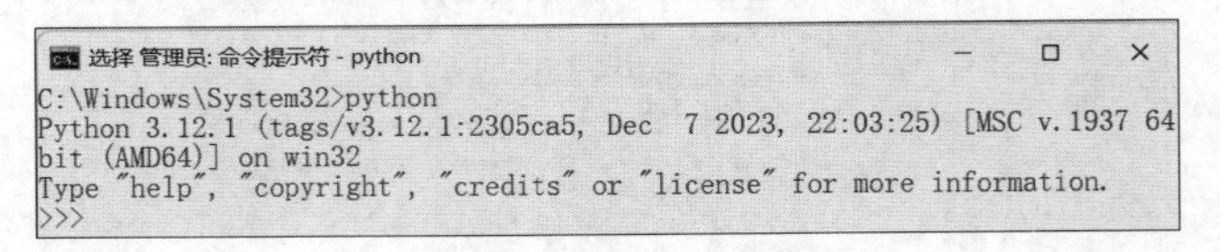

图 1-9　查看版本信息

08 在 Python 中可以使用 pip 与 conda 工具安装第三方库（如 NumPy、Pandas 等），命令如下：

```
pip install 库的名称
conda install 库的名称
```

09 此外，如果无法正常在线安装第三方库，可以下载新版本的离线文件，然后安装，适用于 Python 扩展程序包的非官方 Windows 二进制文件，下载页面如图 1-10 所示。

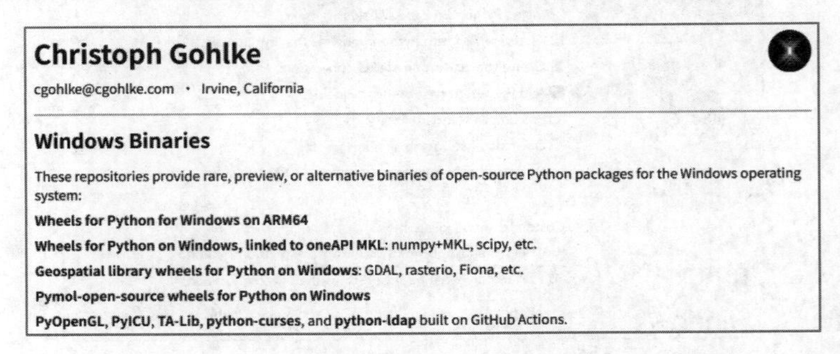

图 1-10　非官方扩展程序包

1.2.2 安装代码开发工具 Jupyter Lab

Jupyter Lab是Jupyter Notebook的新一代产品，它提供了更丰富的集成功能，非常适合用于Python编程的代码演示、数据分析、数据可视化等。Jupyter Lab是本书默认使用的代码开发工具。

Jupyter Lab是一个非常好用的开发工具，例如可以同时在一个浏览器页面打开编辑多个Notebook、IPython Console和Terminal终端，并且支持预览和编辑更多种类的文件，如代码文件、Markdown文档、JSON文件和各种格式的图片等，极大地提升了工作效率。

Jupyter Lab的安装比较简单，只需要在“命令提示符”窗口输入pip install jupyter lab命令即可。

启动Jupyter Lab的方式也比较简单，只需要在“命令提示符”窗口输入jupyter lab命令即可。

Jupyter Lab程序启动后，浏览器会自动打开编程窗口，默认是http://localhost:8888，如图1-11所示。可以看出，Jupyter Lab左边是存放笔记本的工作路径，右边是可以创建的笔记本类型，包括Notebook和Console等。

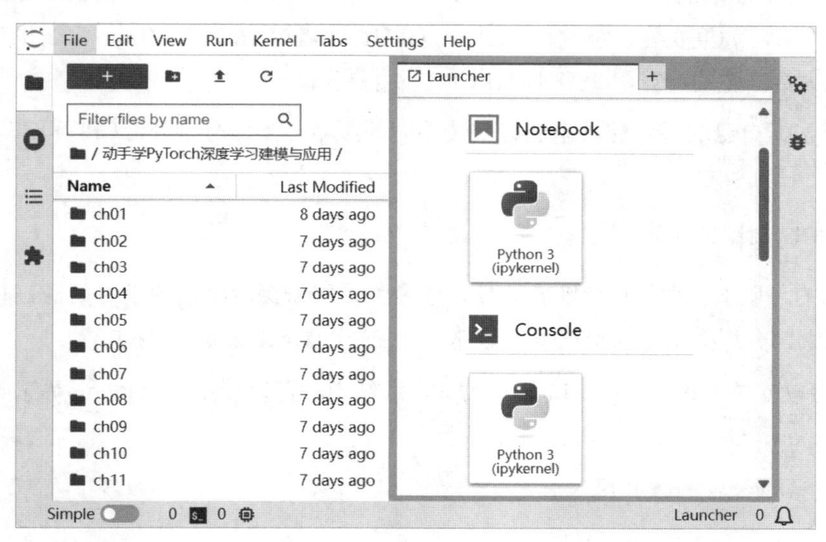

图 1-11　Jupyter Lab 的界面

可以对Jupyter Lab的参数进行修改，如允许远程访问、更改工作路径等。该配置文件位于C盘系统用户名下的.jupyter文件夹中，文件名称为jupyter_notebook_config.py。

如果配置文件不存在，需要自行创建。方法是在“命令提示符”窗口输入Jupyter Notebook --generate -config命令生成配置文件，并且会显示出文件的存储路径及名称。

如果需要设置密码，在“命令提示符”窗口输入Jupyter Notebook password命令，生成的密码存储在jupyter_notebook_config.json文件中。

如果需要允许远程登录，在jupyter_notebook_config.py中找到下面的几行代码，取消注释并根据项目的实际情况进行修改，修改后的配置如下：

```
c.NotebookApp.ip = '*'
c.NotebookApp.open_browser = False
c.NotebookApp.port = 8888
```

如果需要修改Jupyter Lab的默认工作路径，找到下面的代码，取消注释并根据项目的实际情况进行修改，修改后的配置如下：

```
c.NotebookApp.notebook_dir = u'D:\\动手学PyTorch建模与应用：从深度学习到大模型'
```

上述配置参数修改后，关闭并重新启动Jupyter Lab即可生效。

1.2.3　安装 PyTorch 2.2

我们可以到PyTorch的官方网站（https://pytorch.org/）下载软件，有两种版本可以选择，分别为CPU版和GPU版，如果安装系统中有NVIDIA GPU，或者有AMD ROCm，那么推荐安装GPU版本，因为对于大数据量的计算，GPU环境比CPU环境要快很多。

读者可以根据自己的系统配置来选择安装不同的版本。下面分别介绍CPU和GPU版本的安装方法。

1. 安装CPU版本

虽然在CPU环境下模型的训练非常缓慢，但是为了降低深度学习的学习门槛，利于框架本身的推广，现在大部分厂家生产的笔记本电脑都可以安装PyTorch深度学习框架。

PyTorch可以安装在Windows、Linux、Mac等系统中，可以使用conda、pip等工具进行安装，可以运行在Python、C++、Java等语言环境下。

使用pip工具的安装命令如下：

```
pip3 install torch torchvision torchaudio
```

上述命令使用pip3（Python包管理器）来安装PyTorch、Torchvision和Torchaudio这三个Python库。

- PyTorch（Torch）：PyTorch机器学习框架。
- Torchvision：基于PyTorch的一个计算机视觉库，提供了一系列预训练的模型和数据集。
- Torchaudio：基于PyTorch的一个音频处理库，提供了音频信号处理的工具和功能。

由于PyTorch软件较大，如果网络环境不是很稳定，可以先到网站上下载对应版本的离线文件。此外，在安装PyTorch时，很多基于PyTorch的工具集，如处理音频的Torchaudio、处理图像视频的Torchvision等都有一定的版本限制。

2. 安装GPU版本

在安装GPU版本的PyTorch时，需要先到NVIDIA的官方网站查看系统中的显卡是否支持CUDA（Compute Unified Device Architecture），再依次安装显卡驱动程序、CUDA和cuDNN（CUDA Deep Neural Network library），最后安装PyTorch。

1）安装显卡驱动程序

安装显卡驱动程序，到NVIDIA的官方网站（https://www.nvidia.com/drivers）下载系统中显卡所对应的显卡驱动程序并进行安装，如图1-12所示。

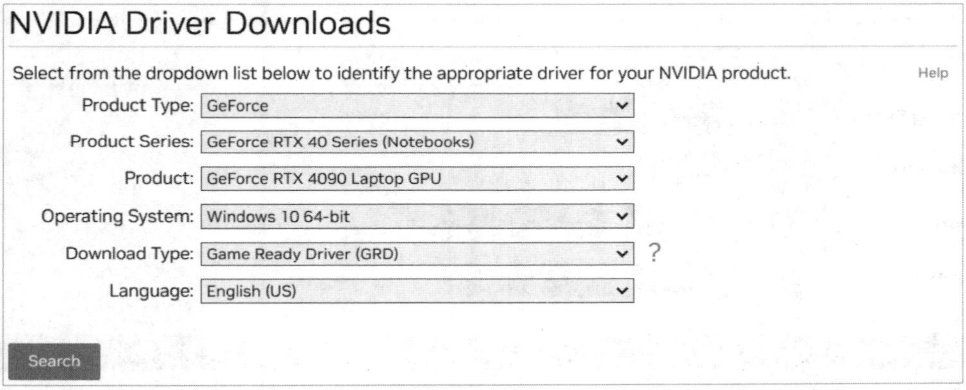

NVIDIA Driver Downloads
Select from the dropdown list below to identify the appropriate driver for your NVIDIA product.
Help
Product Type: GeForce
Product Series: GeForce RTX 40 Series (Notebooks)
Product: GeForce RTX 4090 Laptop GPU
Operating System: Windows 10 64-bit
Download Type: Game Ready Driver (GRD) ?
Language: English (US)
Search

图 1-12　下载显卡驱动程序

2）安装 CUDA

CUDA是显卡厂商NVIDIA推出的运算平台，它是NVIDIA推出的用于自家GPU的并行计算框架，也就是说CUDA只能在NVIDIA的GPU上运行，而且只有当要解决的计算问题是可以大量并行计算的时候才能发挥CUDA的作用。

在CUDA的架构下，一个程序分为两个部分：Host端和Device端。Host端是在CPU上执行的部分，而Device端则是在GPU芯片上执行的部分。Device端的程序又称为Kernel。通常Host端的程序会将数据准备好后，复制到显卡的内存中，再由GPU芯片执行Device端的程序，完成后再由Host端的程序将运行结果从显卡的内存中取回。

登录CUDA网站（https://developer.nvidia.com/cuda-downloads），下载对应的CUDA，如图1-13所示。

依次单击Windows、x86_64、10、exe (local)按钮，这样就可以下载Windows系统下的CUDA安装包，然后单击Download按钮，如图1-14所示。

CUDA Toolkit 12.3 Update 2 Downloads

Select Target Platform

Click on the green buttons that describe your target platform. Only supported platforms will be shown. By downloading and using the software, you agree to fully comply with the terms and conditions of the CUDA EULA.

Operating System　Linux　Windows

图 1-13　CUDA 下载页面

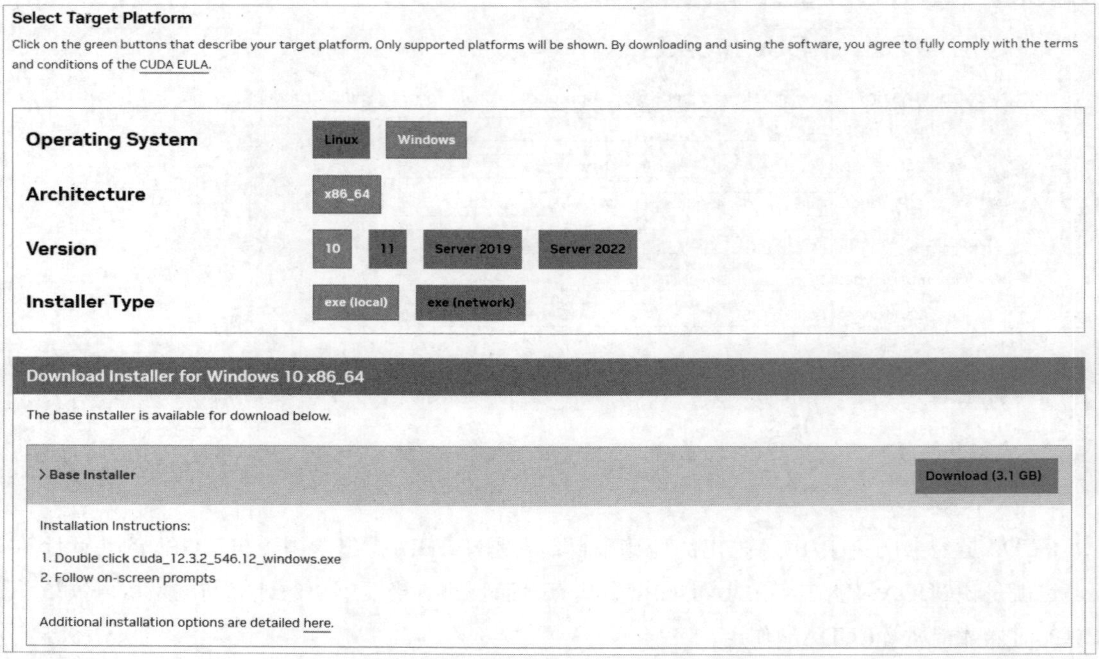

Select Target Platform

Click on the green buttons that describe your target platform. Only supported platforms will be shown. By downloading and using the software, you agree to fully comply with the terms and conditions of the CUDA EULA.

Operating System　Linux　Windows

Architecture　x86_64

Version　10　11　Server 2019　Server 2022

Installer Type　exe (local)　exe (network)

Download Installer for Windows 10 x86_64

The base installer is available for download below.

> Base Installer　Download (3.1 GB)

Installation Instructions:

1. Double click cuda_12.3.2_546.12_windows.exe
2. Follow on-screen prompts

Additional installation options are detailed here.

图 1-14　下载 CUDA 安装包

CUDA的安装比较简单，一直单击“下一步”按钮，最后单击“完成”按钮即可。如果没有特殊要求，尽量不要改动安装路径，如果改动，后期开发过程中可能会报错。

3）安装 cuDNN

cuDNN是NVIDIA打造的针对深度神经网络的加速库，是一个用于深层神经网络的GPU加速库。如果你要用GPU训练模型，cuDNN不是必需的，但是一般会采用这个加速库。

选择与自己CUDA对应版本的cuDNN，笔者的CUDA版本是11.8。登录cuDNN网站（https://developer.nvidia.com/rdp/cudnn-download），下载cuDNN 9.0.0的Windows版本，如图1-15所示。

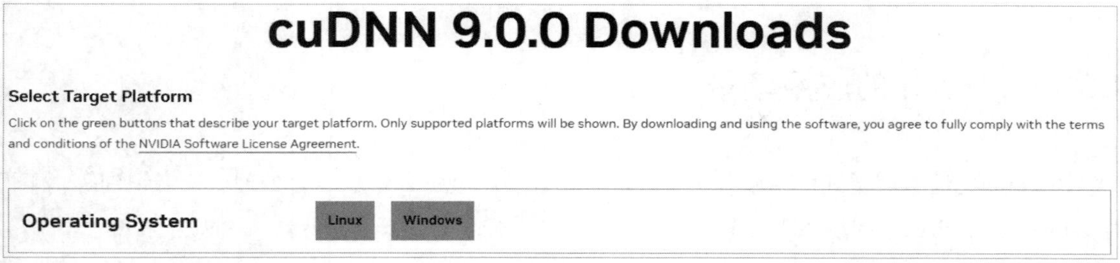

cuDNN 9.0.0 Downloads

Select Target Platform

Click on the green buttons that describe your target platform. Only supported platforms will be shown. By downloading and using the software, you agree to fully comply with the terms and conditions of the NVIDIA Software License Agreement.

Operating System　Linux　Windows

图 1-15　cuDNN 下载页面

依次单击Windows、x86_64、10、exe(local)按钮，这样就可以下载Windows系统下的cuDNN安装包，然后单击Download按钮，如图1-16所示。

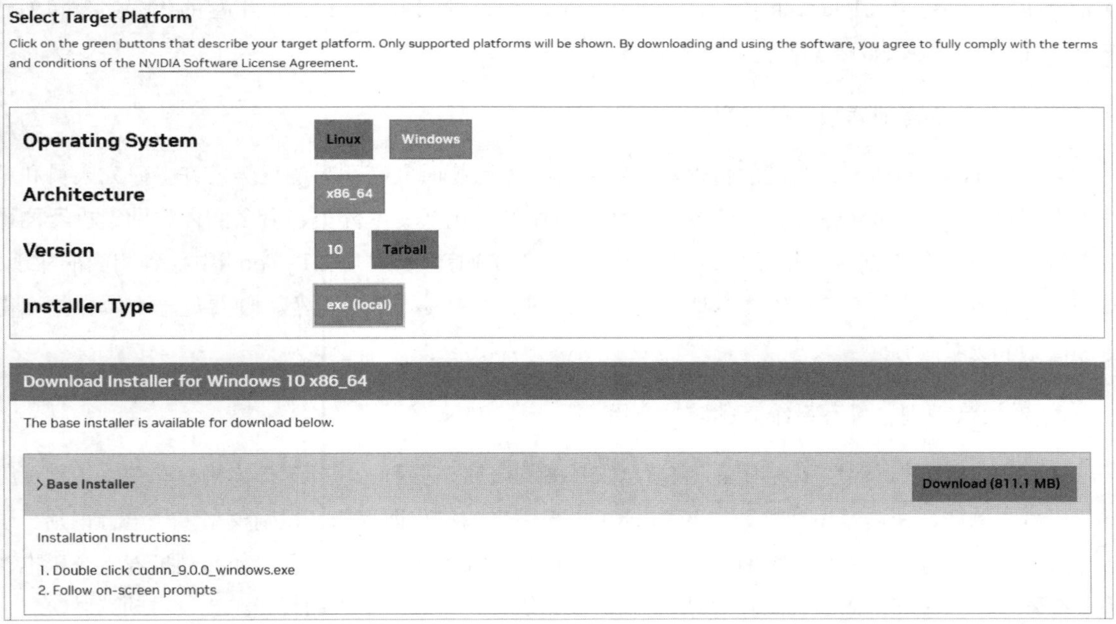

Select Target Platform

Click on the green buttons that describe your target platform. Only supported platforms will be shown. By downloading and using the software, you agree to fully comply with the terms and conditions of the NVIDIA Software License Agreement.

Operating System　Linux　Windows

Architecture　x86_64

Version　10　Tarball

Installer Type　exe (local)

Download Installer for Windows 10 x86_64

The base installer is available for download below.

> Base Installer　Download (811.1 MB)

Installation Instructions:

1. Double click cudnn_9.0.0_windows.exe
2. Follow on-screen prompts

图 1-16　下载 cuDNN 安装包

接下来，把cuDNN的解压缩目录下的bin、include和lib三个文件替换为CUDA安装路径中对应的三个文件。

4）安装 PyTorch GPU 版的软件包

```
pip3 install torch torchvision torchaudio --index-url
https://download.pytorch.org/ whl/cu118
```

1.3 PyTorch 的应用场景

PyTorch已经被广泛地应用于各种领域，包括计算机视觉、自然语言处理、语音识别等。下面简要介绍PyTorch在不同场景下的具体应用。

1. 在计算机视觉领域的应用

由于PyTorch的灵活性和易用性，许多研究人员和工程师选择使用PyTorch来构建和训练图像分类、目标检测、图像分割等深度学习模型。例如，许多最新的深度学习模型，如ResNet、VGG、DenseNet等，都可以在PyTorch中找到相应的实现。此外，PyTorch还提供了丰富的数据加载和处理工具，使得处理图像数据变得更加高效和方便。

2. 在自然语言处理领域的应用

由于PyTorch的动态计算图的特性，它在处理文本数据时具有明显的优势。许多研究人员和工程师选择使用PyTorch来构建和训练各类深度学习模型，包括文本分类、命名实体识别、机器翻译等。例如，许多最新的预训练语言模型，如BERT、GPT等，都可以在PyTorch中找到相应的实现。此外，PyTorch还提供了丰富的文本处理工具，如词嵌入、文本编码器等，使得处理文本数据变得更加高效和方便。

3. 在语音识别、推荐系统等领域的应用

由于PyTorch的灵活性和易用性，它被越来越多的研究人员和工程师选择来构建和训练各种深度学习模型。例如，在语音识别领域，PyTorch可以被用来构建和训练语音识别模型，如语音识别、语音合成等。在推荐系统领域，PyTorch可以被用来构建和训练推荐系统模型，如商品推荐、音乐推荐等。在强化学习领域，PyTorch可以被用来构建和训练强化学习模型，如智能游戏、自动驾驶等。

总之，PyTorch在各种领域都有着重要的应用。由于其灵活性和易用性，PyTorch已经成为许多研究人员和工程师的首选深度学习框架。随着深度学习技术的不断发展，相信PyTorch在未来会有更加广泛的应用。

1.4 上机练习题

练习：请根据你的系统配置情况构建PyTorch开发环境。

以下是构建PyTorch开发环境的参考练习步骤。

01 硬件配置检查：确认 CPU 和 GPU 是否符合要求。如果计划使用 GPU 加速，需要确保有兼容的 NVIDIA GPU，并检查其 CUDA 版本。可以通过运行 nvidia-smi 命令来查看。

02 安装 Python：首先安装 Python，可以从 Python 官网下载并安装适合你的操作系统的 Python 版本。

03 安装 Anaconda：可以从清华大学开源软件镜像站下载 Anaconda，这是一个专为科学计算设计的 Python 发行版，它支持 Linux、Mac 和 Windows 操作系统，并且预装了许多常用的科学计算和数据分析包。可以访问 https://mirrors.tuna.tsinghua.edu.cn/anaconda/archive/ 来获取 Anaconda 的安装包。

04 安装 Python 第三方库：如果希望在安装 Python 包时加快速度，可以在使用 pip 安装包时添加清华源。例如，安装 Pandas 库时，可以使用命令 pip install -i https://pypi.tuna.tsinghua.edu.cn/simple pandas。

05 创建和管理虚拟环境：使用 Anaconda Navigator 或 Anaconda Prompt 创建和管理虚拟环境。例如，创建一个名为 py3_12 的虚拟环境，基于 Python 3.12 版本的命令是 conda create -n py3_12 python=3.12。

06 安装 CUDA 和 CUDNN：如果你打算使用 GPU 加速，那么需要安装 CUDA Toolkit 和 cuDNN 库。根据你的 GPU 型号和 PyTorch 版本选择合适的 CUDA 和 cuDNN 版本进行安装，并配置相应的环境变量。

07 安装 PyTorch：访问 PyTorch 官方网站（地址为 https://pytorch.org/get-started/locally/），在这里你可以根据自己的系统和需求选择相应的版本，选择系统、语言、CUDA 版本等配置后，复制给出的安装命令。为了加快下载速度，可以使用清华源进行安装。

08 安装 IDE：可以选择 PyCharm 或其他 IDE 进行安装。如果使用 VS Code，则需要配置 Python 插件和 Anaconda 环境路径，以便在 VS Code 中正常使用 Anaconda 环境。

09 验证安装：安装完成后，通过编写简单的测试代码来验证 PyTorch 是否安装成功，并能够正常运行。

尝试以下测试代码，验证PyTorch是否安装成功：

```
# 导入Torch库
import torch

# 打印PyTorch版本信息
print("PyTorch version:", torch.__version__)

# 创建一个张量并打印其形状和数据类型
x = torch.randn(3, 4)
```

```
print("Tensor shape:", x.shape)
print("Tensor data type:", x.dtype)

# 执行一个矩阵乘法操作并打印结果
y = torch.randn(4, 5)
z = torch.matmul(x, y)
print("矩阵相乘结果:\n", z)
```

将以上代码保存为test_pytorch.py文件，然后在命令行中运行python test_pytorch.py。如果输出了PyTorch的版本信息、张量的形状和数据类型以及矩阵乘法的结果，那么说明PyTorch已经正确安装。

第 2 章

PyTorch数学基础

机器学习和深度学习的学习与应用过程需要具备一定的数学基础，这就要求学习者掌握一定的数学知识。虽然大部分所需的知识可能已经在学校的数学课程中有所涉及，但为了方便后续章节的学习，本章对这些知识点进行简要的梳理和总结。

2.1 PyTorch 中的函数

函数是数学中的一个核心概念，纵观300年来函数的发展，众多数学家从几何、代数、集合等角度不断赋予函数概念以新的思想，从而推动了整个数学的发展。本节介绍函数的基础知识和PyTorch中的主要函数及其案例。

2.1.1 函数的基础知识

函数在数学中是两个不为空的集合间的一种对应关系，下面首先介绍一下集合的概念。

1. 集合

一般情况下，我们把研究对象统称为元素，把一些元素组成的总体叫集合（简称集），集合具有确定性（即给定集合的元素必须是确定的）和互异性（即给定集合中的元素是互不相同的）。例如“身高较高的人”不能构成集合，因为它的元素是不确定的。

通常，用大写拉丁字母A、B、C、…表示集合，用小写拉丁字母a、b、c、…表示集合中的元素，如果a是集合A中的元素，就说a属于A，记作：$a \in A$。

在观察某一现象的过程中，常常会遇到各种不同的量，其中有的量在整个过程中保持不变，我们将这些量称为常量；而有的量在整个过程中会发生变化，也就是可以取不同的数值，则称之为变量。

如果变量的变化是连续的，则常用区间来表示其变化范围，在数轴上，区间是指介于某两点之间的线段上点的全体，其中区间的类型主要有如下7种类型。

- (a, b)：表示大于a，小于b的实数全体，也可记为：$a<x<b$。
- $[a, b)$：表示大于或等于a，小于b的实数全体，也可记为：$a \leqslant x<b$。
- $(a, b]$：表示大于a，小于或等于b的实数全体，也可记为：$a<x \leqslant b$。
- $[a, b]$：表示大于或等于a，小于或等于b的实数全体，也可记为：$a \leqslant x \leqslant b$。
- $[a, +\infty)$：表示不小于a的实数的全体，也可记为：$a \leqslant x<+\infty$。
- $(-\infty, b)$：表示小于b的实数的全体，也可记为：$-\infty<x<b$。
- $(-\infty, +\infty)$：表示全体实数，也可记为：$-\infty<x<+\infty$。

2. 函数

设D与B是两个非空实数集，如果存在一个对应规则f，使得对于D中任何一个实数x，在B中都有唯一确定的实数y与x对应，则对应规则f称为在D上的函数，记为：

$$f: x \rightarrow y \text{或} f: D \rightarrow B$$

y是x的对应函数值，记为：

$$y=f(x), \quad x \in D$$

其中，x称为自变量，y称为因变量。

由函数定义可以看出，函数是一种对应规则，在函数$y=f(x)$中，f表示对应规则，$f(x)$是对应自变量x的函数值，但在研究函数时，这种对应关系总是通过函数值的形式表现出来的，所以习惯上把在x处的函数值y称为函数，并用$y=f(x)$的形式表示y是x的函数，但是应正确理解，函数的本质是指对应规则f。

函数$y=f(x)$的定义域D是自变量x的取值范围，而函数值y又是由对应规则f来确定的，所以函数实质上是由其定义域D和对应规则f所确定的，通常称函数的定义域和对应规则为函数的两个要素。也就是说，只要两个函数的定义域相同，对应规则也相同，就称这两个函数为相同的函数，与变量用什么符号表示无关，如$y=|x|$与$z=\sqrt{v^2}$，就是相同的函数。

掌握函数的基本性质对于解决相关问题很有帮助，函数通常具有奇偶性、单调性、有界性、周期性等特性。

1）奇偶性

设函数 $y = f(x)$ 的定义域D关于原点对称，若对任意 $x \in D$ 满足 $f(-x) = f(x)$，则称 $f(x)$ 是D上的偶函数；若对任意 $x \in D$ 满足 $f(-x) = -f(x)$，则称 $f(x)$ 是D上的奇函数。

偶函数的图形关于y轴对称，奇函数的图形关于原点对称。

2）单调性

若对任意 $x_1, x_2 \in (a,b)$，当 $x_1 < x_2$ 时，有 $f(x_1) < f(x_2)$，则称函数 $y = f(x)$ 是区间 (a, b) 上的单调增加函数；当 $x_1 < x_2$ 时，有 $f(x_1) > f(x_2)$，则称函数 $y = f(x)$ 是区间 (a, b) 上的单调减少函数，单调增加函数和单调减少函数统称为单调函数。若函数 $y = f(x)$ 是区间 (a, b) 上的单调函数，则称区间 (a, b) 为单调区间。

单调增加的函数图像表现为从左向右单调上升的曲线，单调下降的函数图像表现为从左向右单调下降的曲线。

3）有界性

如果存在 $M > 0$，使对于任意 $x \in D$ 满足 $|f(x)| \leqslant M$，则称函数 $y = f(x)$ 是有界的，图像在直线 $y = -M$ 与 $y = M$ 之间。

例如，函数sinx、cosx、arcsinx、arccosx、arctanx、arccotx是常见的有界函数。

4）周期性

如果存在常数T，使对于任意 $x \in D$，$x + T \in D$，有 $f(x+T) = f(x)$，则称函数 $y = f(x)$ 是周期函数，通常所说的周期函数的周期是指它的最小周期。

对于周期性函数，在每一个周期内的图像是相同的。

3. 极限

当自变量无限增大或自变量无限接近某一定点时，函数值无限接近某一常数A，这时就叫作函数存在极值。

1）自变量趋向无穷大时函数的极限

设函数 $y = f(x)$，若对于任意给定的正数ε（不论其多么小），总存在着正数X，使得对于适合不等式 $|x| > X$ 的一切x，所对应的函数值 $f(x)$ 都满足不等式 $|f(x) - A| < \varepsilon$，那么常数A就叫作函数 $y = f(x)$，当x→∞时的极限，记作：$\lim\limits_{x \to \infty} f(x) = A$。

函数极限的运算规则，若已知$x \to x_0$（或x→∞）时，$f(x) \to A$，$g(x) \to B$，那么：

$$\lim_{x \to x_0} (f(x) + g(x)) = A + B$$

$$\lim_{x \to x_0} f(x) \cdot g(x) = A \cdot B$$

$$\lim_{x \to x_0} \frac{f(x)}{g(x)} = \frac{A}{B} \quad (B\text{不为}0)$$

$$\lim_{x \to x_0} k \cdot f(x) = k \cdot A \quad (k\text{为常数})$$

$$\lim_{x \to x_0} \left[f(x) \right]^m = A^m \quad (m\text{为正整数})$$

在计算复杂函数的极限时，可以利用上述运算规则把一个复杂的函数转换为若干简单的函数来求极限。

2）无穷小量与无穷大量

在自变量的某个变化过程中，以零为极限的变量称为该极限过程中的无穷小量，简称无穷小。例如，如果 $\lim_{x \to x_0} f(x) = 0$，当 $x \to x_0$ 时，$f(x)$ 是无穷小量。一般来说，无穷小表达的是变量的变化状态，而不是变量的大小，一个变量无论多么小，都不能是无穷小量，数值0是唯一可以作为无穷小量的常数。

在自变量的某个变化过程中，绝对值可以无限增大的变量称为这个变化过程中的无穷大量，简称无穷大，无穷大量是极限不存在的一种情形，例如，如果 $\lim_{x \to x_0} f(x) = \infty$，当 $x \to x_0$ 时，$f(x)$ 是无穷大量。

在自变量的变化过程中，无穷大量的倒数是无穷小量，不为零的无穷小量的倒数是无穷大量。

2.1.2 PyTorch 中的主要函数

PyTorch中的常用函数有创建张量函数、随机抽样函数、索引函数、切片函数、连接函数、数学运算函数、逐点操作函数、比较操作函数等类型。

下面将以随机抽样函数为例进行介绍，在PyTorch中，共有5种随机抽样函数。

1. torch.seed()

用于生成不确定的随机数，返回一个64位的数值。

参数：无。

例如，生成一个64位的随机数，代码如下：

```
torch.seed()
```

输出如下：

```
105502436695500
```

2. torch.manual_seed(seed)

设定生成随机数的种子，并返回一个torch.Generator对象。

参数：种子seed为int类型或long类型。

例如，为了确保生成的随机数都是固定的，可以使用torch.manual_seed()函数，代码如下：

```
torch.manual_seed(12)
```

输出如下：

```
<torch._C.Generator at 0x179345f5bd0>
```

3. torch.initial_seed()

返回生成随机数的原始种子值。

例如，生成一个原始种子，代码如下：

```
torch.initial_seed()
```

输出如下所示：

```
12
```

4. torch.get_rng_state()

返回随机生成器状态（Byte Tensor）。

例如，生成一个随机生成器状态，代码如下：

```
torch.get_rng_state()
```

输出如下：

```
tensor([12,  0,  0,  ...,  0,  0,  0], dtype=torch.uint8)
```

5. torch.set_rng_state(new_state)

设定随机生成器状态。

参数：new_state是指期望的状态。

例如，设定一个随机生成器状态，代码如下：

```
rng_state1 = torch.get_rng_state()
print(rng_state1)

torch.set_rng_state(rng_state1*2)
```

```
rng_state2 = torch.get_rng_state()
print(rng_state2)
```

输出如下：

```
tensor([12,  0,  0,  ...,  0,  0,  0], dtype=torch.uint8)
tensor([24,  0,  0,  ...,  0,  0,  0], dtype=torch.uint8)
```

2.2 微分基础

微分是数学中的一个重要概念，它是对函数的局部变化率的一种线性描述。本节介绍微分的概念，以及PyTorch中的自动微分技术及其案例。

2.2.1 微分及其公式

1. 微分基础

如果函数 $y=f(x)$ 在点x处的改变量 $\Delta y=f(x+\Delta x)-f(x)$，可以表示为：

$$\Delta y=A\Delta x+o(\Delta x)$$

其中，$o(\Delta x)$ 是比 $\Delta x(\Delta x\to 0)$ 高阶的无穷小，则称函数 $y=f(x)$ 在点x处可微，称 $A\Delta x$ 为 Δy 的线性主部，又称 $A\Delta x$ 为函数 $y=f(x)$ 在点x处的微分，记为 $\mathrm{d}y$ 或 $\mathrm{d}f(x)$，即 $\mathrm{d}y=A\Delta x$。

基本初等函数的求导公式及微分公式如表2-1所示。

表 2-1　求导与微分公式

求导公式		微分公式	
基本初等函数求导公式	$c'=0$ （c 为常数）	基本初等函数微分公式	$\mathrm{d}c=0$ （c 为常数）
	$(x^{\mu})'=\mu x^{\mu-1}$ （μ 为实数）		$\mathrm{d}(x^{\mu})=\mu x^{\mu-1}\mathrm{d}x$ （μ 为实数）
	$(a^{x})'=a^{x}\ln a$		$\mathrm{d}(a^{x})=a^{x}\ln a\mathrm{d}x$
	$(\mathrm{e}^{x})'=\mathrm{e}^{x}$		$\mathrm{d}(\mathrm{e}^{x})=\mathrm{e}^{x}\mathrm{d}x$
	$(\log_{a}x)'=\dfrac{1}{x\ln a}$		$\mathrm{d}(\log_{a}x)=\dfrac{1}{x\ln a}\mathrm{d}x$
	$(\ln x)'=\dfrac{1}{x}$		$\mathrm{d}(\ln x)=\dfrac{1}{x}\mathrm{d}x$
	$(\sin x)'=\cos x$		$\mathrm{d}(\sin x)=\cos x\mathrm{d}x$
	$(\cos x)'=-\sin x$		$\mathrm{d}(\cos x)=-\sin x\mathrm{d}x$
	$\lim\limits_{x\to x_0} g(x)=0$		$\mathrm{d}(\tan x)=\sec^{2}x\mathrm{d}x$
	$(\cot x)'=-\csc^{2}x$		$\mathrm{d}(\cot x)=-\csc^{2}x\mathrm{d}x$

（续表）

求导公式		微分公式	
基本初等函数求导公式	$(\sec x)' = \sec x \tan x$	基本初等函数微分公式	$\mathrm{d}(\sec x) = \sec x \tan x \mathrm{d}x$
	$(\csc x)' = -\csc x \cot x$		$\mathrm{d}(\csc x) = -\csc x \cot x \mathrm{d}x$
	$(\arcsin x)' = \frac{1}{\sqrt{1-x^2}}$		$\mathrm{d}(\arcsin x) = \frac{1}{\sqrt{1-x^2}}\mathrm{d}x$
	$(\arccos x)' = -\frac{1}{\sqrt{1-x^2}}$		$\mathrm{d}(\arccos x) = -\frac{1}{\sqrt{1-x^2}}\mathrm{d}x$
	$(\arctan x)' = \frac{1}{1+x^2}$		$\mathrm{d}(\arctan x) = \frac{1}{1+x^2}\mathrm{d}x$
	$(\mathrm{arccot}\, x)' = -\frac{1}{1+x^2}$		$\mathrm{d}(\mathrm{arccot}\, x) = -\frac{1}{1+x^2}\mathrm{d}x$

对于一般形式的函数，求导与微分法则如表2-2所示。

表 2-2　求导与微分法则表

求导法则		微分法则	
函数的四则运算求导法则	$[u(x) \pm \upsilon(x)]' = u'(x) \pm \upsilon'(x)$	函数的四则运算微分法则	$\mathrm{d}[u(x) \pm \upsilon(x)] = \mathrm{d}u(x) \pm \mathrm{d}\upsilon(x)$
	$[u(x)\upsilon(x)]' = u'(x)\upsilon(x) + u(x)\upsilon'(x)$ $[c \cdot u(x)]' = c \cdot u'(x)$（$c$ 为常数）		$\mathrm{d}[u(x)\upsilon(x)] = \upsilon(x)\mathrm{d}u(x) + u(x)\mathrm{d}v(x)$ $\mathrm{d}[cu(x)] = c\mathrm{d}u(x)$（$c$ 为常数）
	$\left[\frac{u(x)}{\upsilon(x)}\right]' = \frac{u'(x)\upsilon(x) - u(x)\upsilon'(x)}{\upsilon^2(x)}$ （$\upsilon(x) \neq 0$） $\left[\frac{1}{\upsilon(x)}\right]' = -\frac{\upsilon'(x)}{\upsilon^2(x)}$ （$\upsilon(x) \neq 0$）		$\mathrm{d}\left[\frac{u(x)}{\upsilon(x)}\right] = \frac{\upsilon(x)\mathrm{d}u(x) - u(x)\mathrm{d}\upsilon(x)}{\upsilon^2(x)}$ （$\upsilon(x) \neq 0$） $\mathrm{d}\left[\frac{1}{\upsilon(x)}\right] = -\frac{\mathrm{d}\upsilon(x)}{\upsilon^2(x)}$ （$\upsilon(x) \neq 0$）
复合函数求导法则	设 $y = f(u)$ 、 $u = \phi(x)$ ，则复合函数 $y = f[\phi(x)]$ 的导数为 $\frac{\mathrm{d}y}{\mathrm{d}x} = \frac{\mathrm{d}y}{\mathrm{d}u} \cdot \frac{\mathrm{d}u}{\mathrm{d}x}$	复合函数微分法则	设函数 $y = f(u)$ 、 $u = \phi(x)$ ，则函数 $y = f(u)$ 的微分为 $\mathrm{d}y = f'(u)\mathrm{d}u$，此式具有一阶微分形式不变性

2. 函数的极值与最值

设函数 $f(x)$ 在点 x_0 的某邻域内有定义，如果对于该邻域内任一点 $x(x \neq x_0)$，都有 $f(x) < f(x_0)$，则称 $f(x_0)$ 是函数 $f(x)$ 的极大值；如果对于该邻域内任一点 $x(x \neq x_0)$，都有 $f(x) > f(x_0)$，则称 $f(x_0)$ 是函数 $f(x)$ 的极小值。函数的极大值与极小值统称为函数的极值，使函数取得极值的点 x_0 称为函数 $f(x)$ 的极值点。

单变量函数的极值问题较为简单，那么它的极值可能是函数的边界点或驻点。使 $f'(x) = 0$（即一阶导数为0）的点 x 称为函数 $f(x)$ 的驻点。

对于多变量函数的极值，与单变量函数类似，极值点只能在函数不可导的点或导数为零的点上取得，如图2-1所示。

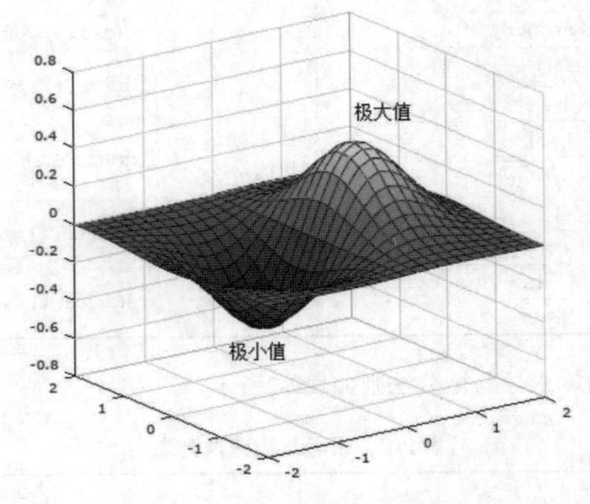

图 2-1　多变量函数的极值

此外，对于最值问题，在闭区间上连续函数一定存在最大值和最小值。连续函数在闭区间上的最大值和最小值只可能在区间内的驻点、不可导点或闭区间的端点处取得。

2.2.2　PyTorch 自动微分

几乎所有机器学习算法在训练或预测时都归结为求解最优化问题，如果目标函数可导，那么问题变为训练函数的驻点（即一阶导数等于零的点）。自动微分也称自动求导，算法能够计算可导函数在某点处的导数值的计算，是反向传播算法的一般化。

自动微分技术在深度学习库中处于重要地位，是整个训练算法的核心组件之一。深度学习模型的训练，就是不断更新权值，权值的更新需要求解梯度，求解梯度十分烦琐，PyTorch提供自动求导系统，我们只要搭建好前向传播的计算图，就能获得所有张量的梯度。

PyTorch中自动求导模块中的相关函数有torch.autograd.backward()和torch.autograd.grad()，下面逐一进行介绍。

1. torch.autograd.backward()

该函数实现自动求取梯度，函数参数如下：

```
torch.autograd.backward(tensors,
                        grad_tensors=None,
                        retain_graph=None,
                        create_graph=False)
```

【代码说明】

- tensors：用于求导的张量，如loss。
- grad_tensors：多梯度权重，当有多个loss需要计算梯度时，需要设置每个loss的权值。
- retain_graph：保存计算图，由于PyTorch采用动态图机制，在每次反向传播之后计算图都会释放掉，如果还想继续使用，就要设置此参数为True。
- create_graph：创建导数计算图，用于高阶求导。

例如，线性的一阶导数的代码如下：

```
import torch

# 创建一个需要梯度的张量w
w = torch.tensor([1.], requires_grad=True)
# 创建一个需要梯度的张量x
x = torch.tensor([2.], requires_grad=True)
# 将x和w相加，结果存储在a中
a = torch.add(x, w)
# 将w和1相加，结果存储在b中
b = torch.add(w, 1)
# 将a和b相乘，结果存储在y中
y = torch.mul(a, b)

# 对y进行反向传播计算梯度
y.backward()
# 打印w的梯度
print(w.grad)
```

输出如下：

```
tensor([5.])
```

下面通过案例介绍grad_tensors参数的用法。

```
import torch

# 创建一个需要梯度的张量w
w = torch.tensor([1.], requires_grad=True)
# 创建一个需要梯度的张量x
x = torch.tensor([2.], requires_grad=True)
# 将x和w相加，结果存储在a中
a = torch.add(x, w)
# 将w和1相加，结果存储在b中
b = torch.add(w, 1)
# 将a和b相乘，结果存储在y0中
y0 = torch.mul(a, b)
# 将a和b相加，结果存储在y1中
y1 = torch.add(a, b)
```

```
# 将y0和y1拼接起来，形成一个新的张量loss
loss = torch.cat([y0, y1], dim=0)
# 定义一个梯度张量grad_t
grad_t = torch.tensor([1., 2.])
# 对loss进行反向传播计算梯度
loss.backward(gradient=grad_t)
# 打印w的梯度
print(w.grad)
```

输出如下：

```
tensor([9.])
```

其中：

$$y_0 = (x+w)\times(w+1), \frac{\partial y_0}{\partial w} = 5$$

$$y_1 = (x+w)\times(w+1), \frac{\partial y_0}{\partial w} = 2$$

$$w.\text{grad} = y_0 \times 1 + y_1 \times 2 = 5 + 2\times 2 = 9$$

2. torch.autograd.grad()

该函数实现求取梯度，函数参数如下：

```
torch.autograd.grad(outputs,
                    inputs,
                    grad_outputs=None,
                    retain_graph=None,
                    create_graph=False)
```

【代码说明】

- outputs：用于求导的张量，如上例中的loss。
- inputs：需要梯度的张量，如上例中的w。
- retain_graph：保存计算图。
- grad_outputs：多梯度权重。
- create_graph：创建导数计算图，用于高阶求导。

例如，计算 $y = x^2$ 的二阶导数的代码如下：

```
import torch

# 创建一个张量x，值为3.0，并设置requires_grad=True以计算梯度
x = torch.tensor([3.], requires_grad=True)
```

```
# 计算x的平方，得到y
y = torch.pow(x, 2)

# 计算y关于x的梯度，create_graph=True表示同时计算二阶导数
grad1 = torch.autograd.grad(y, x, create_graph=True)
print(grad1)  # 输出一阶导数：[6.]

# 计算一阶导数关于x的梯度
grad2 = torch.autograd.grad(grad1[0], x)
print(grad2)  # 输出二阶导数：[2.]
```

输出如下：

```
(tensor([6.], grad_fn=<MulBackward0>),)
(tensor([2.]),)
```

3. 注意事项

（1）梯度不能自动清零，在每次反向传播中会叠加，代码如下：

```
import torch

# 创建一个需要梯度的张量w
w = torch.tensor([1.], requires_grad=True)
# 创建一个需要梯度的张量x
x = torch.tensor([2.], requires_grad=True)

# 循环3次
for i in range(3):
    # 将x和w相加，结果存储在a中
    a = torch.add(x, w)
    # 将w和1相加，结果存储在b中
    b = torch.add(w, 1)
    # 将a和b相乘，结果存储在y中
    y = torch.mul(a, b)
    # 计算梯度
    y.backward()
    # 打印w的梯度
    print(w.grad)
```

输出如下：

```
tensor([5.])
tensor([10.])
tensor([15.])
```

这会导致我们得不到正确的结果，所以需要手动清零，代码如下：

```
# 创建一个需要梯度的张量w
w = torch.tensor([1.], requires_grad=True)
```

```
# 创建一个需要梯度的张量x
x = torch.tensor([2.], requires_grad=True)
# 循环3次
for i in range(3):
    # 将x和w相加，结果存储在a中
    a = torch.add(x, w)
    # 将w和1相加，结果存储在b中
    b = torch.add(w, 1)
    # 将a和b相乘，结果存储在y中
    y = torch.mul(a, b)
    # 计算梯度
    y.backward()
    # 打印w的梯度
    print(w.grad)
    # 梯度清零
    w.grad.zero_()
```

输出如下：

```
tensor([5.])
tensor([5.])
tensor([5.])
```

（2）依赖于叶子节点的节点，requires_grad默认为True，代码如下：

```
# 创建一个需要梯度的张量w
w = torch.tensor([1.], requires_grad=True)
# 创建一个需要梯度的张量x
x = torch.tensor([2.], requires_grad=True)
# 将x和w相加，结果存储在a中
a = torch.add(x, w)
# 将w和1相加，结果存储在b中
b = torch.add(w, 1)
# 将a和b相乘，结果存储在y中
y = torch.mul(a, b)
# 打印a、b、y是否需要梯度
print(a.requires_grad, b.requires_grad, y.requires_grad)
```

输出如下：

```
True True True
```

（3）叶子节点不可以执行in-place，因为前向传播记录了叶子节点的地址，反向传播需要用到叶子节点的数据时，要根据地址寻找数据，执行in-place操作改变了地址中的数据，梯度求解也会发生错误，代码如下：

```
# 创建一个需要梯度的张量w
w = torch.tensor([1.], requires_grad=True)
# 创建一个需要梯度的张量x
x = torch.tensor([2.], requires_grad=True)
# 将x和w相加，结果存储在a中
a = torch.add(x, w)
# 将w和1相加，结果存储在b中
b = torch.add(w, 1)
# 将a和b相乘，结果存储在y中
y = torch.mul(a, b)
# 对w进行原地加法操作，即w = w + 1
w.add_(1)
```

02

输出如下：

```
RuntimeError: a leaf Variable that requires grad has been used in an in-place operation.
```

in-place操作即原位操作，在原始内存中改变这个数据，代码如下：

```
a = torch.tensor([1])
print(id(a), a)
#开辟新的内存地址
a = a + torch.tensor([1])
print(id(a), a)
#in-place操作，地址不变
a += torch.tensor([1])
print(id(a), a)
```

输出如下：

```
2638883967360 tensor([1])
2638883954112 tensor([2])
2638883954112 tensor([3])
```

2.3　数理统计基础

数理统计是数学的一个分支，它以概率论为基础，研究大量随机现象的统计规律性。本节介绍数理统计的基础知识，以及PyTorch中的主要统计函数及其案例。

2.3.1　数理统计及其指标

概率论与数理统计是从数量化的角度来研究现实世界中一类不确定现象（随机现象）的规律性的一门应用数学学科。下面分别介绍概率论与数理统计的基础知识。

1. 概念论基础

1）必然现象与随机现象

在生活和工作中，人们会观察到各种各样的现象，归纳起来，分为两大类：

一类是可预言其结果的，即在保持条件不变的情况下，重复进行试验，其结果总是确定的，必然发生。这类现象称为必然现象或确定性现象。

另一类是事前不可预言其结果的，即在保持条件不变的情况下，重复进行试验，其结果未必相同。这类在个别试验中其结果呈现偶然性、不确定性的现象称为随机现象或不确定性现象。

2）概率

研究随机试验，仅知道可能发生哪些随机事件是不够的，还需了解各种随机事件发生的可能性大小，以揭示这些事件内在的统计规律性。

这就要求有一个能够衡量事件发生可能性大小的数量指标，这个指标应该是事件本身所固有的，且不随人的主观意志而改变，称之为概率。事件A的概率记为$P(A)$。

3）统计概率

在相同条件下进行n次重复试验，如果随机事件A发生的次数为m，那么m/n称为随机事件A的频率；当试验重复数n逐渐增大时，随机事件A的频率越来越稳定地接近某一数值p，那么就把p称为随机事件A的概率。这样定义的概率称为统计概率。

4）正态分布

若连续型随机变量x的概率密度函数为：

$$f(x)=\frac{1}{\sigma\sqrt{2\pi}}\mathrm{e}^{-\frac{(x-\mu)^2}{2\sigma^2}}$$

其中，μ为平均数，σ^2为方差，则称随机变量x服从正态分布，记为$x\sim N(\mu,\sigma^2)$。相应的概率分布函数为：

$$F(x)=\frac{1}{\sigma\sqrt{2\pi}}\int_{-\infty}^{x}\mathrm{e}^{-\frac{(x-\mu)^2}{2\sigma^2}}\mathrm{d}x$$

5）标准正态分布

称$\mu=0$、$\sigma^2=1$的正态分布为标准正态分布，标准正态分布的概率密度函数及分布函数为：

$$\phi(u)=\frac{1}{\sqrt{2\pi}}\mathrm{e}^{-\frac{u^2}{2}}$$

$$\varphi(u)=\frac{1}{\sqrt{2\pi}}\int_{-\infty}^{u}\mathrm{e}^{-\frac{1}{2}u^2}\mathrm{d}u$$

6）卡方分布

若n个相互独立的随机变量X_1，X_2，…，X_n均服从标准正态分布（也称独立同分布于标准正态分布），则这n个服从标准正态分布的随机变量的平方和构成一个新的随机变量，其分布规律称为卡方分布。

$$\chi^2=X_1^2+X_2^2+\cdots+X_n^2$$

7）T分布

学生T分布用于根据小样本来估计呈正态分布且方差未知的总体的均值。设随机变量X服从标准正态分布，变量Y服从卡方分布且独立，则称：

$$T=X/\sqrt{Y/n}$$

为自由度为n的T分布。

8）F分布

设X和Y分别服从自由度为n_1和n_2的卡方分布，则称统计量F服从F分布。

自由度（df）指的是计算某一统计量时，取值不受限制的变量个数，通常$df=n-k$，其中n为样本数量，k为被限制的条件数或变量个数。

$$F=\frac{X/n_1}{Y/n_2}$$

9）显著性水平

抽样指标值随着样本的变动而变动，因而抽样指标和总体指标的误差仍然是个随机变量，不能保证误差不超过一定范围的这件事是必然的，而只能给以一定程度的概率保证（置信度）。

对于总体的被估计指标X，找出样本的两个估计量x_1和x_2，使被估计指标X落在区间（x_1，x_2）内的概率$1-\alpha$（$0<\alpha<1$）为已知的。我们称区间（x_1，x_2）为总体指标X的置信区间，其估计置信度为$1-\alpha$，称α为显著性水平，x_1是置信下限，x_2是置信上限。

2. 数理统计指标

1）平均值

平均值（均值）是集中趋势中最常用、最重要的测度值，根据数据的表现形式不同，平均值有简单平均值和加权平均值两种。

简单平均值是将总体各单位每一个值加总得到的总量除以单位总量而求出的平均指标，其计算公式如下：

$$\bar{X} = \frac{X_1 + X_2 + \cdots + X_n}{n} = \frac{\sum X}{n}$$

简单平均值适用于总体单位数较少的未分组数据。如果所给的资料是已经分组的数据，则平均值的计算应采用加权平均值的形式。

加权平均值是首先用各组的值乘以相应的各组单位数求出各组总量，并加总求得总体总量，而后再将总体总量和总体单位总量对比，其计算公式如下：

$$\bar{X} = \frac{f_1 X_1 + f_2 X_2 + \cdots + f_n X_n}{f_1 + f_2 + \cdots + f_n} = \frac{\sum fX}{\sum f}$$

其中，f所示各组的单位数，或者说是频数或权数。

例如，某企业第一次进货量为100吨，单价为1.5元；第二次进货量为120吨，单价为1.4元；第三次进货量为150吨，单价为1.2元。三次进货单价的平均值计算如下：

简单平均值：（1.5+1.4+1.2）/ 3= 1.37（元）

加权平均值：（100×1.5+120×1.4+150×1.2）/（100+120+150）= 1.35（元）

2）中位数

中位数是将总体单位某一变量的各个变量值按大小顺序排列，处在数列中间位置的那个变量值就是中位数。

将各变量值按大小顺序排序后，首先确定中位数的位置，可用公式$(n+1)/2$确定，n代表总体单位的项数；然后根据中点位置确定中位数。有两种情况：当n为奇数项时，中位数就是居于中间位置的那个变量值；当n为偶数项时，则中位数是位于中间位置的两个变量值的平均数。

例如，序列3、1、2、5、4的中位数是3，而序列3、1、2、4的中位数是2.5。

3）众数

众数是总体中出现次数最多的值，即最普遍、最常见的值。众数只有在总体单位较多而又有明确的集中趋势的资料中才有意义。在单项数列中，出现最多的那个组的值就是众数。若在数列中有两组值的出现次数是相同的，且出现次数最多，则就是双众数。

例如，序列9、18、15、7、4、6、9、9、6的众数是9。

4）百分位数

如果将一组数据排序，并计算相应的累计百分位，则某一百分位所对应数据的值就称为这一百分位的百分位数。常用的有四分位数，指的是将数据分为四等份，分别位于25%、50%和75%处的分位数。百分位数的优点是不受极端值的影响，但是不能用于定类数据。

例如，序列9、1、5、7、4、6、8、3、2、10的25%百分位数是2.5，50%百分位数是5。

5）方差与标准差

方差是总体各单位变量值与其平均数的离差平方的平均数，用σ^2表示，方差的平方根是标准差σ。与方差不同的是，标准差是具有量纲（即单位）的，它与变量值的计量单位相同，其实际意义要比方差清楚。因此，在对社会经济现象进行分析时，往往更多地使用标准差。

根据数据不同，方差和标准差的计算有两种形式：简单平均式和加权平均式。

在数据未分组的情况下，采用简单平均式，公式如下：

$$\sigma^2 = \frac{\sum(X-\bar{X})^2}{n}，\quad \sigma = \sqrt{\frac{\sum(X-\bar{X})^2}{n}}$$

例如，序列1、2、3、4、5、6、7、8、9、10的方差为8.25，标准差为2.87。

在数据分组的情况下，采用加权平均式，公式如下：

$$\sigma^2 = \frac{\sum f(X-\bar{X})^2}{\sum f}，\quad \sigma = \sqrt{\frac{\sum f(X-\bar{X})^2}{\sum f}}$$

例如，某企业第一次进货量为100吨，单价为1.5元；第二次进货量为120吨，单价为1.4元；第三次进货量为150吨，单价为1.2元。三次进货单价的方差为0.016426426，标准差为0.128165621。

6）极差

极差又称全距或范围，它是总体单位中最大变量值与最小变量值之差，即两极之差，以R表示。根据全距的大小来说明变量值变动范围的大小，公式如下：

$$R = X_{\max} - X_{\min}$$

极差只是利用了一组数据两端的信息，不能反映出中间数据的分散状况，因而不能准确地描述数据的分散程度，且易受极端值的影响。

7）最大值

顾名思义，最大值即样本数据中取值最大的数据。

8）最小值

即样本数据中取值最小的数据。

9）变异系数

变异系数是将标准差与其平均数对比所得的比值，又称离散系数，公式如下：

$$V_\sigma = \frac{\sigma}{\bar{X}}$$

变异系数是衡量数据中各观测值变异程度的统计量。当进行两个或多个资料变异程度的比较时，如果平均数相同，可以直接利用标准差来比较。如果平均数不同，比较其变异程度就不能采用标准差，而需采用标准差与平均数的比值（相对值）来比较。

10）偏度

偏度是对分布偏斜方向及程度的测度。测量偏斜的程度需要计算偏态。常用三阶中心矩除以标准差的三次方表示数据分布的相对偏斜程度。其计算公式如下：

$$a_3 = \frac{\sum f(X-\bar{X})^3}{\sigma^3 \sum f}$$

其中，a_3 为正数，表示分布为右偏；a_3 为负数，则表示分布为左偏。

11）峰度

峰度是频数分布曲线与正态分布相比较，顶端的尖峭程度。统计上常用四阶中心矩测定峰度，其计算公式如下：

$$a_4 = \frac{\sum f(X-\bar{X})^4}{\sigma^4 \sum f}$$

当 $a_4 = 3$ 时，分布曲线为正态分布。

当 $a_4 < 3$ 时，分布曲线为平峰分布。

当 $a_4 > 3$ 时，分布曲线为尖峰分布。

12）Z 标准化得分

Z标准化得分是某一数据与平均数的距离以标准差为单位的测量值。其计算公式如下：

$$Z_i = \frac{X_i - \bar{X}}{\sigma}$$

其中，Z_i 即为 X_i 的Z标准化得分。Z标准化的绝对值越大，说明它离平均数越远。

标准化后的数值能表明各原始数据在一组数据分布中的相对位置，而且还能在不同分布的各组原始数据间进行比较。因此，标准化值在统计分析中起着十分重要的作用。

2.3.2 PyTorch 统计函数

PyTorch与其他统计软件一样，也内置了丰富的统计函数，下面结合案例重点介绍求和、求均值、求方差、求标准差、求中位数等一些常用的统计函数。

1. 求所有元素的积

使用函数torch.prod()求所有元素的积，语法如下：

```
torch.prod(input, dim=None, keepdim=False)
```

torch.prod()是一个PyTorch函数，用于计算张量（Tensor）中所有元素的乘积。它接受一个张量作为输入，并返回一个标量值，表示输入张量中所有元素的乘积。

【代码说明】

- input：输入张量。
- dim：指定沿哪个维度进行乘积运算。默认值为None，表示计算整个张量的乘积。如果指定了维度，那么结果将是一个降低该维度的张量。
- keepdim：布尔值，表示是否保持原始张量的维度。默认值为False，表示不保持原始维度。如果设置为True，则结果张量的维度与输入张量相同，但指定的维度大小为1。

示例代码如下：

```
import torch

# 创建一个2×2的张量a
a = torch.tensor([[1, 2], [3, 4]])

# 计算张量a中所有元素的乘积，并将结果赋值给result
result = torch.prod(a)
print(result)  # 输出：tensor(24)

# 沿着第0维（行）计算张量a中元素的乘积，并将结果赋值给result_dim
result_dim = torch.prod(a, dim=0)
print(result_dim)  # 输出：tensor([3, 8])

# 沿着第0维（行）计算张量a中元素的乘积，并保持原始维度，将结果赋值给result_keepdim
result_keepdim = torch.prod(a, dim=0, keepdim=True)
print(result_keepdim)  # 输出：tensor([[3, 8]])
```

2. 求和

使用torch.sum()函数求和，该函数对输入的张量数据的某一维度求和，一共有两种格式。

第一种格式：

```
torch.sum(input, dtype=None)
```

计算输入张量input中所有元素的和，返回一个标量值。

第二种格式：

```
torch.sum(input, dim, keepdim=False, dtype=None)
```

计算输入张量input在指定维度dim上的和，并返回一个新的张量。

【代码说明】

- input：输入一个张量。
- dim：要求和的维度，可以是一个列表。当dim=0时，即第0个维度会缩减，也就是说将N行压缩成一行，故相当于对列进行求和；当dim=1时，对行进行求和。
- keepdim：求和之后这个dim的元素个数为1，所以要被去掉，如果要保留这个维度，则要保证keepdim=True。如果keepdim为True，则保留原始张量的维度；如果keepdim为False，则不保留原始张量的维度。

请看以下示例。

首先，创建初始张量，代码如下：

```
# 导入torch库
import torch

# 创建一个2×2的张量a，元素为随机数
a = torch.rand(2,2)
print(a)
```

输出如下：

```
tensor([[0.0528, 0.3420],
        [0.5011, 0.4264]])
```

设置参数input和dim，代码如下：

```
a1 = torch.sum(a)                    # 计算张量a所有元素的和
a2 = torch.sum(a, dim=(0, 1))        # 沿着第0维和第1维计算张量a的元素和
a3 = torch.sum(a, dim=0)             # 沿着第0维计算张量a的元素和
a4 = torch.sum(a, dim=1)             # 沿着第1维计算张量a的元素和
print(a1)
print(a2)
print(a3)
print(a4)
```

输出如下：

```
tensor(1.3223)
tensor(1.3223)
```

```
tensor([0.5539, 0.7684])
tensor([0.3948, 0.9275])
```

设置参数keepdim，代码如下：

```
a5 = torch.sum(a, dim=(0, 1), keepdim=True) # 沿着第0维和第1维计算张量a的元素和，
                                             保持原始维度
a6 = torch.sum(a, dim=(0, ), keepdim=True)  # 沿着第0维计算张量a的元素和，
                                             保持原始维度
a7 = torch.sum(a, dim=(1, ), keepdim=True)  # 沿着第1维计算张量a的元素和，
                                             保持原始维度
print(a5)
print(a6)
print(a7)
```

输出如下：

```
tensor([[1.3223]])
tensor([[0.5539, 0.7684]])
tensor([[0.3948],
        [0.9275]])
```

3. 平均值

使用torch.mean()函数求平均值，该函数对输入的张量数据的某一维度求平均值，参数与torch.sum()函数类似，也有以下两种格式：

```
torch.mean(input, dtype=None)
torch.mean(input, dim, keepdim=False, dtype=None)
```

我们来看以下示例。

设置参数input和dim，代码如下：

```
# 导入torch库
import torch

# 创建一个张量a
a = torch.tensor([[1, 2], [3, 4]])

# 计算张量a所有元素的平均值，并将结果赋值给a8
a8 = torch.mean(a.float())

# 沿着第0维和第1维计算张量a的元素平均值，并将结果赋值给a9
a9=torch.mean(a.float(),dim=(0, 1))

# 沿着第0维计算张量a的元素平均值，并将结果赋值给a10
a10=torch.mean(a.float(),dim=0)

# 沿着第1维计算张量a的元素平均值，并将结果赋值给a11
```

```
a11=torch.mean(a.float(),dim=1)

# 打印a8、a9、a10和a11的值
print(a8)
print(a9)
print(a10)
print(a11)
```

输出结果如下：

```
tensor(2.5000)
tensor(2.5000)
tensor([2., 3.])
tensor([1.5000, 3.5000])
```

设置参数keepdim，代码如下：

```
# 导入torch库
import torch

# 创建一个张量a
a = torch.tensor([[1, 2], [3, 4]])

# 沿着第0维和第1维计算张量a的元素平均值，并保持原始维度，将结果赋值给a12
a12=torch.mean(a.float(), dim=(0, 1), keepdim=True)

# 沿着第0维计算张量a的元素平均值，并保持原始维度，将结果赋值给a13
a13=torch.mean(a.float(), dim=(0, ), keepdim=True)

# 沿着第1维计算张量a的元素平均值，并保持原始维度，将结果赋值给a14
a14=torch.mean(a.float(), dim=(1, ), keepdim=True)

# 打印a12、a13和a14的值
print(a12)
print(a13)
print(a14)
```

输出结果如下：

```
tensor([[2.5000]])
tensor([[2., 3.]])
tensor([[1.5000],[3.5000]])
```

4. 最大值

使用torch.max()函数求最大值，参数与torch.sum()函数类似，但是参数dim须为整数，也有以下两种格式：

```
torch.max(input, dtype=None)
torch.max(input, dim, keepdim=False, dtype=None)
```

我们来看以下示例。

设置参数input和dim，代码如下：

```
# 导入torch库
import torch

# 创建一个张量a
a = torch.tensor([[1, 2], [3, 4]])

# 计算张量a所有元素的最大值，并将结果赋值给a15
a15 = torch.max(a)

# 沿着第0维计算张量a的元素最大值，并将结果赋值给a16
a16 = torch.max(a, dim=0)

# 沿着第1维计算张量a的元素最大值，并将结果赋值给a17
a17 = torch.max(a, dim=1)

# 打印a15、a16和a17的值
print(a15)
print(a16)
print(a17)
```

输出结果如下：

```
tensor(4)
torch.return_types.max(
values=tensor([3, 4]),
indices=tensor([1, 1]))
torch.return_types.max(
values=tensor([2, 4]),
indices=tensor([1, 1]))
```

设置参数keepdim，代码如下：

```
# 导入torch库
import torch

# 创建一个张量a
a = torch.tensor([[1, 2], [3, 4]])

# 沿着第0维计算张量a的元素最大值，并保持原始维度，将结果赋值给a18
a18 = torch.max(a, 0, keepdim=True)

# 沿着第1维计算张量a的元素最大值，并保持原始维度，将结果赋值给a19
a19 = torch.max(a, 1, keepdim=True)

# 打印a18和a19的值
print(a18)
print(a19)
```

输出结果如下：

```
torch.return_types.max(
values=tensor([[3, 4]]),
indices=tensor([[1, 1]]))
torch.return_types.max(
values=tensor([[2],[4]]),
indices=tensor([[1],[1]]))
```

5. 最小值

使用torch.min()函数求最小值，参数与torch.max()函数类似，也有以下两种格式：

```
torch.min(input, dtype=None)
torch.min(input, dim, keepdim=False, dtype=None)
```

我们来看以下示例。

设置参数input和dim，代码如下：

```
# 导入torch库
import torch

# 创建一个张量a
a = torch.tensor([[1, 2], [3, 4]])

# 计算张量a所有元素中的最小值，并将结果赋值给a20
a20 = torch.min(a)

# 沿着第0维计算张量a的元素最小值，并将结果赋值给a21
a21 = torch.min(a, dim=0)

# 沿着第1维计算张量a的元素最小值，并将结果赋值给a22
a22 = torch.min(a, dim=1)

# 打印a20、a21和a22的值
print(a20)
print(a21)
print(a22)
```

输出结果如下：

```
tensor(1)
torch.return_types.min(
values=tensor([1, 2]),
indices=tensor([0, 0]))
torch.return_types.min(
values=tensor([1, 3]),
indices=tensor([0, 0]))
```

设置参数keepdim，代码如下：

```
# 导入torch库
import torch

# 创建一个张量a
a = torch.tensor([[1, 2], [3, 4]])

# 沿着第0维计算张量a的元素最小值，并保持原始维度，将结果赋值给a23
a23 = torch.min(a, 0, keepdim=True)

# 沿着第1维计算张量a的元素最小值，并保持原始维度，将结果赋值给a24
a24 = torch.min(a, 1, keepdim=True)

# 打印a23和a24的值
print(a23)
print(a24)
```

输出结果如下：

```
torch.return_types.min(
values=tensor([[1, 2]]),
indices=tensor([[0, 0]]))
torch.return_types.min(
values=tensor([[1],[3]]),
indices=tensor([[0],[0]]))
```

6. 中位数

使用函数torch.median()求中位数，该函数返回中位数，参数与torch.max()函数类似，也有以下两种格式：

```
torch.median(input, dtype=None)
torch.median(input, dim, keepdim=False, dtype=None)
```

我们来看以下示例。

设置参数input和dim，代码如下：

```
# 导入torch库
import torch

# 创建一个张量a
a = torch.tensor([[1, 2], [3, 4]])

# 计算张量a所有元素的中位数，并将结果打印出来
print(torch.median(a))

# 沿着第1维计算张量a的元素中位数，并将结果打印出来
print(torch.median(a, 1))
```

输出结果如下：

```
tensor(2)
torch.return_types.median(
values=tensor([1, 3]),
indices=tensor([0, 0]))
```

设置参数keepdim，代码如下：

```
# 导入torch库
import torch

# 创建一个张量a
a = torch.tensor([[1, 2], [3, 4]])

# 沿着第1维计算张量a的元素中位数，并保持原始维度，将结果赋值给变量median_result
median_result = torch.median(a, 1, keepdim=True)

# 打印median_result的值
print(median_result)
```

输出结果如下：

```
torch.return_types.median(
values=tensor([[1],[3]]),
indices=tensor([[0],[0]]))
```

7. 众数

使用torch.mode()函数求众数，该函数返回众数，参数与torch.max()函数类似，也有以下两种格式：

```
torch.mode(input, dtype=None)
torch.mode(input, dim, keepdim=False, dtype=None)
```

请看以下示例。

设置参数input和dim，代码如下：

```
# 导入torch库
import torch

# 创建一个张量a
a = torch.tensor([[1, 2], [3, 4]])

# 计算张量a所有元素的众数，并将结果打印出来
print(torch.mode(a))

# 沿着第0维计算张量a的元素众数，并将结果打印出来
print(torch.mode(a, 0))
```

输出结果如下：

```
torch.return_types.mode(
values=tensor([1, 3]),
indices=tensor([0, 0]))
torch.return_types.mode(
values=tensor([1, 2]),
indices=tensor([0, 0]))
```


设置参数keepdim，代码如下：

```
# 导入torch库
import torch
# 创建一个张量a
a = torch.tensor([[1, 2], [3, 4]])
# 沿着第1维计算张量a的元素众数，并保持原始维度，将结果赋值给变量mode_result
mode_result = torch.mode(a, 1, keepdim=True)
# 打印mode_result的值
print(mode_result)
```

输出结果如下：

```
torch.return_types.mode(
values=tensor([[1],[3]]),
indices=tensor([[0],[0]]))
```

8. 方差

使用torch.var()函数求方差，该函数返回输入张量中所有元素的方差，也有以下两种格式：

```
torch.var(input, unbiased=True)
torch.var(input, dim, unbiased=True, keepdim=False, *, out=None)
```

【参数说明】

- input：输入一个张量。
- dim：要求和的维度，可以是一个列表，当dim=0时，即第0个维度会缩减，也就是说将N行压缩成一行，故相当于对列进行求和，当dim=1时，对行进行求和。
- unbiased：是否使用无偏估计，布尔型。如果unbiased为False，则将通过有偏估计量计算方差，否则将使用“贝塞尔校正”更正。
- keepdim：求和之后，这个dim的元素个数为1，所以要被去掉，如果要保留这个维度，则应该将keepdim设置为True。

分别设置不同参数的示例如下：

1）设置参数 input 和 dim

```
# 导入torch库
import torch

# 创建一个张量a
a = torch.tensor([[1, 2], [3, 4]])

# 沿着第1维计算张量a的元素方差，并将结果赋值给变量var_result
var_result = torch.var(a.float(), 1)

# 打印var_result的值
print(var_result)
```

输出结果如下：

```
tensor([0.5000, 0.5000])
```

2）设置参数 unbiased

```
torch.var(a.float(),1,unbiased=False)
```

输出结果如下：

```
tensor([0.2500, 0.2500])
```

3）设置参数 keepdim

```
torch.var(a.float(), 1, unbiased=False, keepdim=True)
```

输出结果如下：

```
tensor([[0.2500],[0.2500]])
```

9. 标准差

使用torch.std()函数求标准差，该函数返回输入张量中所有元素的标准差，参数与torch.var()函数类似，也有以下两种格式：

```
torch.std(input, unbiased=True)
torch.std(input, dim, unbiased=True, keepdim=False, *, out=None)
```

我们来看分别设置不同参数的示例。

1）设置参数 input 和 dim

```
# 导入torch库
import torch
```

```
# 创建一个张量a
a = torch.tensor([[1, 2], [3, 4]])
# 沿着第1维计算张量a的元素标准差，并将结果赋值给变量std_result
std_result = torch.std(a.float(), 1)
# 打印std_result的值
print(std_result)
```


输出结果如下：

```
tensor([0.7071, 0.7071])
```

2）设置参数 unbiased

```
torch.std(a.float(), 1, unbiased=False)
```

输出结果如下：

```
tensor([0.5000, 0.5000])
```

3）设置参数 keepdim

```
torch.std(a.float(), 1, unbiased=False, keepdim=True)
```

输出结果如下：

```
tensor([[0.5000],[0.5000]])
```

2.4　矩阵基础

矩阵是一个按照长方阵列排列的复数或实数集合，最早来自方程组的系数及常数所构成的方阵。矩阵是高等数学中的常见工具，也常见于统计分析等应用数学中。本节介绍矩阵的基础知识以及PyTorch中的矩阵运算及其案例。

2.4.1　矩阵及其运算

1. 矩阵基础

例如，由 $m \times n$ 个数 $a_{ij}(i=1,2,\cdots,m; j=1,2,\cdots,n)$ 组成的m行n列矩形数据块，如下所示：

$$\boldsymbol{A}=\begin{pmatrix} a_{11} & a_{12} & \cdots & a_{1n} \\ a_{21} & a_{22} & \cdots & a_{2n} \\ \cdots & \cdots & \cdots & \cdots \\ a_{m1} & a_{m2} & \cdots & a_{mn} \end{pmatrix}$$

称为$m \times n$矩阵，记为$\boldsymbol{A}=(a_{ij})_{m \times n}$。

下面介绍一些特殊的矩阵。

（1）方阵：行数与列数相等的矩阵。

（2）上（下）三角阵：主对角线以下（上）的元素全为零的方阵。

（3）对角阵：主对角线以外的元素全为零的方阵。

（4）数量矩阵：主对角线上元素相同的对角阵。

（5）单位矩阵：主对角线上元素全是1的对角阵，记为$\boldsymbol{E}$。

（6）零矩阵：元素全为零的矩阵。

2. 矩阵的运算

1）矩阵的加法

如果$\boldsymbol{A}=(A_{ij})_{mn}, \boldsymbol{B}=(b_{ij})_{mn}$，则$\boldsymbol{C}=\boldsymbol{A}+\boldsymbol{B}=(a_{ij}+b_{ij})_{mn}$。

矩阵加法的运算规律：

① $\boldsymbol{A}+\boldsymbol{B}=\boldsymbol{B}+\boldsymbol{A}$

② $(\boldsymbol{A}+\boldsymbol{B})+\boldsymbol{C}=\boldsymbol{A}+(\boldsymbol{B}+\boldsymbol{C})$

③ $\boldsymbol{A}+\boldsymbol{O}=\boldsymbol{A}$

④ $\boldsymbol{A}+(-\boldsymbol{A})=\boldsymbol{O}$

2）矩阵的减法

如果$\boldsymbol{A}=(\boldsymbol{A}_{ij})_{mn}, \boldsymbol{B}=(\boldsymbol{b}_{ij})_{mn}$，则$\boldsymbol{C}=\boldsymbol{A}-\boldsymbol{B}=(\boldsymbol{a}_{ij}-\boldsymbol{b}_{ij})_{mn}$。

3）矩阵的乘法

如果$\boldsymbol{A}=(\boldsymbol{a}_{ij})_{mn}$，$\boldsymbol{B}=(\boldsymbol{b}_{ij})_{np}$，那么：

$$\boldsymbol{AB}=\boldsymbol{C}=(\boldsymbol{C}_{ij})_{mp}$$

其中，$\boldsymbol{C}_{ij}=\sum_{k=1}^{n} a_{ik} \times b_{kj}$。

矩阵乘法的运算规律：

① $(\boldsymbol{AB})\boldsymbol{C}=\boldsymbol{A}(\boldsymbol{BC})$

② $\boldsymbol{A}(\boldsymbol{B}+\boldsymbol{C}')=\boldsymbol{AB}+\boldsymbol{AC}'$

③ $(\boldsymbol{B}+\boldsymbol{C})\boldsymbol{A}=\boldsymbol{BA}+\boldsymbol{CA}$

4）矩阵的除法

如果 $\boldsymbol{A}=(a_{ij})_{mn}$，$\boldsymbol{B}=(b_{ij})_{np}$，那么：

$$\boldsymbol{AB}=\boldsymbol{C}=(\boldsymbol{C}_{ij})_{mp}$$

其中，$\boldsymbol{C}_{ij}=\sum_{k=1}^{n}a_{ik}/b_{kj}$。

5）矩阵的转置

设矩阵 $\boldsymbol{A}=(a_{ij})_{mn}$，将$\boldsymbol{A}$的行与列的元素位置交换，称为矩阵$\boldsymbol{A}$的转置，记为 $\boldsymbol{A}^{\mathrm{T}}=(a_{ji})_{nm}$，

矩阵转置的运算规律：

① $(\boldsymbol{A}^{\mathrm{T}})^{\mathrm{T}}=\boldsymbol{A}$

② $(\boldsymbol{A}+\boldsymbol{B})^{\mathrm{T}}=\boldsymbol{A}^{\mathrm{T}}+\boldsymbol{B}^{\mathrm{T}}$

③ $(K\boldsymbol{A})^{\mathrm{T}}=K\boldsymbol{A}^{\mathrm{T}}$

④ $(\boldsymbol{AB})^{\mathrm{T}}=\boldsymbol{B}^{\mathrm{T}}\boldsymbol{A}^{\mathrm{T}}$。

6）矩阵的特征值与特征向量

设$\boldsymbol{A}$为n阶矩阵，若存在常数λ和非零n维向量$\boldsymbol{\alpha}$，使 $\boldsymbol{A\alpha}=\lambda\boldsymbol{\alpha}$，则称$\lambda$为$\boldsymbol{A}$的特征值，$\boldsymbol{\alpha}$是$\boldsymbol{A}$的属于特征值$\lambda$的特征向量。称$|\lambda E-\boldsymbol{A}|=f_A(\lambda)$为$\boldsymbol{A}$的特征多项式，$|\lambda E-\boldsymbol{A}|=0$为$\boldsymbol{A}$的特征方程，$\boldsymbol{E}$是单位矩阵，即主对角线上全是1，其余元素都是0。

矩阵特征值与特征向量的求解步骤如下：

01 计算 $\boldsymbol{A}$ 的特征多项式 $f(\lambda)=|\lambda E-\boldsymbol{A}|$。

02 求出特征方程 $f(\lambda)=|\lambda E-\boldsymbol{A}|=0$ 的全部根 $\lambda_1,\cdots,\lambda_n$，即为 $\boldsymbol{A}$ 的全部特征值。

03 对每个 λ_i，求出齐次线性方程组 $(\lambda_i E-\boldsymbol{A})X=0$ 的基础解系 $\alpha_1,\alpha_2,\cdots,\alpha_s$，则 $\alpha_1,\alpha_2,\cdots,\alpha_s$ 即为矩阵 $\boldsymbol{A}$ 的属于特征值 λ_i 的特征向量。

2.4.2　PyTorch 矩阵运算

张量的基本运算方式有逐元素之间的运算，例如add（加）、sub（减）、mul（乘）、div（除）四则运算，以及幂运算、平方根、对数等矩阵运算。

1. 矩阵的加法

在PyTorch中，矩阵的加法运算有4种实现方法，下面通过案例进行介绍。

首先创建两个张量，代码如下：

```
# 导入torch库
import torch

# 创建一个3行4列的随机张量a，元素值在0和1之间
a = torch.rand(3, 4)

# 创建一个长度为4的随机张量b，元素值在0和1之间
b = torch.rand(4)

# 打印张量a的值
print(a)

# 打印张量b的值
print(b)
```

输出结果如下：

```
tensor([[0.5675, 0.7567, 0.4230, 0.5616],
        [0.7795, 0.4334, 0.3138, 0.7730],
        [0.4122, 0.7436, 0.1173, 0.9017]])
tensor([0.3944, 0.3240, 0.4609, 0.7860])
```

从输出可以看出，张量***a***和张量***b***的维度不一样，在进行矩阵运算时，会隐式地把一个张量的维度调整到与另一个张量相匹配的维度以实现维度兼容，从而进行运算。

这里的张量***b***会调整为如下形式，维度与张量***a***一样。

```
tensor([[0.3944, 0.3240, 0.4609, 0.7860],
        [0.3944, 0.3240, 0.4609, 0.7860],
        [0.3944, 0.3240, 0.4609, 0.7860]])
```

下面就可以进行加法运算了。

方法1：使用+运算符实现加法。

```
print(a+b)
```

输出结果如下：

```
tensor([[0.9619, 1.0807, 0.8839, 1.3476],
        [1.1739, 0.7574, 0.7747, 1.5590],
        [0.8066, 1.0675, 0.5781, 1.6877]])
```

方法2：使用函数torch.add()实现加法。

```
print(torch.add(a,b))
```

输出结果如下：

```
tensor([[0.9619, 1.0807, 0.8839, 1.3476],
        [1.1739, 0.7574, 0.7747, 1.5590],
        [0.8066, 1.0675, 0.5781, 1.6877]])
```


方法3：将结果存储到一个张量。

```
# 导入torch库
import torch

# 创建一个3行4列的张量a，元素值在0和1之间
a = torch.rand(3, 4)

# 创建一个长度为4的随机张量b，元素值在0和1之间
b = torch.rand(4)

# 创建一个3行4列的空张量c，用于存储结果
c = torch.Tensor(3, 4)

# 将张量a和b逐元素相加，并将结果存储在张量c中
result = torch.add(a, b, out=c)

# 打印张量c的值
print(c)
```

输出结果如下：

```
tensor([[0.9619, 1.0807, 0.8839, 1.3476],
        [1.1739, 0.7574, 0.7747, 1.5590],
        [0.8066, 1.0675, 0.5781, 1.6877]])
```

方法4：把一个张量加到另一个张量上。

```
# 导入torch库
import torch

# 创建一个3行4列的张量a，元素值在0和1之间
a = torch.rand(3, 4)

# 创建一个长度为4的随机张量b，元素值在0和1之间
b = torch.rand(4)

# 将张量a和b逐元素相加，并将结果存储在张量b中
result = b.add(a)

# 打印张量b的值
print(b)
```

输出结果如下：

```
tensor([0.0815, 0.2655, 0.4416, 0.4971])
```

2. 矩阵的减法

在PyTorch中，矩阵的减法与矩阵的加法类似，代码如下：

```
# 导入torch库
import torch

# 创建一个3行4列的张量a，元素值在0和1之间
a = torch.rand(3, 4)

# 创建一个长度为4的随机张量b，元素值在0和1之间
b = torch.rand(4)

# 将张量a和b逐元素相减，并将结果打印出来
print(a - b)

# 使用torch.sub函数将张量a和b逐元素相减，并将结果打印出来
print(torch.sub(a, b))

# 创建一个3行4列的空张量c，用于存储结果
c = torch.Tensor(3, 4)

# 使用torch.sub函数将张量a和b逐元素相减，并将结果存储在张量c中
result = torch.sub(a, b, out=c)

# 打印张量c的值
print(c)

# 将张量a和b逐元素相减，并将结果存储在张量b中
result = b.sub(a)

# 打印张量b的值
print(b)
```

输出结果如下：

```
tensor([[0.5916,-0.0920,0.0172, -0.0612],
        [0.0180,0.0226,-0.6287, -0.4073],
        [-0.0252,-0.5464,-0.3008,  0.1241]])
tensor([[0.5916,-0.0920,0.0172, -0.0612],
        [0.0180,0.0226,-0.6287, -0.4073],
        [-0.0252,-0.5464,-0.3008,  0.1241]])
tensor([[0.5916,-0.0920,0.0172, -0.0612],
        [0.0180,0.0226,-0.6287, -0.4073],
        [-0.0252,-0.5464,-0.3008,  0.1241]])
tensor([0.1595, 0.7088, 0.7704, 0.7539])
```

3. 矩阵的乘法

在PyTorch中，矩阵的乘法与矩阵的加法类似，示例如下：

```
# 导入torch库
import torch

# 创建一个3行4列的张量a，元素值在0和1之间
a = torch.rand(3, 4)

# 创建一个长度为4的随机张量b，元素值在0和1之间
b = torch.rand(4)

# 将张量a和b逐元素相乘，并将结果打印出来
print(a * b)

# 使用torch.mul函数将张量a和b逐元素相乘，并将结果打印出来
print(torch.mul(a, b))

# 创建一个3行4列的空张量c，用于存储结果
c = torch.Tensor(3, 4)

# 使用torch.mul函数将张量a和b逐元素相乘，并将结果存储在张量c中
result = torch.mul(a, b, out=c)

# 打印张量c的值
print(c)

# 将张量a和b逐元素相乘，并将结果存储在张量b中
result = b.mul(a)

# 打印张量b的值
print(b)
```

输出如下：

```
tensor([[0.2102, 0.0949, 0.1228, 0.0882],
        [0.0856, 0.0076, 0.1315, 0.0024],
        [0.0477, 0.0378, 0.1299, 0.1194]])
tensor([[0.2102, 0.0949, 0.1228, 0.0882],
        [0.0856, 0.0076, 0.1315, 0.0024],
        [0.0477, 0.0378, 0.1299, 0.1194]])
tensor([[0.2102, 0.0949, 0.1228, 0.0882],
        [0.0856, 0.0076, 0.1315, 0.0024],
        [0.0477, 0.0378, 0.1299, 0.1194]])
tensor([0.3315, 0.1382, 0.1611, 0.1438])
```

4. 矩阵的除法

在PyTorch中，矩阵的除法与矩阵的加法类似，示例如下：

```
# 导入torch库
import torch

# 创建一个3行4列的张量a，元素值在0和1之间
a = torch.rand(3, 4)
```

```
# 创建一个长度为4的随机张量b，元素值在0和1之间
b = torch.rand(4)

# 将张量a和b逐元素相除，并将结果打印出来
print(a / b)

# 使用torch.div函数将张量a和b逐元素相除，并将结果打印出来
print(torch.div(a, b))

# 创建一个3行4列的空张量c，用于存储结果
c = torch.Tensor(3, 4)

# 使用torch.div函数将张量a和b逐元素相除，并将结果存储在张量c中
result = torch.div(a, b, out=c)

# 打印张量c的值
print(c)

# 将张量a和b逐元素相除，并将结果存储在张量a中
result = a.div(b)

# 打印张量a的值
print(a)
```

输出如下：

```
tensor([[1.3464, 0.9073, 0.2736, 0.3062],
        [0.9018, 0.1323, 0.9290, 1.5581],
        [1.0158, 0.3743, 0.6916, 1.8152]])
tensor([[1.3464, 0.9073, 0.2736, 0.3062],
        [0.9018, 0.1323, 0.9290, 1.5581],
        [1.0158, 0.3743, 0.6916, 1.8152]])
tensor([[1.3464, 0.9073, 0.2736, 0.3062],
        [0.9018, 0.1323, 0.9290, 1.5581],
        [1.0158, 0.3743, 0.6916, 1.8152]])
tensor([[0.8226, 0.4890, 0.2285, 0.1653],
        [0.5510, 0.0713, 0.7761, 0.8412],
        [0.6206, 0.2017, 0.5777, 0.9800]])
```

5. 矩阵的幂运算

在PyTorch中，还可以实现矩阵的幂运算，示例如下：

```
# 导入torch库
import torch

# 创建一个3行4列的张量a，元素值在0和1之间
a = torch.rand(3, 4)

# 将张量a中的每个元素进行平方运算，并将结果打印出来
print(a.pow(2))
```

```
# 使用**运算符将张量a中的每个元素进行平方运算，并将结果打印出来
print(a**2)
```

输出如下：

```
tensor([[0.3221, 0.5726, 0.1789, 0.3154],
        [0.6077, 0.1879, 0.0985, 0.5975],
        [0.1699, 0.5529, 0.0138, 0.8131]])
tensor([[0.3221, 0.5726, 0.1789, 0.3154],
        [0.6077, 0.1879, 0.0985, 0.5975],
        [0.1699, 0.5529, 0.0138, 0.8131]])
```


6. 矩阵的平方根

在PyTorch中，可以实现矩阵的平方根，示例如下：

```
# 导入torch库
import torch

# 创建一个3行4列的张量a，元素值在0和1之间
a = torch.rand(3, 4)

# 将张量a中的每个元素进行平方根运算，并将结果打印出来
print(a.sqrt())

# 将张量a中的每个元素的倒数进行平方根运算，并将结果打印出来
print(a.rsqrt())
```

输出如下：

```
tensor([[0.7533, 0.8699, 0.6504, 0.7494],
        [0.8829, 0.6584, 0.5602, 0.8792],
        [0.6420, 0.8623, 0.3425, 0.9496]])
tensor([[1.3274, 1.1496, 1.5375, 1.3344],
        [1.1326, 1.5189, 1.7851, 1.1374],
        [1.5576, 1.1597, 2.9201, 1.0531]])
```

7. 矩阵的对数

在PyTorch中，可以实现矩阵的对数运算，示例如下：

```
# 导入torch库
import torch

# 创建一个3行4列的张量a，元素值在0和1之间
a = torch.rand(3, 4)

# 将张量a中的每个元素进行以2为底的对数运算，并将结果打印出来
print(torch.log2(a))
```

```
# 将张量a中的每个元素进行以10为底的对数运算，并将结果打印出来
print(torch.log10(a))
```

输出如下：

```
tensor([[-0.8173, -0.4022, -1.2412, -0.8325],
        [-0.3593, -1.2061, -1.6719, -0.3715],
        [-1.2787, -0.4274, -3.0920, -0.1493]])
tensor([[-0.2460, -0.1211, -0.3736, -0.2506],
        [-0.1082, -0.3631, -0.5033, -0.1118],
        [-0.3849, -0.1287, -0.9308, -0.0449]])
```

8. 其他主要运算

在PyTorch中，还有向下取整、向上取整、四舍五入等张量运算，示例如下：

```
# 导入torch库
import torch

# 创建一个张量a，元素值为3.1415926
a = torch.tensor(3.1415926)

# 将张量a中的元素向下取整，并将结果打印出来
print(a.floor())

# 将张量a中的元素向上取整，并将结果打印出来
print(a.ceil())

# 将张量a中的元素四舍五入取整，并将结果打印出来
print(a.round())
```

输出结果如下：

```
tensor(3.)
tensor(4.)
tensor(3.)
```

在PyTorch中，如果要提取整数部分，可以使用trunc()函数，如果要提取小数部分，可以使用frac()函数（默认保留4位，并进行四舍五入），示例如下：

```
# 导入torch库
import torch

# 创建一个张量a，元素值为3.1415926
a = torch.tensor(3.1415926)

# 将张量a中的元素进行截断取整，即将小数部分去掉，并将结果打印出来
print(a.trunc())

# 将张量a中的元素的小数部分提取出来，并将结果打印出来
print(a.frac())
```

输出结果如下：

```
tensor(3.)
tensor(0.1416)
```

2.5　动手练习：拟合余弦函数曲线

为了读者更好地理解和使用数学函数，本节介绍PyTorch中数学函数的应用。

1. 案例说明

本实例使用PyTorch拟合余弦函数曲线，展示预测值和真实值的折线图。

2. 实现步骤

01 导入相关第三方库，代码如下：

```
#导入相关库
# 导入torch库
import torch

# 导入torch.nn模块，用于构建神经网络模型
import torch.nn as nn

# 导入torch.utils.data中的DataLoader和TensorDataset，用于加载数据
from torch.utils.data import DataLoader
from torch.utils.data import TensorDataset

# 导入numpy库，用于进行数值计算
import numpy as np

# 导入matplotlib库，用于绘制图形
import matplotlib

# 导入matplotlib.pyplot模块，用于绘制图形
import matplotlib.pyplot as plt

# 设置matplotlib的字体为SimHei，以支持中文显示
matplotlib.rcParams['font.sans-serif'] = ['SimHei']

# 设置matplotlib的坐标轴负号显示为正常字符，避免乱码问题
matplotlib.rcParams['axes.unicode_minus'] = False
```

02 准备拟合数据，代码如下：

```
# 生成一个在-2π和2π之间等间距的 400 个点的数列 x
x = np.linspace(-2*np.pi, 2*np.pi, 400)
# 计算数列x的余弦值 y
```

```
y = np.cos(x)
# 将 x 扩展为一维数组X，即在列方向上增加一个维度
X = np.expand_dims(x, axis=1)
# 将y整形为 400 行 1 列的矩阵Y
Y = y.reshape(400, -1)
# 将 x 和 y 转换为 torch.Tensor 类型，并组成数据集 dataset
dataset = TensorDataset(torch.tensor(X, dtype=torch.float), torch.tensor(Y,
dtype=torch.float))
# 创建数据加载器 dataloader，批次大小为 10，数据打乱
dataloader = DataLoader(dataset, batch_size=10, shuffle=True)
```

这样，通过生成数据集和数据加载器，方便对数据进行批量处理和模型训练。在深度学习中，数据加载器通常用于将数据分批次加载到模型中进行训练。

03 设置神经网络，这里使用一个简单的线性结构，代码如下：

```
# 定义一个名为 Net 的神经网络模块
class Net(nn.Module):
    def __init__(self):                    # 构造函数
        super(Net, self).__init__()        # 调用父类的构造函数
        self.net = nn.Sequential(          # 创建一个序列型神经网络
            nn.Linear(in_features=1, out_features=10),  # 输入特征数为 1、输出特征数
为 10 的线性层
            nn.ReLU(),                     # ReLU 激活函数
            nn.Linear(10, 100),            # 输入特征数为 10、输出特征数为 100 的线性层
            nn.ReLU(),                     # ReLU 激活函数
            nn.Linear(100, 10),            # 输入特征数为 100、输出特征数为 10 的线性层
            nn.ReLU(),                     # ReLU 激活函数
            nn.Linear(10, 1)               # 输入特征数为 10、输出特征数为 1 的线性层
        )

    def forward(self, input: torch.FloatTensor):      # 前向传播函数
        return self.net(input)             # 通过神经网络传递输入数据
net = Net()                                # 创建 Net 类的实例
```

这段代码定义了一个简单的神经网络模型Net，它使用nn.Module和nn.Sequential来构建网络结构。

- 在__init__方法中，通过nn.Sequential创建了一个由多个线性层和ReLU激活函数组成的序列型神经网络。
- forward方法定义了前向传播的逻辑，将输入数据通过网络进行处理。
- 最后，创建了一个Net类的实例net。

这样的结构可以用于构建和使用神经网络模型，对输入数据进行处理和预测，具体的网络结构和参数可以根据需求进行调整和修改。

04 设置优化器和损失函数，代码如下：

```
# 使用 Adam 优化器对 Net 网络的参数进行优化，学习率为0.001
optim = torch.optim.Adam(Net.parameters(net), lr=0.001)
# 创建均方误差损失函数
Loss = nn.MSELoss()
```

这段代码主要是关于深度学习中的优化器和损失函数的定义。

在深度学习中，优化器用于调整模型的参数，以最小化损失函数。损失函数用于衡量模型预测值与真实值之间的差异。在训练过程中，通过优化器和损失函数的配合，模型会不断调整参数，以提高预测的准确性。

05 开始训练模型并进行预测，训练 100 次，代码如下：

```
# 遍历 100 个训练轮次
for epoch in range(100):
    loss = None                              # 初始化损失值为None
    for batch_x, batch_y in dataloader:      # 遍历数据加载器中每个批次的数据
        y_predict = net(batch_x)             # 将批次数据输入网络进行预测
        loss = Loss(y_predict, batch_y)      # 计算预测结果与真实标签的损失
        optim.zero_grad()                    # 清空优化器的梯度
        loss.backward()                      # 反向传播计算梯度
        optim.step()                         # 根据梯度更新模型参数

    if (epoch + 1) % 10 == 0:                # 每 10 个轮次打印一次训练信息
        # 打印当前轮次和损失值
        print("训练步骤: {0}, 模型损失: {1}".format(epoch + 1, loss.item()))

# 使用网络对输入数据 X 进行预测，并将预测结果存储在predict变量中
predict = net(torch.tensor(X, dtype=torch.float))
```

以上是训练循环和预测部分的代码，主要用于在多个轮次中训练模型，并在每个轮次中计算损失并更新模型的参数。

这样的训练过程通常用于深度学习模型的训练，通过不断调整模型参数来最小化损失，以提高模型的性能。

06 绘制预测值和真实值之间的折线图，代码如下：

```
# 创建一个图形，设置图形大小为(12, 7)，分辨率为 160 dpi
plt.figure(figsize=(12, 7), dpi=160)
# 绘制实际值的曲线，标记为"实际值"，标记形状为"X"
plt.plot(x, y, label="实际值", marker="X")
# 绘制预测值的曲线，标记为"预测值"，标记形状为"o"
plt.plot(x, predict.detach().numpy(), label="预测值", marker='o')
# 设置 x 轴标签为"x"，字体大小为 15
```

```
plt.xlabel("x", size=15)
# 设置 y 轴标签为"cos(x)"，字体大小为 15
plt.ylabel("cos(x)", size=15)
# 设置 x 轴刻度的字体大小为 15
plt.xticks(size=15)
# 设置 y 轴刻度的字体大小为 15
plt.yticks(size=15)
# 添加图例，字体大小为 15
plt.legend(fontsize=15)

# 显示图形
plt.show()
```

这段代码使用Matplotlib库绘制图形，它创建了一个包含实际值和预测值曲线的图形，并设置了坐标轴标签、刻度和图例的字体大小。

这样的代码通常用于数据可视化，以便直观地观察实际值和预测值之间的关系。

3. 案例小结

本实例使用PyTorch拟合了余弦函数曲线，拟合效果较好。模型的训练过程以及每个过程的损失如下：

```
训练步骤: 10 , 模型损失: 0.016479406505823135
训练步骤: 20 , 模型损失: 0.0010833421256393194
训练步骤: 30 , 模型损失: 0.0020331249106675386
训练步骤: 40 , 模型损失: 0.010721233673393726
训练步骤: 50 , 模型损失: 0.0038663491141051054
训练步骤: 60 , 模型损失: 0.007655820343643427
训练步骤: 70 , 模型损失: 0.0019679348915815353
训练步骤: 80 , 模型损失: 0.0017576295649632812
训练步骤: 90 , 模型损失: 0.0006092540570534766
训练步骤: 100 , 模型损失: 0.004498030990362167
```

输出的预测值和实际值之间的折线图如图2-2所示。

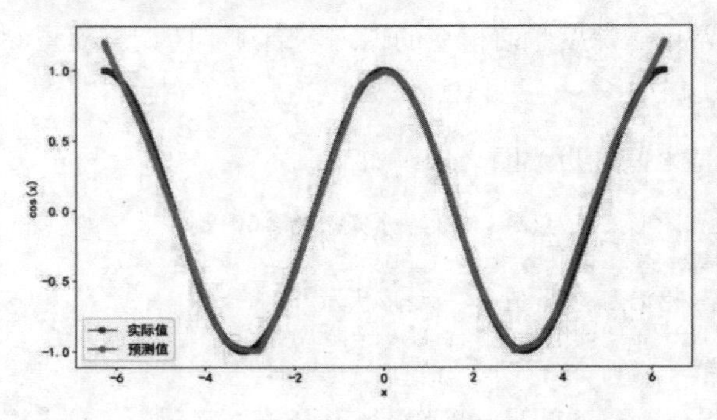

图 2-2　余弦函数折线图

2.6　上机练习题

练习1：PyTorch提供了许多用于张量操作的函数，如加法、减法、乘法等。请编写一个简单的PyTorch程序，使用上述函数进行张量操作。

练习参考代码：

```
# 导入Torch库
import torch

# 创建两个张量
x = torch.tensor([1, 2, 3])
y = torch.tensor([4, 5, 6])

# 执行加法操作
z = torch.add(x, y)
print("加法结果：", z)

# 执行减法操作
z = torch.subtract(x, y)
print("减法结果：", z)

# 执行乘法操作
z = torch.multiply(x, y)
print("乘法结果：", z)
```

输出结果为：

```
加法结果：  tensor([5, 7, 9])
减法结果：  tensor([-3, -3, -3])
乘法结果：  tensor([ 4, 10, 18])
```

练习2：PyTorch中的自动微分是通过autograd模块实现的。当我们创建一个张量时，可以选择将其设置为requires_grad=True，这样PyTorch就会自动追踪该张量上的所有操作。当我们调用.backward()方法时，PyTorch会自动计算所有相关张量的梯度，并将它们存储在.grad属性中。请编写一个简单的PyTorch程序，使用自动微分计算函数 $f(x)=x^2+2x+1$ 在 $x=3$ 处的导数。

练习参考代码：

```
# 导入Torch库
import torch

# 定义一个张量x，并设置requires_grad=True以跟踪其梯度
x = torch.tensor([3.0], requires_grad=True)

# 定义函数f(x) = x^2 + 2x + 1
```

```
y = x**2 + 2*x + 1

# 使用自动微分计算y关于x的导数
y.backward()

# 输出导数值
print("导数值：", x.grad.item())
```

输出结果为：

```
导数值： 8.0
```

练习3：在数理统计中，常用的指标包括均值、中位数、众数、方差、标准差等。这些指标可以帮助我们描述和分析数据集中的趋势和分布情况。请编写一个简单的PyTorch程序，生成一个包含10个随机数的张量，并计算这些数的均值、中位数、众数、方差和标准差。

练习参考代码：

```
# 导入Torch库
import torch

# 生成一个包含10个随机数的张量
x = torch.randn(10)

# 计算均值
mean = x.mean()
print("均值：", mean.item())

# 计算中位数
median = x.median()
print("中位数：", median.item())

# 计算众数
mode = torch.mode(x)
print("众数：", mode.values.item(), mode.indices.item())

# 计算方差
var = x.var()
print("方差：", var.item())

# 计算标准差
std = x.std()
print("标准差：", std.item())
```

输出结果为：

```
均值： -0.7022029161453247
中位数： -0.7682544589042664
众数： -2.352609872817993 8
方差： 0.6179051399230957
标准差： 0.7860694527626038
```

练习4：请编写一个简单的PyTorch程序，创建两个形状不同的张量，并演示如何使用矩阵广播机制进行加法、减法、乘法和除法运算。

练习参考代码：

```
# 导入Torch库
import torch

# 创建两个形状不同的张量
x = torch.tensor([[1, 2], [3, 4]])
y = torch.tensor([5, 6])

# 使用矩阵广播机制进行加法、减法、乘法和除法运算
add_result = x + y
subtract_result = x - y
multiply_result = x * y
divide_result = x / y

# 输出结果
print("加法结果：", add_result)
print("减法结果：", subtract_result)
print("乘法结果：", multiply_result)
print("除法结果：", divide_result)
```

输出结果为：

```
加法结果： tensor([[ 6,  8],
                 [ 8, 10]])
减法结果： tensor([[-4, -4],
                 [-2, -2]])
乘法结果： tensor([[ 5, 12],
                 [15, 24]])
除法结果： tensor([[0.2000, 0.3333],
                 [0.6000, 0.6667]])
```

第3章 数据预处理及常用工具

在深度学习解决实际问题的过程中，数据准备和预处理非常重要，标准规范的数据才能为后续的建模提供保障。本章介绍几种常用的数据预处理工具，例如NumPy、Pandas、Scikit-learn等，并简要介绍深度学习处理实际问题的一般步骤，以便于读者的后续学习顺利进行。

3.1 NumPy

NumPy（Numerical Python的简称）是一个用于科学计算的Python库，它提供了大量的函数和数据结构，使得处理大型多维数组和矩阵变得更加简单。在本节中，我们将介绍NumPy的基本概念和使用方法，帮助初学者快速上手。

3.1.1 安装和导入 NumPy

要使用NumPy，首先需要安装它。可以通过以下pip命令安装：

```
pip install numpy
```

在Python解释器中输入import numpy as np，如果没有出现错误提示，说明NumPy模块已经被正常安装。

在Python代码中，我们需要导入NumPy库才能使用它的功能。通常，我们会使用import numpy as np这样的语句来导入NumPy，并为其创建一个别名np，以便后续使用。例如：

```
import numpy as np
```

3.1.2 NumPy 的数据结构 ndarray

ndarray是NumPy库的核心数据结构，用于表示多维数组。它是Python编程语言中用于科学计算的基本数据结构之一。以下是关于ndarray的一些重要特性和解释。

- 维度：ndarray可以具有任意数量的维度，从一维（向量）到三维（立体）、四维甚至更高。每个维度的大小称为轴长。
- 形状：ndarray对象具有一个描述其维度大小的元组，称为形状（Shape）。例如，二维数组的形状可能是(3, 4)，表示有3行4列。
- 数据类型：ndarray中的所有元素都必须是相同的数据类型。数据可以是整数、浮点数、复数等。
- 内存布局：ndarray在内存中是连续存储的，这意味着它允许高效的数据访问和操作。
- 索引和切片：ndarray支持使用方括号进行索引和切片，这允许你访问、修改或操作数组的特定部分。
- 广播：ndarray支持广播功能，这是一种机制，允许在不同形状的数组之间进行数学运算。
- 数学运算：ndarray支持各种数学运算，如加法、减法、乘法、除法等，这些运算可以逐元素应用于数组中的每个元素。
- 函数：NumPy提供了许多内置函数，可以对ndarray执行各种操作，如求和、求平均值、求最大值、求最小值等。
- 通用函数：NumPy还提供了通用函数（ufunc），这些函数可以对ndarray中的每个元素执行操作，而不需要循环。

3.1.3 NumPy 的基本使用

1. 创建NumPy数组

我们可以使用np.array()函数由列表、元组等数据结构中创建NumPy数组。np.array()函数是NumPy库中的一个用于创建数组的函数，它提供了一种方便的方式来存储和操作数据。具体解释如下。

- 参数object：这是创建数组的对象，可以是单个值、列表、元组等。这意味着你可以将各种类型的数据传递给np.array()，它会尝试将这些数据转换为一个数组。
- 可选参数dtype：这个参数用于指定创建数组的数据类型。如果没有指定，np.array()会根据传递的对象自动推断数据类型。
- 返回值：该函数返回一个新的NumPy数组，这个数组可以是一维的（向量），也可以是多维的（矩阵或更高维度的张量）。

np.array()函数非常灵活，可以用来创建各种形状和大小的数组。例如，如果你传递一个列表给np.array()，它会创建一个与该列表具有相同元素和顺序的NumPy数组。如果你传递一个整数，它会创建一个包含该整数的一维数组。此外，np.array()还支持创建多维数组，这对于科学计算和数据分析非常有用。

下面通过示例来演示NumPy和np.array()函数创建数组的方法。

```
# 从列表创建NumPy数组
arr1 = np.array([1, 2, 3])
print(arr1)      # 输出：[1 2 3]
# 从元组创建NumPy数组
arr2 = np.array((1, 2, 3))
print(arr2)      # 输出：[1 2 3]
```

2. NumPy数组的属性

NumPy数组有许多有用的属性，例如shape（形状）、dtype（数据类型）和size（元素个数）。例如：

```
arr = np.array([[1, 2], [3, 4]])
print(arr.shape)  # 输出：(2, 2)
print(arr.dtype)  # 输出：int32
print(arr.size)   # 输出：4
```

3. 基本操作

NumPy提供了许多用于数组操作的函数，如加法、减法、乘法等。例如：

```
a = np.array([1, 2, 3])
b = np.array([4, 5, 6])
# 加法
c = np.add(a, b)
print(c)  # 输出：[5 7 9]
# 减法
d = np.subtract(a, b)
print(d)  # 输出：[-3 -3 -3]
# 乘法
e = np.multiply(a, b)
print(e)  # 输出：[ 4 10 18]
```

4. 广播

NumPy支持广播，即在不同形状的数组之间进行数学运算时，会自动扩展较小的数组以匹配较大数组的形状。例如：

```
a = np.array([1, 2, 3])
b = np.array([2, 2, 2])
```

```
# 广播加法
c = a + b
print(c)  # 输出：[3 4 5]
```

5. 切片和索引

NumPy数组支持切片和索引操作，可以方便地访问和修改数组的元素。例如：

```
arr = np.array([[1, 2], [3, 4]])

# 获取第一行
row1 = arr[0]
print(row1)  # 输出：[1 2]

# 获取第二列
col2 = arr[:, 1]
print(col2)  # 输出：[2 4]
```

以上是关于NumPy的基本介绍，包括安装、导入、创建数组、数组属性、基本操作、广播以及切片和索引等内容，希望初学者能够掌握。

3.2　Matplotlib

Matplotlib是一个用于绘制图形的Python库，可用于实现数据的可视化展示。Matplotlib提供了丰富的功能，使得创建各种类型的图表变得简单。本节将介绍如何安装和导入Matplotlib及其使用方法，帮助初学者快速上手。

3.2.1　安装和导入 Matplotlib

1. 安装Matplotlib

要使用Matplotlib，首先需要安装它。可以通过以下pip命令来安装：

```
pip install matplotlib
```

安装完成之后，可以通过以下方式来验证是否成功安装了Matplotlib。

- 使用pip list命令：在命令行中输入python -m pip list，查看返回的列表中是否包含matplotlib。
- 尝试导入模块：在Python环境中尝试导入Matplotlib模块，如果没有报错，则说明正常安装。安装成功后，你可以在Python解释器中输入import matplotlib，或者在Python脚本中使用相同的语句，并执行该脚本。
- 使用Python代码：在命令行中输入import matplotlib; print (matplotlib.__version__)，如果能够打印出Matplotlib的版本号，则表示安装成功。

利用上述任何一种方法，只要没有出现错误信息，都可以认为Matplotlib已成功安装。如果在尝试这些方法时遇到了错误，可能需要重新安装或检查你的Python环境和pip工具是否正常工作。

2. 导入Matplotlib

在Python代码中，需要导入Matplotlib库才能使用它的功能。通常，使用以下语句来导入Matplotlib库：

```
import matplotlib.pyplot as plt
```

使用上述方式导入Matplotlib，并为其创建一个别名plt，以便后续使用。

3.2.2 Matplotlib 的使用示例

1. 绘制简单折线图

Matplotlib提供了plot()函数，用于绘制折线图。我们可以传入两个列表作为参数，分别表示x轴和y轴的数据。

```
# 导入Matplotlib库中的pyplot模块
import matplotlib.pyplot as plt

# 定义x和y的值
x = [1, 2, 3, 4, 5]
y = [2, 4, 6, 8, 10]

# 使用折线图展示x和y的关系
plt.plot(x, y)
# 显示图表
plt.show()
```

在Jupyter Lab中运行上述代码，生成如图3-1所示的折线图。

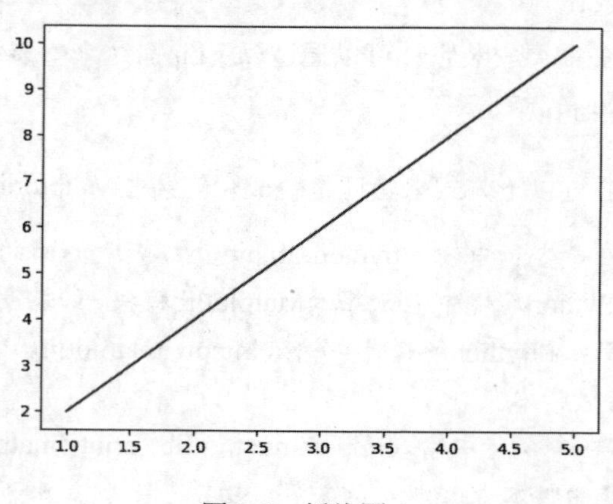

图 3-1　折线图 1

2. 设置图表标题和坐标轴标签

我们可以使用title()、xlabel()和ylabel()函数分别设置图表标题、x轴标签和y轴标签。

```
# 导入Matplotlib库中的pyplot模块
import matplotlib.pyplot as plt

# 设置matplotlib的字体为SimHei，以支持中文显示
matplotlib.rcParams['font.sans-serif'] = ['SimHei']

# 设置matplotlib的坐标轴负号显示为正常字符，避免乱码问题
matplotlib.rcParams['axes.unicode_minus'] = False

# 创建一个简单的折线图
plt.plot(x, y)
# 设置图表标题
plt.title("简单折线图")
# 设置x轴标签
plt.xlabel("x轴")
# 设置y轴标签
plt.ylabel("y轴")

# 显示图表
plt.show()
```

在Jupyter Lab中运行上述代码，生成如图3-2所示的折线图。

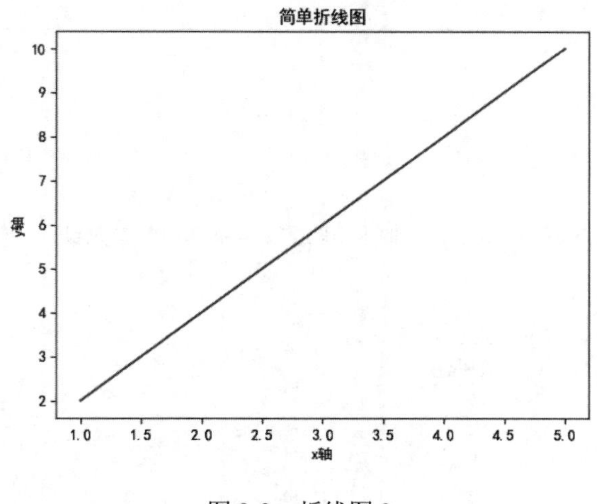

图 3-2 折线图 2

3. 绘制散点图

Matplotlib提供了scatter()函数，用于绘制散点图。我们可以传入两个列表作为参数，分别表示x轴和y轴的数据。

```
# 导入Matplotlib库中的pyplot模块
import matplotlib.pyplot as plt

# 定义x和y的值
x = [1, 2, 3, 4, 5]
y = [2, 4, 6, 8, 10]
# 使用散点图展示x和y的关系
plt.scatter(x, y)

# 显示图表
plt.show()
```

在Jupyter Lab中运行上述代码，生成如图3-3所示的散点图。

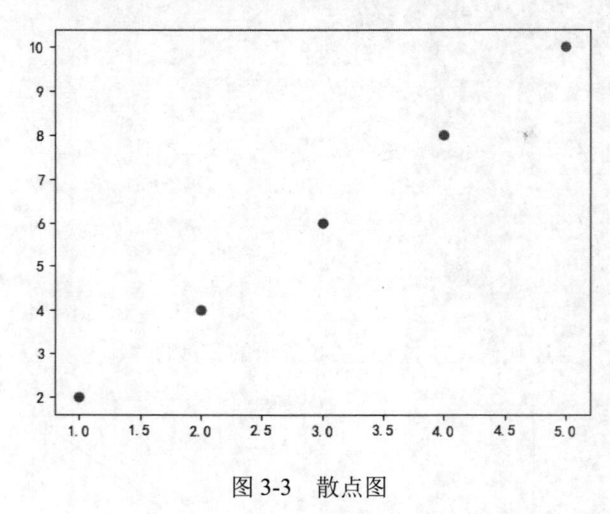

图 3-3　散点图

4. 绘制柱状图

Matplotlib提供了bar()函数，用于绘制柱状图。我们可以传入两个列表作为参数，分别表示x轴的数据和对应的高度。

```
# 导入Matplotlib库中的pyplot模块
import matplotlib.pyplot as plt

# x轴的数据
x = [1, 2, 3, 4, 5]

# y轴的数据（高度）
heights = [2, 4, 6, 8, 10]

# 使用bar()函数绘制柱状图，x和heights分别为x轴和y轴的数据
plt.bar(x, heights)

# 显示图形
plt.show()
```

在Jupyter Lab中运行上述代码，生成如图3-4所示的柱状图。

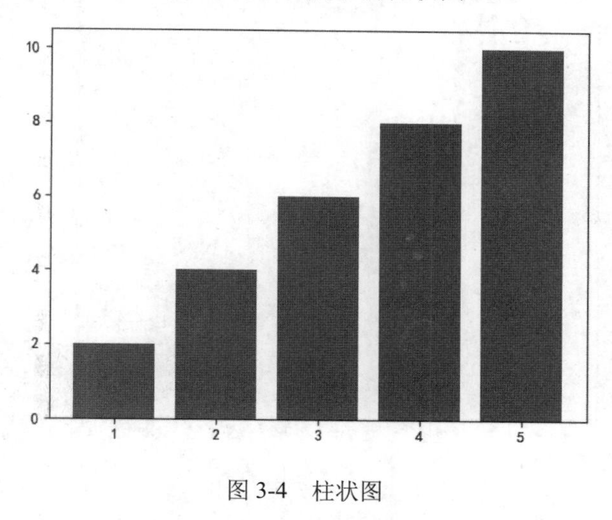

图 3-4　柱状图

5. 设置图例

我们可以使用legend()函数为图表添加图例。首先，为每个数据系列设置标签，然后调用legend()函数。

```
# 导入Matplotlib库中的pyplot模块
import matplotlib.pyplot as plt

# 定义x的值
x = [1, 2, 3, 4, 5]
# 定义y1和y2的值
y1 = [2, 4, 6, 8, 10]
y2 = [1, 3, 5, 7, 9]

# 使用折线图展示y1和y2的关系，并添加标签
plt.plot(x, y1, label="数据系列1")
plt.plot(x, y2, label="数据系列2")

# 显示图例
plt.legend()
# 显示图表
plt.show()
```

在Jupyter Lab中运行上述代码，生成如图3-5所示的折线图。

以上我们对Matplotlib进行了简单介绍，包括安装、导入、绘制折线图、散点图、柱状图以及设置图表标题、坐标轴标签和图例等内容，希望初学者能够掌握。

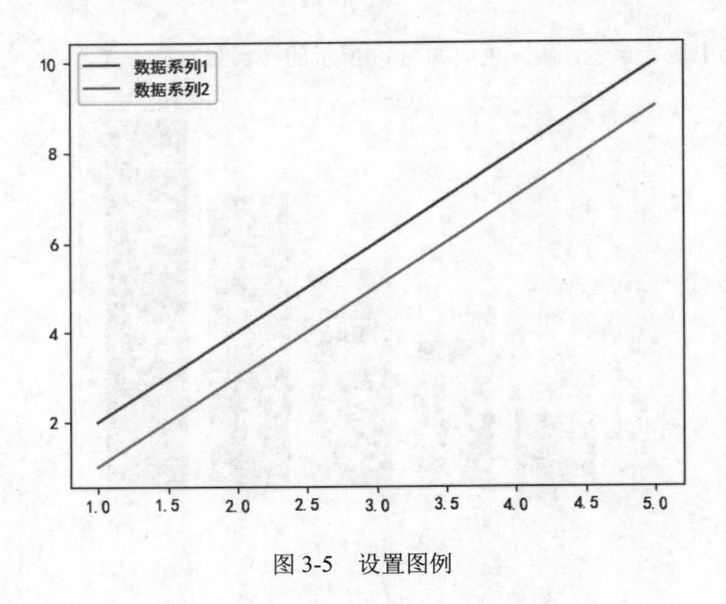

图 3-5　设置图例

3.3　数据清洗

数据清洗是数据预处理的一部分，主要是对数据进行审查和校验，以确保其准确性、完整性、一致性和可靠性。本节主要介绍数据清洗的概念、意义以及使用Pandas进行数据清洗的示例。

3.3.1　数据清洗的作用

数据清洗是机器学习和深度学习中的一个重要步骤，对模型的性能有着决定性的影响，如数据不规范或存在缺失等，可能会给建模带来问题，例如：

- 降低模型性能：未经清洗的数据可能包含错误、重复或不完整的信息，这些都可能导致模型学习到错误的模式，从而降低模型的性能。
- 增加误差：脏数据会增加模型的预测误差，因为它们可能会引入噪声，使得模型难以识别出真实的数据分布。
- 影响模型泛化能力：如果模型在训练阶段接触到的是未经处理的数据，它可能在实际应用中遇到问题，因为它没有学会如何正确地处理干净、标准化的数据。

尽管深度学习模型，尤其是深度神经网络具有很强的特征学习能力，可以在一定程度上容忍数据的不完美，但这并不意味着可以完全忽略数据清洗的步骤。良好的数据预处理可以帮助模型更快地收敛，提高训练效率，同时也可以防止模型过拟合。

通常，数据清洗主要包括以下内容。

- 删除重复信息：识别并去除数据中的重复记录，这些可能是由于数据录入错误或系统错误产生的。
- 纠正错误：查找并修正数据中的错误，例如小数点位置错误、拼写错误或其他录入错误。
- 提供数据一致性：确保数据集中的信息是一致的，比如统一日期格式或文本的大小写，以便可以进行有效的比较和分析。
- 处理无效值或缺失值：对于数据中的无效值或缺失值，需要决定是删除还是填充这些值，以保持数据的完整性。
- 消除异常值：检测并处理那些不符合常规模式的值，这些可能是由于测量错误或其他原因造成的。
- 数据转换和格式化：对数据进行调整，以满足特定的分析需求，例如日期的转换、数值的标准化等。

在实际操作中，数据清洗通常需要结合统计学知识和专业的数据处理工具来完成。对于简单数据可以使用Excel工具来完成，如果涉及的数据比较复杂，可以借助Python语言或R语言结合相关工具来完成，如Python中的NumPy、Pandas或Scikit-learn库等。

3.3.2 用 Pandas 进行数据清洗

Pandas是一个用于数据分析的Python库，是Python中进行数据处理和分析的一个强大工具，它提供了快速、灵活且直观的数据结构，特别适合处理关系型和标记型数据。

以下是Pandas的几个重要特性。

- 数据结构：Pandas提供了两种主要的数据结构：Series和DataFrame。Series是一种一维的标签化数组；而DataFrame是一种二维的表格型数据结构，可以想象成一个Excel表格或数据库中的表。
- 数据处理：Pandas提供了大量的函数和方法，使得数据的清洗、转换和分析变得更加高效和便捷。这些功能包括但不限于数据筛选、排序、分组、合并以及时间序列分析等。
- 数据可视化：Pandas与Matplotlib等绘图库紧密结合，提供了一些内置的绘图功能，方便用户对数据进行可视化分析。
- 性能优化：Pandas是基于NumPy构建的，因此它能够利用NumPy的高性能矩阵运算能力提高数据处理的效率。
- 广泛的应用：Pandas被广泛应用于金融、统计、社会科学等领域，是数据科学家和分析师的重要工具之一。

1. Pandas的数据结构Series和DataFrame

1）Series 数据结构

Series是一种强大的一维数据结构，它不仅能够存储数据，还提供了丰富的方法和操作，使得数据分析变得更加高效和便捷。Series有以下特点。

- 创建方式：Series可以通过多种方式创建，例如列表、字典或者NumPy数组等。
- 索引和切片：Series具有标签化索引，这意味着每个数据点都有一个与之关联的标签，可以通过这些标签来访问、修改或删除数据。此外，Series支持切片操作，可以方便地获取数据的子集。
- 基本操作：Series支持算术运算、逻辑运算以及比较运算等，这些操作可以应用于整个Series或指定的索引标签。
- 缺失值检测：Series能够识别缺失值，并且提供了处理缺失值的方法，这对于数据分析尤为重要。
- 自动对齐：在进行算术运算时，Series能够根据索引自动对齐数据，这使得不同Series之间的操作更加简便。
- name属性：Series有一个name属性，可以为Series指定一个名字，这在多变量操作时有助于提高可读性。

以下是一个简单的Series示例：

```
import pandas as pd
# 创建一个包含整数的Series
s = pd.Series([1, 2, 3, 4, 5])
# 打印Series的内容
print(s)
```

输出结果如下：

```
0    1
1    2
2    3
3    4
4    5
dtype: int64
```

在这个例子中，我们首先导入了Pandas库，并创建了一个包含整数的Series对象。然后，打印了Series的内容，可以看到它以一维数组的形式展示数据。

除了从列表创建Series外，还可以通过其他方式创建Series，例如字典或NumPy数组等。此外，Series还支持各种操作，如算术运算、逻辑运算和比较运算等。

这只是Series的一个简单示例，实际上Series可以用于更复杂的数据处理和分析任务。通过学习更多的Pandas库的功能和方法，可以进一步探索Series的潜力，并在数据分析和机器学习领域取得更好的成果。

2）DataFrame 数据结构

DataFrame是Pandas库的核心数据结构，它类似于一个二维表格，可以存储多种类型的数据，并且具有很多方便进行数据处理的功能。以下是DataFrame的一些关键特性。

- 二维标签化数据结构：DataFrame由行和列组成，可以将其视为一个表格，其中每个单元格包含一个数据点。
- 潜在的异质性：DataFrame中的每列可以是不同的数据类型，包括数值、字符串或布尔值等。
- 行索引和列索引：DataFrame不仅有列索引，还有行索引，这些索引有助于在数据操作时引用特定的数据点。
- 数据处理：DataFrame提供了一系列的方法和函数，用于数据的探索、清洗、转换和可视化等操作。
- 数据分析：对于数据科学家和分析师来说，DataFrame是进行数据分析和机器学习的重要工具。
- 数据存储：DataFrame可以轻松地从各种格式的文件中读取数据，并且可以将数据保存回这些文件中。
- 查询便捷性：DataFrame支持便捷的数据查询方法，使得处理和分析数据变得更加高效。

对于初学者来说，理解和掌握DataFrame的基本概念和操作非常重要，因为这是进一步学习和使用Pandas库进行数据处理和分析的基础。

接下来通过示例来认识一下DataFrame。一个常见的例子是使用Pandas库来处理和分析表格数据。下面是一个简单的示例。

```
import pandas as pd

# 创建一个包含姓名、年龄和城市的数据字典
data = {
    'Name': ['Alice', 'Bob', 'Charlie'],
    'Age': [25, 30, 35],
    'City': ['New York', 'London', 'Paris']
}

# 将数据字典转换为DataFrame
df = pd.DataFrame(data)

# 打印DataFrame的内容
print(df)
```

输出结果如下：

```
     Name      Age    City
0    Alice     25     New York
1    Bob       30     London
2    Charlie   35     Paris
```

在这个例子中，首先导入了Pandas库，并创建了一个包含姓名、年龄和城市的数据字典。然后，使用pd.DataFrame()函数将数据字典转换为DataFrame对象。最后，打印了DataFrame的内容，可以看到它以表格的形式展示数据。

代码中的df = pd.DataFrame(data)表示使用Pandas库创建一个名为df的DataFrame对象的语句。

- pd是Pandas库的别名，通常在导入Pandas库时使用import pandas as pd来定义。
- DataFrame是Pandas库中的一个类，用于创建二维表格型数据结构。
- data是一个包含数据的字典或列表，其中字典的键表示列名，字典的值表示对应列的数据。如果data是一个列表，则每个元素代表一行数据。

通过将data传递给pd.DataFrame()函数，可以创建一个包含给定数据的DataFrame对象，并将其赋值给变量df。这个DataFrame对象可以用于进行各种数据处理和分析操作，例如筛选、排序、统计等。

这只是DataFrame的一个简单示例，实际上DataFrame可以用于更复杂的数据处理和分析任务。通过学习更多的Pandas库的功能和方法，你可以进一步探索DataFrame的潜力，并在数据分析和机器学习领域取得更好的成果。

2. Pandas数据清洗示例

1）读取数据

首先需要将数据加载到Pandas DataFrame中。可以使用pd.read_csv()函数从CSV文件中读取数据，或者使用pd.read_excel()函数从Excel文件中读取数据。例如：

```
import pandas as pd

# 从CSV文件读取数据
data = pd.read_csv('data.csv')

# 从Excel文件读取数据
data = pd.read_excel('data.xlsx')
```

2）查看数据

使用head()函数查看数据的前几行，以便了解数据的结构和内容。例如：

```
# 查看前5行数据
```

```
print(data.head())
```

3）处理缺失值

Pandas提供了多种方法来处理缺失值，如删除含有缺失值的行或列，或者使用填充方法（如平均值、中位数、众数或前后填充）来填补缺失值。

```
# 删除含有缺失值的行
data.dropna(inplace=True)

# 使用平均值填充缺失值
data.fillna(data.mean(), inplace=True)
```


4）处理重复值

使用duplicated()函数检测重复的行，并使用drop_duplicates()函数删除重复的行。

```
# 检测重复行
duplicates = data.duplicated()

# 删除重复行
data.drop_duplicates(inplace=True)
```

5）去除异常值

可以使用Pandas库中的条件筛选功能来去除数据中的异常值。例如，假设有一个名为data的DataFrame，其中包含需要去除异常值的数值列，可以使用以下代码去除超过3个标准差的异常值：

```
data = data[(np.abs(stats.zscore(data['column_to_clean'])) < 3)]
```

6）纠正错误

可以使用Pandas库中的replace()函数来替换数据中的错误值。例如，假设有一个名为data的DataFrame，其中包含错误的日期格式，可以使用以下代码将错误的日期格式替换为正确的格式。

```
data['date'] = pd.to_datetime(data['date'], format='%Y-%m-%d')
```

7）数据类型转换

根据需要，可以使用astype()函数将数据转换为不同的数据类型。例如，将字符串类型的日期转换为日期类型。

```
# 将字符串类型的日期转换为日期类型
data['date'] = pd.to_datetime(data['date'])
```

8）数据筛选和排序

使用条件筛选和排序功能对数据进行处理。例如，筛选出年龄大于或等于18岁的记录，并按年龄升序排列。

```
# 筛选年龄大于或等于18岁的记录
filtered_data = data[data['age'] >= 18]
```

```
# 按年龄升序排列
sorted_data = filtered_data.sort_values(by='age', ascending=True)
```

9）数据合并和连接

在Python中，Pandas是一个强大的数据处理库，提供了丰富的功能来处理和分析数据，它可以使用merge、join、concat等进行数据合并和拼接。

- merge：根据一个或多个键将两个DataFrame连接在一起。
- join：根据一个键将两个DataFrame连接在一起。
- concat：在指定轴上连接多个DataFrame。

下面介绍使用merge()函数将多个数据集按照指定的键进行合并。例如，将两个数据集按照客户ID进行连接。

```
# 假设有两个数据集：data1和data2
merged_data = pd.merge(data1, data2, on='customer_id')
```

以上我们只是介绍了Pandas数据清洗的一些基本操作，实际上Pandas提供了更多的功能和方法，可以根据具体需求进行更复杂的数据清洗任务。

3.4　特征工程

在机器学习和数据科学中，特征工程是一个至关重要的步骤，它涉及创建新的特征，从原始数据中提取信息，以便模型能够更好地理解数据并做出准确的预测或分类。本节主要介绍特征工程的基本概念以及如何用Scikit-learn和Pandas对数据进行特征工程。

3.4.1　特征工程概述

特征工程是指对原始数据进行预处理、选择、修改和构建新的特征的过程，以便提高模型的性能。这个过程包括数据清洗、特征选择、特征转换和降维等。其重要性在于：

（1）提高模型性能：通过选择合适的特征，可以显著提高模型的准确性和泛化能力。

（2）减少过拟合：通过降维和正则化技术，可以减少过拟合的风险。

（3）提高训练速度：通过减少特征数量，可以加快模型的训练速度。

特征工程的具体内容包括：

（1）数据清洗：处理缺失值、异常值和重复值，确保数据的质量和一致性。

（2）特征选择：从原始特征中选择最相关的特征，可以使用相关性分析、卡方检验等方法。

（3）特征转换：将原始特征转换为更有意义的形式，例如对数变换、归一化、标准化等。

（4）特征构造：创建新的特征，以捕捉数据中的模式和关系，例如文本数据的词频统计、时间序列数据的滞后特征等。

（5）降维：通过主成分分析（Principal Component Analysis，PCA）、线性判别分析（Linear Discriminant Analysis，LDA）等方法减少特征数量，降低模型复杂度。

① 主成分分析

主成为分析（PCA）是一种数据降维技术，它的核心目的是通过变换找到数据中最重要的特征，也就是主成分，以减少数据的复杂性，同时保留大部分信息。

想象一下，你有一张充满数字的照片，这些数字就是数据的“维度”。PCA就像是一个照相机的镜头，它可以旋转角度，捕捉到最能代表照片特点的那个方向，这个方向就是“第一主成分”。它能够捕获数据中最大方差的方向，即数据变化最大的方向。

在PCA中，这个过程并不仅仅是简单地选择原始特征中的一个子集，而是重新构造出一组全新的、互相正交（即相互独立）的特征，这些特征被称为主成分。正交性确保了这些新特征之间没有冗余信息，每个主成分都是从原始数据中提取出来的独特信息。

通常，PCA会尽量保留数据中方差较大的部分，因为方差可以看作数据分布的宽度，方差越大，数据分布越广，包含的信息也就越多。通过保留前几个方差最大的主成分，PCA可以在牺牲最少信息量的前提下，将数据从高维降至低维。

主成分分析就像是用一个滤镜来优化你的照片，只保留最精华的部分，去掉那些不重要的杂乱背景，使得图片更加清晰和突出重点。

② 线性判别分析

线性判别分析是一种统计方法，它用于找到能够最大化不同类别数据之间差异的方向。这种方法在机器学习和统计中被广泛用于降维和分类。让我们用一个简单的例子来通俗地解释线性判别分析。

想象一下，你有一组数据点，这些数据点来自两个不同的类别，比如苹果和橙子。这些数据点有很多特征，比如颜色、大小、重量等。我们的目标是找到一个最佳的方向，通过这个方向最容易区分苹果和橙子。

线性判别分析的工作原理如下。

（1）计算每个类别的均值：计算苹果和橙子各自的平均值。均值是所有苹果或橙子特征的平均值。

（2）计算类内散度：查看每个类别内部的分散程度。苹果之间和橙子之间都有一定的差异，我们想要了解这些差异有多大。

（3）计算类间散度：计算苹果和橙子之间的差异。我们想要最大化这个差异，这样在新的方向上，苹果和橙子就会分开得更远。

（4）寻找最佳方向：寻找一个方向，这个方向能够同时最大化类间散度和最小化类内散度。在这个方向上，苹果和橙子尽可能分开，而且每个类别内部的点尽可能紧凑。找到这个最佳方向后，我们可以将原始数据投影到这个方向上。这样，我们就得到了一组新的数据，这些数据只有一维，但是仍然能够很好地区分苹果和橙子。这个一维数据就可以用来训练一个简单的分类器，比如一条直线，来区分苹果和橙子。

线性判别分析就是找到一个能够最好地区分不同类别的方向，通过这个方向可以简化数据，同时保留最重要的区分信息。这种方法在许多领域都有应用，比如人脸识别、生物信息学和市场营销等。

特征工程是数据科学和机器学习中不可或缺的一环，好的特征工程可以事半功倍，帮助你构建更准确、更高效的模型。初学者应该重视特征工程的学习，掌握基本的概念和方法，并通过实践不断提高自己的技能。

3.4.2　使用 Scikit-learn 进行数据预处理

Scikit-learn是一个开源的、广泛使用的机器学习工具包，其提供了丰富的机器学习算法，例如回归、聚类、降维等，同时还支持数据预处理、模型评估及参数调优等功能。

如果要使用Scikit-learn库，首先需要安装这个库，可以通过Anaconda或者直接使用pip命令来安装。

pip安装命令如下：

```
pip install scikit-learn
```

安装完成后，就可以利用其内置的数据集生成模块导入各种样本数据集进行实验。

下面我们通过两个例子简要介绍Scikit-learn在数据预处理中的应用。Scikit-learn库提供了许多用于数据预处理的工具，包括标准化、归一化、编码等。我们将使用Scikit-learn的StandardScaler类进行数据标准化。

1. 数据标准化及示例

数据标准化是一种重要的数据预处理技术，它通过将数据按比例缩放，使之落入一个小的特定区间，以消除数据的单位限制和数量级差异。

数据标准化的过程通常涉及以下几种常见的方法。

- Min-Max标准化（极差法）：这种方法通过将原始数据按照最小值和最大值进行线性变换，使得转换后的数据落在一个特定的区间内，通常是[0, 1]。这种方法简单直观，适用于大多数情况，特别是当数据分布相对均匀时。
- Z-score标准化（标准差法）：这种方法基于原始数据的均值和标准差进行转换，使得转换后的数据具有零均值和单位方差。这种方法适用于数据分布近似正态分布的情况，可以有效地消除不同量纲和数量级的影响。
- 比例法：这种方法通过除以一个基准值来缩放数据，使得所有数据点都在一个统一的尺度上。这种方法适用于需要保持原始数据比例关系的场景。

示例代码如下：

```
# 导入相关库
import numpy as np
from sklearn.preprocessing import StandardScaler

# 创建一个示例数据集
data = np.array([[1, 2], [3, 4], [5, 6]])

# 初始化StandardScaler对象
scaler = StandardScaler()

# 使用fit_transform方法对数据进行标准化
normalized_data = scaler.fit_transform(data)

print("原始数据：")
print(data)
print("标准化后的数据：")
print(normalized_data)
```

运行上述程序，得到以下结果。

```
原始数据：
[[1 2]
 [3 4]
 [5 6]]
标准化后的数据：
[[-1.22474487 -1.22474487]
 [ 0.          0.        ]
 [ 1.22474487  1.22474487]]
```

在这个例子中，首先创建了一个包含3个样本的数据集，每个样本有两个特征。然后，使用StandardScaler类对数据进行标准化。标准化的过程是将每个特征的均值变为0，标准差变为1。具体来说，对于第一个特征，其均值为(1+3+5)/3=3，标准差为sqrt((1−3)^2/3 + (3−3)^2/3 + (5−3)^2/3) = sqrt(4/3)。因此，标准化后的第一个特征值为(1−3)/sqrt(4/3) = −1.22474487。同样地，第二个特征的标准化值也为-1.22474487。第三个特征的标准化值与第一个特征相同，为1.22474487。

2. 数据归一化及示例

数据归一化是指将不同尺度和量纲的数据转换到同一尺度，通常是[0, 1]或者[-1, 1]。这样做的目的是消除数据特征之间的量纲影响，提高模型的收敛速度和精度。数据归一化是数据分析和建模的重要步骤，特别是在涉及多个不同量纲和数量级的特征时。正确应用归一化方法不仅能够提高模型的性能，还能确保数据分析的准确性和可靠性。

数据归一化的常用方法如下。

- Min-Max标准化：通过线性变换将数据映射到[0, 1]区间内。
- Z-score标准化：基于数据的均值和标准差进行转换，使数据符合标准正态分布。

示例代码如下：

```
# 导入所需的库
from sklearn.preprocessing import MinMaxScaler
import numpy as np

# 创建一个示例数据集
data = np.array([[10, 2], [5, 6], [3, 8]])

# 初始化MinMaxScaler
scaler = MinMaxScaler()

# 对数据进行归一化处理
normalized_data = scaler.fit_transform(data)

print("原始数据：")
print(data)
print("归一化后的数据：")
print(normalized_data)
```

运行上述代码后，输出结果如下：

```
原始数据：
[[10  2]
 [ 5  6]
 [ 3  8]]
归一化后的数据：
[[1.         0.        ]
 [0.28571429 0.66666667]
 [0.         1.        ]]
```

在这个例子中，MinMaxScaler将每个特征（列）缩放到一个指定的范围，通常是[0, 1]。在这个例子中，第一列的最小值是3，最大值是10，所以经过归一化处理后，该列的所有值都在0和1之间。同样，第二列的最小值是2，最大值是8，所以经过归一化处理后，该列的所有值也在0和1之间。

归一化后的数据更容易用于机器学习算法，因为它们都在同一尺度上。

3.4.3　使用 Pandas 实现特征工程

本小节通过一个示例来介绍如何使用Pandas对数据进行特征选择、特征提取和特征缩放等操作。

首先导入Pandas库，然后创建一个数据集。接着对数据进行特征工程，包括特征选择、特征提取和特征缩放。代码如下：


```
import pandas as pd
from sklearn.preprocessing import StandardScaler

# 创建数据集
data = pd.DataFrame({'A': [1, 2, 3], 'B': [4, 5, 6], 'C': [7, 8, 9]})

# 特征选择（以相关系数为例）
correlations = data.corr().abs()
features = correlations[correlations['C'] > 0.5].index.tolist()

# 特征提取（以PCA为例）
from sklearn.decomposition import PCA
pca = PCA(n_components=2)
data_pca = pca.fit_transform(data)

# 特征缩放
scaler = StandardScaler()
data_scaled = scaler.fit_transform(data)

# 显示处理后的数据
print("特征选择结果：", features)
print("特征提取结果：", data_pca)
print("特征缩放结果：", data_scaled)
```

程序运行结果如下：

```
特征选择结果： ['A', 'B', 'C']
特征提取结果： [[-1.73205081e+00  2.73910471e-17]
 [ 0.00000000e+00 -0.00000000e+00]
 [ 1.73205081e+00  2.73910471e-17]]
特征缩放结果： [[-1.22474487 -1.22474487 -1.22474487]
 [ 0.          0.          0.        ]
 [ 1.22474487  1.22474487  1.22474487]]
```

上述代码主要进行了以下几个步骤。

01 创建数据集：使用 Pandas 库创建一个 DataFrame，包含三列数据'A', 'B', 'C'。

02 特征选择：计算各列之间的相关系数，然后选择与'C'列相关系数大于 0.5 的列作为特征。

03 特征提取：使用 PCA（主成分分析）方法对数据进行降维，将数据的维度从 3 降到 2。

04 特征缩放：使用 StandardScaler 对数据进行标准化处理，使得每一列的数据都符合标准正态分布。

3.5 深度学习解决问题的一般步骤

深度学习的应用范围越来越广泛，并且能够解决很多复杂的问题，具体包括但不限于以下情况。

- 图像识别：深度学习在图像处理领域表现出色，能够识别和分类图像中的物体，这在医疗影像分析、自动驾驶汽车以及面部识别等应用中非常重要。
- 语音识别：深度学习算法能够识别不同的语音指令，并将其转换为文本，这在智能助手和语音控制系统中得到了广泛应用。
- 自然语言处理：深度学习可以帮助机器理解和生成人类语言，在机器翻译、情感分析和文本生成等领域应用广泛。
- 游戏和决策制定：深度学习使得机器能够在游戏中做出策略性决策，如著名的AlphaGo就通过深度学习技术战胜了人类的围棋高手。
- 机械故障诊断：深度学习可以分析机械设备的运行数据，识别潜在的故障模式，对于预防性维护和故障预测具有重要意义。
- 医疗诊断：深度学习能够帮助医生分析病例数据，提供诊断建议，甚至在一些情况下能够发现人类医生难以察觉的疾病迹象。
- 药物发现：深度学习可以通过分析化合物的数据来预测其作为药物的可能性，加速新药的研发过程。
- 艺术创作：深度学习也被用于音乐、绘画等艺术创作领域，可以生成新的艺术作品。
- 推荐系统：深度学习能够分析用户的行为和偏好，为用户推荐个性化的内容，如电影、音乐和新闻文章等。

深度学习的强大之处在于其能够从大量数据中学习复杂的模式和特征，这使得它在许多领域都有着广泛的应用前景。随着技术的不断进步和数据的日益增长，深度学习将继续推动人工智能的发展，并在更多领域解决实际问题。

在解决实际问题的过程中，其一般都会遵循以下步骤。

01 问题定义：明确要解决的问题，例如图像分类、语音识别、自然语言处理等。

02 数据收集：收集用于训练和测试模型的数据。例如从现有数据集获取数据、使用网络爬虫抓取数据或者通过实验设备收集数据。

03 数据预处理：对收集到的数据进行清洗、整理和转换，以便用于训练模型。例如去除噪声、填充缺失值、数据标准化、数据增强等。

04 特征工程：从原始数据中提取有用的特征，以便输入深度学习模型中。例如使用现有的特征提取方法，或者自定义特征提取算法。

05 模型选择：根据问题类型和数据特点选择合适的深度学习模型，例如卷积神经网络（Convolutional Neural Network，CNN）用于图像处理，循环神经网络（Recurrent Neural Network，RNN）用于序列数据处理等。

06 模型构建：使用深度学习框架（如 TensorFlow、PyTorch 等）搭建模型结构，并设置模型参数。

07 模型训练：使用训练数据对模型进行训练，通过优化算法（如梯度下降）调整模型参数以最小化损失函数。

08 模型验证：使用验证数据集评估模型的性能，以便调整模型的结构和参数。

09 模型测试：使用测试数据集对模型进行最终评估，以确定模型在未知数据上的泛化能力。

10 模型优化：根据测试结果对模型进行调整，以提高模型的性能。例如调整模型结构、增加训练数据、使用预训练模型等。

11 模型部署：将训练好的模型部署到实际应用中，例如将图像分类模型部署到手机应用中进行实时识别。

12 模型监控与维护：持续监控模型在实际应用中的性能，并根据需要进行模型更新和维护。

这些步骤并非严格的顺序，实际操作中可能需要反复迭代和调整。例如，使用深度学习方法预测某地区未来一周的最高温度，可以按照以下步骤进行。

01 问题定义：目标是预测特定地区未来一周每天的最高温度。

02 数据收集：收集该地区的历史天气数据，包括日期、最高温度、最低温度、湿度、风速、气压等。可以从公开的气象数据源获取这些信息，如国家气象信息中心、Weather Underground 等。

03 数据预处理：清洗数据，移除不完整或错误的记录。处理缺失值，可以通过插值或使用前后数据的平均值来填补。数据标准化或归一化，使模型更容易学习。时间序列数据通常需要转换为监督学习格式，即创建输入（特征）和输出（标签）数据集。

04 特征工程：选择或构造与最高温度预测相关的特征，如历史温度、季节性因素、假日等。可以使用滞后特征（Lag Features），即过去几天的温度，作为输入特征。可以考虑使用时间特征，如年份中的第几天、是否周末等。

05 模型选择：选择合适的深度学习模型，例如循环神经网络（RNN）、长短期记忆网络（Long Short-Term Memory，LSTM）或门控循环单元（Gated Recurrent Unit，GRU），因为这些模型适合处理时间序列数据。

06 模型构建：使用深度学习框架（如 TensorFlow、PyTorch 等）构建模型。确定模型架构，如 LSTM 的层数、神经元的数量等。定义损失函数和优化器，通常使用均方误差（Mean Square Error，MSE）作为损失函数，优化器可以选择 Adam 或 SGD。

07 模型训练：使用历史数据训练模型，将数据集分为训练集和验证集。调整超参数，如批量大小、学习率、迭代次数等。

08 模型验证：在验证集上评估模型性能，调整模型结构和超参数以优化结果。

09 模型测试：在测试集上评估模型性能，确保模型没有过拟合。

10 模型优化：根据测试结果调整模型结构或超参数。可以尝试添加更多特征或使用不同的模型。

11 模型部署：将训练好的模型部署到生产环境中，以便进行实时预测。

12 模型监控与维护：定期监控模型的性能，确保预测的准确性。

同时，还要根据需要更新模型，以便更好地适应新出现的气候模式。在整个过程中，可能需要多次迭代和调整，以确保模型能够准确地预测未来一周的最高温度。此外，由于气象数据可能具有季节性和趋势性，因此模型需要考虑这些时间因素。

3.6　动手练习：每日最高温度预测

为了使读者更好地理解和认识深度学习以及PyTorch框架的使用，本节先介绍一个每日最高温度预测的例子，使读者了解PyTorch框架是怎么解决实际问题的。

1. 案例说明

本案例以“天气预报”网的空气质量数据为数据来源，采集了2024年1月上海市的天气数据，共获得31条记录，如图3-6所示。

www.tianqihoubao.com/lishi/shanghai/month/202401.html

上海历史天气预报 2024年1月份

日期	天气状况	最低气温/最高气温	风力风向(夜间/白天)
2024年01月01日	多云 /多云	2℃ / 8℃	北风 1-3级 /北风 1-3级
2024年01月02日	阴 /小雨	4℃ / 11℃	北风 1-3级 /北风 1-3级
2024年01月03日	多云 /多云	2℃ / 8℃	西北风 1-3级 /北风 1-3级
2024年01月04日	阴 /阴	3℃ / 9℃	北风 1-3级 /北风 1-3级
2024年01月05日	多云 /阴	5℃ / 15℃	北风 1-3级 /北风 1-3级
2024年01月06日	多云 /晴	3℃ / 13℃	北风 1-3级 /北风 1-3级

图 3-6　数据来源

对于采集的数据，需要进行数据处理，并将处理后的数据存储在temps.csv文件中，案例数据集中的主要字段如表3-1所示。

表 3-1　数据集字段

字　段　名	说　　明
year	年份
month	月份
day	日期
temp_2	前天的最高温度值
temp_1	昨天的最高温度值
average	三年这一天的平均最高温度
actual	当天的真实最高温度

2. 实现步骤

下面介绍具体的实现步骤。

01 导入 Python 中相关的第三方库，代码如下：

```
#导入相关库
import torch                # 导入PyTorch库，用于深度学习和神经网络计算
import numpy as np          # 导入NumPy库，用于进行数值计算
import pandas as pd         # 导入Pandas库，用于数据处理和分析
import datetime             # 导入datetime库，用于处理日期和时间
import matplotlib           # 导入Matplotlib库，用于绘制图表和可视化数据
import matplotlib.pyplot as plt  # 导入Matplotlib的子模块pyplot，用于绘制各种图形
# 从matplotlib.pyplot导入MultipleLocator，用于设置坐标轴刻度间隔
from matplotlib.pyplot import MultipleLocator
# 从scikit-learn库导入preprocessing模块，用于数据预处理
from sklearn import preprocessing
```

02 读取本地离线文件数据源数据，代码如下：

```
# 读取'./temps.csv'文件中的数据，并将其存储在DataFrame对象features中
features = pd.read_csv('./temps.csv')
# 将数据框 features 中的 'actual' 列转换为NumPy数组，并将其存储在labels变量中
labels = np.array(features['actual'])
# 从 features 中删除 'actual' 列。axis=1表示删除列，而不是行
features = features.drop('actual', axis=1)
# 将 features 的列名转换为列表，并将其存储在feature_list变量中
feature_list = list(features.columns)
```

03 为了提升模型的准确率，对数据进行格式转换与标准化处理，代码如下：

```
# 将 features 转换为 NumPy 数组
features = np.array(features)
```

```
# 使用 StandardScaler 进行特征标准化
input_features = preprocessing.StandardScaler().fit_transform(features)
```

通过特征标准化，不同特征的量级差异被消除，有助于提高一些机器学习算法的性能和准确性，这样模型在处理数据时就不会受到特征值大小的影响，能够更公平地对待每个特征。

04 下面设置神经网络模型的网络结构，代码如下：

```
# 获取输入特征的维度数
input_size = input_features.shape[1]
# 设置隐藏层大小
hidden_size = 128
# 设置输出大小
output_size = 1
# 设置批次大小
batch_size = 16
# 使用 torch.nn.Sequential 按顺序构建神经网络
my_nn = torch.nn.Sequential(
    # 线性层，将输入特征映射到隐藏层
    torch.nn.Linear(input_size, hidden_size),
    # Sigmoid 激活函数
    torch.nn.Sigmoid(),
    # 线性层，将隐藏层映射到输出
    torch.nn.Linear(hidden_size, output_size),
)
```

第一个线性层torch.nn.Linear(input_size, hidden_size)将输入特征映射到隐藏层，Sigmoid激活函数应用于隐藏层的输出，最后一个线性层 torch.nn.Linear(hidden_size, output_size) 将隐藏层的输出映射到最终输出。

这样就构建了一个包含输入层、隐藏层和输出层的简单神经网络模型，后续可以使用这个模型进行训练和预测等操作。

05 定义神经网络模型的损失函数与优化器，代码如下：

```
# 定义损失函数为均方误差损失。reduction='mean' 表示对每个样本的损失进行平均，得到总体的平均损失
cost = torch.nn.MSELoss(reduction='mean')
# 定义优化器为 Adam 优化器，并传入神经网络的参数，学习率为0.001
optimizer = torch.optim.Adam(my_nn.parameters(), lr=0.001)
```

在训练过程中，优化器将根据损失函数的反馈来调整神经网络的参数，以最小化损失，这样可以通过不断迭代更新参数来改进模型的性能。

06 训练神经网络模型，代码如下：

```
# 用于存储损失值的列表
losses = []
# 循环 500 次
for i in range(500):
    # 用于存储每批数据的损失值的列表
    batch_loss = []
    # 遍历输入特征，按照批次大小进行分割
    for start in range(0, len(input_features), batch_size):
        # 计算批次的结束位置，如果超过特征长度，则取特征长度
        end = start + batch_size if start + batch_size < len(input_features) else
len(input_features)
        # 将输入特征转换为 torch.Tensor，并设置数据类型为 torch.float，需要计算梯度
        xx = torch.tensor(input_features[start:end], dtype=torch.float,
requires_grad=True)
        # 将标签转换为 torch.Tensor，并设置数据类型为 torch.float，需要计算梯度
        yy = torch.tensor(labels[start:end], dtype=torch.float,
requires_grad=True)
        # 使用构建的神经网络进行预测
        prediction = my_nn(xx)
        # 计算损失
        loss = cost(prediction, yy)
        # 清空梯度
        optimizer.zero_grad()
        # 反向传播损失
        loss.backward(retain_graph=True)
        # 更新模型参数
        optimizer.step()
        # 将当前批次的损失值添加到 batch_loss 列表中
        batch_loss.append(loss.data.numpy())

    # 每隔 100 次迭代，将批次平均损失添加到 losses 列表中，并打印相关信息
    if i % 100 == 0:
        losses.append(np.mean(batch_loss))
        print(i, np.mean(batch_loss), batch_loss)
# 将输入特征转换为 torch.Tensor，并设置数据类型为 torch.float
x = torch.tensor(input_features, dtype=torch.float)
# 使用神经网络对 x 进行预测，并将结果转换为NumPy数组
predict = my_nn(x).data.numpy()
```

这样的代码结构通常用于训练神经网络模型，并在训练过程中记录损失值，以便观察模型的训练效果，最后使用训练好的模型进行预测。

03

07 转换数据集中的日期格式，代码如下：

```
    # 获取特征矩阵中 'month' 特征的列
    months = features[:, feature_list.index('month')]
    # 获取特征矩阵中 'day' 特征的列
    days = features[:, feature_list.index('day')]
    # 获取特征矩阵中 'year' 特征的列
    years = features[:, feature_list.index('year')]

    # 遍历年份、月份和日期，将它们组合成日期字符串格式
    dates = [str(int(year)) + '-' + str(int(month)) + '-' + str(int(day)) for year,
month, day in zip(years, months, days)]
    # 遍历日期字符串列表，将它们解析为 datetime 对象
    dates = [datetime.datetime.strptime(date, '%Y-%m-%d') for date in dates]

    # 创建一个包含日期和实际标签的 DataFrame
    true_data = pd.DataFrame(data={'date': dates, 'actual': labels})

    # 遍历年份、月份和日期，将它们组合成测试日期的字符串格式
    test_dates = [str(int(year)) + '-' + str(int(month)) + '-' + str(int(day)) for
year, month, day in zip(years, months, days)]
    # 遍历测试日期字符串列表，将它们解析为 datetime 对象
    test_dates = [datetime.datetime.strptime(date, '%Y-%m-%d') for date in
test_dates]

    # 创建一个包含测试日期和预测值的 DataFrame
    predictions_data = pd.DataFrame(data={'date': test_dates, 'prediction':
predict.reshape(-1)})
```

这段代码主要用于处理数据，将特征矩阵中的年份、月份和日期提取出来，并将它们组合成日期字符串。然后，将日期字符串解析为datetime对象，并创建相应的数据框。

08 最后，使用 Matplotlib 库绘制日最高温度的散点图，代码如下：

```
    # 设置matplotlib 的字体为SimHei
    matplotlib.rc("font", family='SimHei')

    # 创建一个图形，大小为 12×7 英寸，分辨率为 160 dpi
    plt.figure(figsize=(12, 7), dpi=160)

    # 绘制真实值的曲线，颜色为蓝色，标记为+
    plt.plot(true_data['date'], true_data['actual'], 'b+', label='真实值')

    # 绘制预测值的曲线，颜色为红色，标记为 o，并添加标签
    plt.plot(predictions_data['date'], predictions_data['prediction'], 'r+',
label='预测值',marker='o')
```

```
# 设置 x 轴刻度的旋转角度为 30 度，大小为 15
plt.xticks(rotation=30,size=15)

# 设置 y 轴的范围为 0~25
plt.ylim(0,25)

# 设置 y 轴刻度的大小为 15
plt.yticks(size=15)

# 设置 x 轴的主要刻度间隔为 3
x_major_locator=MultipleLocator(3)

# 设置 y 轴的主要刻度间隔为 5
y_major_locator=MultipleLocator(5)

# 获取当前图形的坐标轴
ax=plt.gca()

# 设置 x 轴的主要刻度定位器
ax.xaxis.set_major_locator(x_major_locator)

# 设置 y 轴的主要刻度定位器
ax.yaxis.set_major_locator(y_major_locator)

# 添加图例，字体大小为 15
plt.legend(fontsize=15)

# 设置 y 轴标签为'日最高温度'，字体大小为 15
plt.ylabel('日最高温度',size=15)

# 显示图形
plt.show()
```

这段代码使用Matplotlib库绘制图形，主要用于绘制真实值和预测值的曲线，并进行了一些图形设置，可以绘制出具有特定样式的图形，包括曲线、刻度、图例和标签等元素。这些设置可以根据需要进行调整和定制，以满足不同的绘图需求。

通过以上步骤可以绘制出包含真实值和预测值的图形，并对其进行相应的格式化设置。

3. 案例小结

本实例使用PyTorch中的神经网络模型，通过绘制散点图的方式，对2024年1月上海市的日最高温度进行了预测。

运行上述每日温度预测模型的代码，输出真实值和预测值的散点图，如图3-7所示。

03

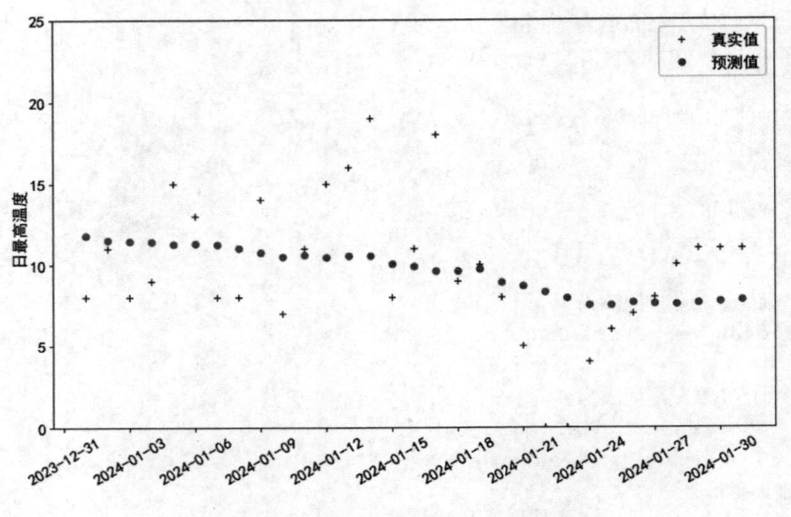

图 3-7　气温真实值和预测值的散点图

3.7　上机练习题

练习1：使用NumPy创建一个一维数组，包含5个元素：[1, 2, 3, 4, 5]，然后对该数组进行加、减、乘计算。

参考练习步骤：

首先导入NumPy库，然后使用numpy.array()创建一个一维数组。接着对数组进行加法、减法、乘法计算。

代码如下：

```
import numpy as np

arr = np.array([1, 2, 3, 4, 5])
print("原始数组：", arr)

# 加法
arr_add = arr + 2
print("加法结果：", arr_add)

# 减法
arr_sub = arr - 1
print("减法结果：", arr_sub)

# 乘法
arr_mul = arr * 3
print("乘法结果：", arr_mul)
```

练习2：使用NumPy创建一个二维数组，包含3行4列：[[1, 2, 3, 4], [5, 6, 7, 8], [9, 10, 11, 12]]，然后对该数组进行加法、减法、乘法计算。

参考练习步骤：

首先导入NumPy库，然后使用numpy.array()创建一个二维数组。接着对数组进行加法、减法、乘法计算。

代码如下：

```
import numpy as np

arr = np.array([[1, 2, 3, 4], [5, 6, 7, 8], [9, 10, 11, 12]])
print("原始数组：", arr)

# 加法
arr_add = arr + 2
print("加法结果：", arr_add)

# 减法
arr_sub = arr - 1
print("减法结果：", arr_sub)

# 乘法
arr_mul = arr * 3
print("乘法结果：", arr_mul)
```

练习3：使用Matplotlib绘制一个简单的折线图，显示一个数组的数值变化。

参考练习步骤：

首先导入Matplotlib库，然后创建一个数组，接着使用plot()函数绘制折线图，最后使用show()函数显示图像。

代码如下：

```
import numpy as np
import matplotlib.pyplot as plt

# 创建数组
x = np.arange(0, 10, 1)
y = x ** 2

# 绘制折线图
plt.plot(x, y)

# 显示图像
plt.show()
```

练习4：使用Matplotlib绘制一个柱状图，比较不同类别的数据。

参考练习步骤：

首先导入Matplotlib库，然后创建两个数组，分别表示类别和对应的数值。接着使用bar()函数绘制柱状图，最后使用show()函数显示图像。

代码如下：

```
import numpy as np
import matplotlib.pyplot as plt

# 创建类别和数值数组
categories = ['A', 'B', 'C', 'D', 'E']
values = [3, 7, 2, 5, 8]

# 绘制柱状图
plt.bar(categories, values)

# 显示图像
plt.show()
```

练习5：使用Matplotlib绘制一个饼图，用于展示各部分所占的比例。

参考练习步骤：

首先导入Matplotlib库，然后创建一个数组，表示各部分的数值。接着使用pie()函数绘制饼图，最后使用show()函数显示图像。

代码如下：

```
import numpy as np
import matplotlib.pyplot as plt

# 创建数值数组
sizes = [15, 20, 30, 35]

# 绘制饼图
plt.pie(sizes, labels=['A', 'B', 'C', 'D'], autopct='%1.1f%%')

# 显示图像
plt.show()
```

练习6：加载一个CSV文件，并使用Pandas对数据进行清洗，包括处理缺失值、重复值和异常值。

参考练习步骤：

首先导入Pandas库，然后使用Pandas的read_csv()函数加载CSV文件。接着对数据进行清洗，包括处理缺失值、重复值和异常值。

代码如下：

```
import pandas as pd

# 加载CSV文件
data = pd.read_csv('data.csv')

# 处理缺失值
data.fillna(method='ffill', inplace=True)

# 处理重复值
data.drop_duplicates(inplace=True)

# 处理异常值（以数值列为例）
numerical_cols = data.select_dtypes(include=[np.number]).columns
for col in numerical_cols:
    data[col] = data[col].apply(lambda x: np.nan if x < 0 else x)

# 显示处理后的数据
print(data)
```

练习7：使用Scikit-learn对数据进行归一化处理。

参考练习步骤：

首先导入Scikit-learn库，然后创建一个数据集。接着使用MinMaxScaler对数据进行归一化处理。代码如下：

```
from sklearn.preprocessing import MinMaxScaler
import numpy as np

# 创建数据集
data = np.array([[1, 2, 3], [4, 5, 6], [7, 8, 9]])

# 数据归一化
scaler = MinMaxScaler()
data_normalized = scaler.fit_transform(data)

# 显示处理后的数据
print(data_normalized)
```

练习8：使用Scikit-learn对数据进行标准化处理。

参考练习步骤：

首先导入Scikit-learn库，然后创建一个数据集。接着使用StandardScaler对数据进行标准化处理。代码如下：

```
from sklearn.preprocessing import StandardScaler
import numpy as np

# 创建数据集
data = np.array([[1, 2, 3], [4, 5, 6], [7, 8, 9]])

# 数据标准化
scaler = StandardScaler()
data_standardized = scaler.fit_transform(data)

# 显示处理后的数据
print(data_standardized)
```

第 4 章

PyTorch基础知识

PyTorch的前身是Torch，其底层和Torch框架一样，但使用Python重新写了很多内容，不仅更加灵活，支持动态图，而且提供了Python接口，它是一个以Python环境优先的深度学习框架，不仅能够实现强大的GPU加速，同时还支持动态神经网络。为了使读者更容易理解和使用PyTorch进行深度学习训练，本章介绍一些PyTorch相关的基本概念。

4.1 张量及其创建

在数学概念中，张量是一个多维数组，它是标量、向量、矩阵的高维拓展。本节介绍张量的概念，以及PyTorch中常用的几种创建张量的方法。

4.1.1 张量及其数据类型

张量及其相关应用是近年来最热门的研究话题之一，因为张量相对于矩阵来说能更加自然和完整地表征自然界的一些现象。张量是一个多维数组，它的每一个方向被称为模（Mode）。张量的阶数就是它的维数，一阶张量就是向量，二阶张量就是矩阵，三阶及以上的张量统称为高阶张量。

Tensor是PyTorch的基本数据结构，在使用时需要表示成torch.Tensor的形式，它有8个主要的属性，如data、grad等，具体说明如下。

- data：被包装的张量。
- dtype：张量的数据类型。
- shape：张量的形状/维度。
- device：张量所在的设备，加速计算的关键，GPU或CPU。

- grad：data的梯度。
- grad_fn：创建张量的Function，这是自动求导的关键。
- requires_grad：指示是否需要计算梯度。
- is_leaf：指示是不是叶子节点。

其中，前4个属性与数据相关，后4个属性与梯度求导相关。

torch.dtype是表示torch.Tensor的数据类型的对象，PyTorch中有9种不同的数据类型，具体如表4-1所示。

表 4-1　张量的数据类型

Data Type	dtype	CPU Tensor	GPU Tensor
32-bit floating point	torch.float32 or torch.float	torch.FloatTensor	torch.cuda.FloatTensor
64-bit floating point	torch.float64 or torch.double	torch.DoubleTensor	torch.cuda.DoubleTensor
16-bit floating point	torch.float16 or torch.half	torch.HalfTensor	torch.cuda.HalfTensor
8-bit integer(unsigned)	torch.uint8	torch.ByteTensor	torch.cuda.ByteTensor
8-bit integer(signed)	torch.int8	torch.CharTensor	torch.cuda.CharTensor
16-bit integer(signed)	torch.int16 or torch.short	torch.ShortTensor	torch.cuda.ShortTensor
32-bit integer(signed)	torch.int32 or torch.int	torch.IntTensor	torch.cuda.IntTensor
64-bit integer(signed)	torch.int64 or torch.long	torch.LongTensor	torch.cuda.LongTensor
Boolean	torch.bool	torch.BoolTensor	torch.cuda.BoolTensor

4.1.2　使用数组直接创建张量

前面我们已经初步了解了张量的概念，那么如何创建张量呢？创建张量的方法有多种，其中使用数组直接创建张量主要有以下两种方法。

方法1：使用torch.tensor()函数从数组直接创建张量，并查看其数据类型，示例如下：

```
import torch
import numpy as np
# 创建一个3×3的全1数组
arr = np.ones((3, 3))
# 打印数组的数据类型
print("ndarray的数据类型：", arr.dtype)
# 将NumPy数组转换为PyTorch张量
t1 = torch.tensor(arr)
# 将NumPy数组转换为PyTorch张量，并指定设备为CPU
t2 = torch.tensor(arr, device='cpu')
# 打印t1张量
print(t1)
# 打印t2张量
print(t2)
```

输出结果如下：

```
ndarray的数据类型:  float64
tensor([[1., 1., 1.],
        [1., 1., 1.],
        [1., 1., 1.]], dtype=torch.float64)
tensor([[1., 1., 1.],
        [1., 1., 1.],
        [1., 1., 1.]], dtype=torch.float64)
```

从示例可以看出，以上使用arr数组创建了一个新的张量。

方法2：使用torch.from_numpy()函数从NumPy创建张量。

通过torch.from_numpy创建的张量与原ndarray共享内存，当修改其中一个时，另一个也会被改动。例如，修改张量中[0,2]的数值为−1，代码如下：

```
import torch
import numpy as np

# 创建一个2×3的数组
arr = np.array([[1, 2, 3], [4, 5, 6]])
# 将NumPy数组转换为PyTorch张量
t = torch.from_numpy(arr)
# 打印原始数组和张量
print("原始数组和张量")
print(arr)
print(t)

# 修改张量的数值
print("\n修改张量的数值")
t[0, 2] = -1
# 打印修改后的数组和张量
print(arr)
print(t)
```

代码输出结果如下：

```
原始数组和张量
[[1 2 3]
 [4 5 6]]
tensor([[1, 2, 3],
        [4, 5, 6]], dtype=torch.int32)
修改张量的数值
[[ 1  2 -1]
 [ 4  5  6]]
tensor([[ 1,  2, -1],
        [ 4,  5,  6]], dtype=torch.int32)
```

04

4.1.3　使用概率分布创建张量

1. 从正态分布中抽取随机数创建张量

通过torch.normal()函数从给定参数的离散正态分布中抽取随机数创建张量。共有4种模式，即均值和标准差分别为标量或张量，当均值和标准差中有一个为张量，另一个为标量时，将会应用Broadcast机制把标量扩展成同型张量。

torch.normal()函数的格式如下：

```
torch.normal(mean,std,size,out=None)
```

【代码说明】

- mean：均值。
- std：标准差。
- size：仅在mean和std均为标量时使用，表示创建张量的形状。
- out：可选，输出张量。如果提供了此参数，结果将被写入此张量中。默认为None。

例如，mean为张量，std也为张量，一一对应取mean和std中的值作为均值和标准差构成正态分布，从每个正态分布中随机抽取一个数字。

示例代码如下：

```
import torch

# 创建一个从1到4的等差数列，数据类型为float
mean = torch.arange(1, 5, dtype=torch.float)
# 创建一个从1到4的等差数列，数据类型为float
std = torch.arange(1, 5, dtype=torch.float)
# 生成一个服从正态分布的张量，均值为mean，标准差为std
t = torch.normal(mean, std)
# 打印均值、标准差和生成的张量
print("mean:{}\nstd:{}\n{}".format(mean, std, t))
```

输出结果如下：

```
mean:tensor([1., 2., 3., 4.])
std:tensor([1., 2., 3., 4.])
tensor([ 0.0653,  3.8435, -2.2774,  8.5908])
```

2. 从标准正态分布中抽取随机数创建张量

可以使用torch.randn()函数和torch.randn_like()函数从标准正态分布（均值为0，标准差为1）中抽取随机数创建张量。

torch.randn()函数的格式如下：

```
torch.randn(size,out=None,dtype=None,layout=torch.strided,device=None,
requires_grad=False)
```

torch.randn_like()函数的格式如下：

```
torch.randn_like(input,dtype=None,layout=None,device=None,requires_grad=False)
```

3. 从均匀分布中抽取随机数创建张量

可以使用torch.rand()函数和torch.rand_like()函数从[0, 1)上的均匀分布中抽取随机数创建张量。

torch.rand()函数的格式如下：

```
torch.rand(size,out=None,dtype=None,layout=torch.strided,device=None,
requires_grad=False)
```

torch.rand_like()函数的格式如下：

```
torch.rand_like(input,dtype=None,layout=torch.strided,device=None,
requires_grad=False)
```


4.2　激活函数

激活函数是指在神经网络的神经元上运行的函数，其负责将神经元的输入映射到输出端。本节介绍激活函数，以及PyTorch中几种常用的激活函数。

4.2.1　激活函数及其必要性

在深度学习中，信号从一个神经元传入下一层神经元之前是通过线性叠加来计算的，而进入下一层神经元需要经过非线性的激活函数，继续往下传递，如此循环下去。由于这些非线性函数的反复叠加，才使得神经网络有足够的能力来抓取复杂的特征。

如果不使用非线性的激活函数，这种情况下每一层输出都是上一层输入的线性函数。无论神经网络有多少层，输出都是输入的线性函数，这样就和只有一个隐藏层的效果是一样的。这种情况相当于多层感知机（Multilayer Perceptron，MLP）。多层感知机是一种基础的前馈人工神经网络，用于解决分类和回归问题。

激活函数的发展经历了Sigmoid→Tanh→ReLU→Leaky ReLU等多种不同类型的及其改进结构，还有一个特殊的激活函数Softmax，因为它只会被用在网络中的最后一层，所以主要用来进行最后的分类和归一化。

4.2.2 Sigmoid 激活函数

在生物学中，有一个常见的S型生长曲线，这就是Sigmoid函数。Sigmoid函数常被用作神经网络的阈值函数，因为它在信息科学中具备单增、反函数单增等性质，所以它可以将变量映射到0~1，其公式如下：

$$f(x)=\frac{1}{1+\mathrm{e}^{-x}}$$

Sigmoid是几十年来应用最多的激活函数之一，它的应用范围比较广泛，值域在0和1之间，因此可以将其输出作为预测二值型变量取值为1的概率，有很好的概率解释性。Sigmoid激活函数在其大部分定义域内都饱和，仅仅当输入接近0时才会对输入强烈敏感。它能够控制数值的幅度，并在深层网络中保持数据幅度不会出现大的变化。

绘制函数曲线的代码如下：

```
import numpy as np
import matplotlib.pyplot as plt

# 定义sigmoid函数，用于计算输入x的sigmoid值
def sigmoid(x):
    return 1. / (1. + np.exp(-x))

# 定义plot_sigmoid函数，用于绘制sigmoid函数图像
def plot_sigmoid():
    # 生成x轴数据，范围为-10~10，步长为0.1
    x = np.arange(-10, 10, 0.1)
    # 计算对应的y轴数据，即sigmoid值
    y = sigmoid(x)
    # 绘制图像
    plt.plot(x, y)
    # 显示图像
    plt.show()

# 程序入口
if __name__ == '__main__':
    plot_sigmoid()
```

绘制的Sigmoid激活函数图形如图4-1所示。

Sigmoid函数具有明显的优势，首先，Sigmoid函数限定了神经元的输出范围为0~1，在一些问题中，这种形式的输出可以被看作概率取值。其次，当神经网络的损失函数取交叉熵时，S函数可用于输入数据的归一化操作，且交叉熵与Sigmoid函数的配合能够有效地改善算法迭代速度慢的问题。

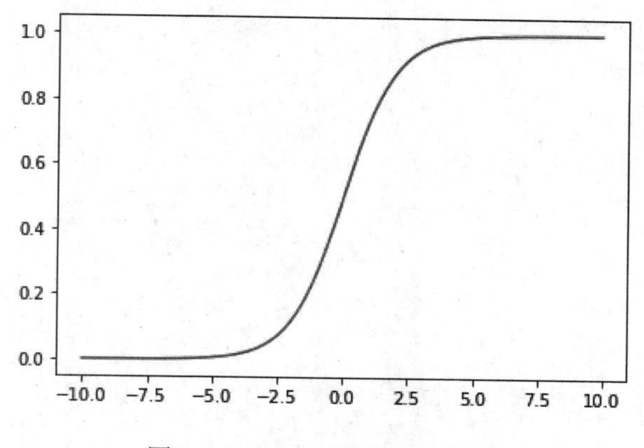

图 4-1　Sigmoid 激活函数图形

4.2.3　Tanh 激活函数

Tanh是双曲函数中的一个成员，它表示的是双曲正切函数。在数学中，双曲正切是由基本双曲函数双曲正弦和双曲余弦推导而来的，其公式如下：

$$\mathrm{Tanh}(x)=\frac{\sinh(x)}{\cosh(x)}=\frac{\mathrm{e}^{x}-\mathrm{e}^{-x}}{\mathrm{e}^{x}+\mathrm{e}^{-x}}$$

在分类任务中，Tanh激活函数正逐渐取代Sigmoid激活函数成为神经网络的激活函数部分，根据图像可以看出，它关于原点对称，解决了Sigmoid函数中输出值都为正数的问题，而其他属性大多与Sigmoid函数相同，具有连续性和可微性。

绘制函数曲线的代码如下：

```
import numpy as np
import matplotlib.pyplot as plt

# 定义tanh函数，用于计算输入x的双曲正切值
def tanh(x):
    return (np.exp(x)-np.exp(-x))/(np.exp(x)+np.exp(-x))

# 定义plot_tanh函数，用于绘制tanh函数图像
def plot_tanh():
    # 生成x轴数据，范围为-10~10，步长为0.1
    x = np.arange(-10, 10, 0.1)
    # 计算对应的y轴数据，即tanh值
    y = tanh(x)
    # 绘制图像
    plt.plot(x, y)
    # 显示图像
    plt.show()
```

```
# 程序入口
if __name__ == '__main__':
    plot_tanh()
```

绘制的Tanh激活函数图形如图4-2所示。

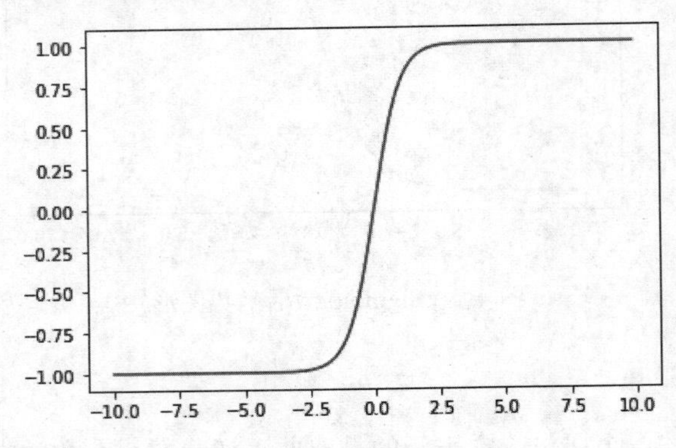

图 4-2　Tanh 激活函数图形

Tanh函数关于原点对称，是一个0均值的函数，这是它较之Sigmoid函数有所改进的地方。Sigmoid函数的输出具有偏移现象，即输出均为大于0的实值。而Tanh的输出则均匀地分布在y轴两侧。生物神经元的激活具有稀疏性，而Tanh函数的输出结果更趋于0，从而使人工神经网络更接近生物自然状态。

4.2.4 ReLU 激活函数

2001年，线性分段激活函数ReLU（Rectified Linear Unit）首次被提出，伴随深度神经网络的产生而兴起，其公式如下：

$$f(x) = \max(0, x)$$

ReLU函数的一个直观特点就是形式简单，抑制所有小于0的输入，仅保留净激活大于0的部分。因此，当$x<0$时，函数的导数为0，即ReLU在x轴右侧饱和。但与Sigmoid函数和Tanh函数同时存在左右两个饱和区的情况相比，ReLU陷入单侧饱和的概率已经大大降低。另外，ReLU也是非0均值的激活函数，但是其本身具有的稀疏激活性在一定程度上可以抵消非0均值输出带来的影响。

绘制函数曲线的代码如下：

```
import numpy as np
import matplotlib.pyplot as plt

def relu(x):
    return np.maximum(0,x)

def plot_relu():
```

```
    x=np.arange(-10,10,0.1)
    y=relu(x)
    plt.plot(x,y)
    plt.show()

if __name__ == '__main__':
    plot_relu()
```

绘制的ReLU激活函数图形如图4-3所示。

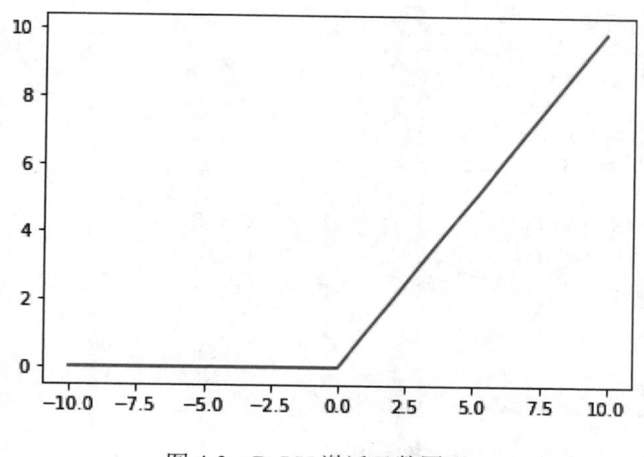

图 4-3　ReLU 激活函数图形

ReLU函数近年来应用较为广泛，相对于Sigmoid和Tanh函数，它解决了这两个函数存在的致命缺陷——梯度弥散问题。根据图像不难看出，函数在正无穷处的梯度是一个常量，而不是像前两个函数一样为0，并且由于函数组成简单，因此运算速度比包含指数函数的Sigmoid和Tanh要快很多。

4.2.5　Leaky ReLU 激活函数

当ReLU的输入值为负的时候，输出始终为0，其一阶导数也始终为0，这样会导致神经元不能更新参数，也就是神经元不学习了，这种现象叫作“神经元坏死”。

为了解决ReLU函数的这个缺点，在ReLU函数的负半区间引入了一个泄露（Leaky）值，所以称为Leaky ReLU函数，其公式如下：

$$f(x)=\max(0.01x,x)$$

带泄露修正线性单元的Leaky ReLU函数是经典（以及广泛使用的）的ReLU激活函数的变体，该函数输出对负值输入有很小的坡度。由于导数总是不为零，因此能够减少静默神经元的出现，允许基于梯度的学习（虽然会很慢），解决了ReLU函数进入负区间后，导致神经元不学习的问题。

绘制激活函数曲线的代码如下：

```
import numpy as np
import matplotlib.pyplot as plt

# 定义leaky_relu函数，用于计算输入x的Leaky ReLU值
def leaky_relu(x):
    return np.array([i if i > 0 else 0.01*i for i in x ])

# 定义lea_relu_diff函数，用于计算输入x的Leaky ReLU导数值
def lea_relu_diff(x):
    return np.where(x > 0, 1, 0.01)

# 生成x轴数据，范围为-10~10，步长为0.01
x = np.arange(-10, 10, step=0.01)
# 计算对应的y轴数据，即Leaky ReLU值
y_sigma = leaky_relu(x)
# 计算对应的y轴数据，即Leaky ReLU导数值
y_sigma_diff = lea_relu_diff(x)
# 创建一个子图
axes = plt.subplot(111)
# 绘制Leaky ReLU曲线
axes.plot(x, y_sigma, label='leakly_relu')
# 添加图例
axes.legend()
# 显示图像
plt.show()
```

绘制的Leaky ReLU激活函数图形如图4-4所示。

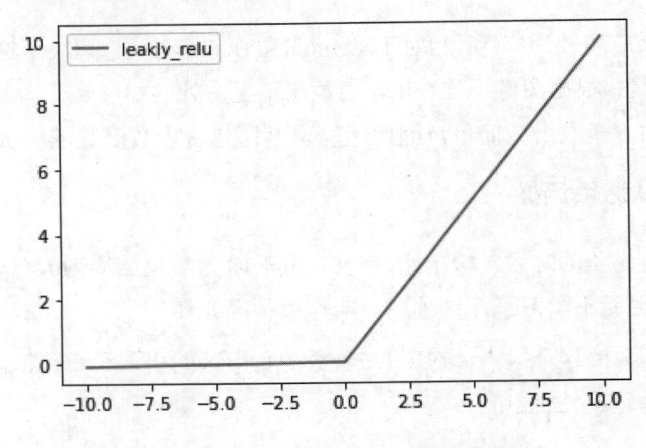

图 4-4　Leaky ReLU 激活函数图形

4.2.6　其他类型的激活函数

除了前面介绍的4类激活函数外，PyTorch 2.2中还有24类激活函数，如表4-2所示，具体用法和参数含义可以参考PyTorch官方文档的介绍。

表 4-2　其他激活函数

编　号	激活函数	调用方法
1	nn.ELU	torch.nn.ELU(alpha=1.0, inplace=False)
2	nn.Hardshrink	torch.nn.Hardshrink(lambd=0.5)
3	nn.Hardsigmoid	torch.nn.Hardsigmoid(inplace=False)
4	nn.Hardtanh	torch.nn.Hardtanh(min_val=-1.0, max_val=1.0, ...)
5	nn.Hardswish	torch.nn.Hardswish(inplace=False)
6	nn.LogSigmoid	torch.nn.LogSigmoid()
7	nn.MultiheadAttention	torch.nn.MultiheadAttention(embed_dim, num_heads, ...)
8	nn.PReLU	torch.nn.PReLU(num_parameters=1, init=0.25)
9	nn.ReLU6	torch.nn.ReLU6(inplace=úlse)
10	nn.RReLU	torch.nn.RReLU(lower=0.125, upper=0.33, inplace=False)
11	nn.SELU	torch.nn.SELU(inplace=False)
12	nn.CELU	torch.nn.CELU(alpha=1.0, inplace=False)
13	nn.GELU	torch.nn.GELU()
14	nn.SiLU	torch.nn.SiLU(inplace=False)
15	nn.Softplus	torch.nn.Softplus(beta=1, threshold=20)
16	nn.Softshrink	torch.nn.Softshrink(lambd=0.5)
17	nn.Softsign	torch.nn.Softsign()
18	nn.Tanhshrink	torch.nn.Tanhshrink
19	nn.Threshold	torch.nn.Threshold(threshold, value, inplace=False)
20	nn.Softmin	torch.nn.Softmin(dim=None)
21	nn.Softmax	torch.nn.Softmax(dim=None)
22	nn.Softmax2d	torch.nn.Softmax2d()
23	nn.LogSoftmax	torch.nn.LogSoftmax(dim=None)
24	nn.AdaptiveLogSoftmaxWithLoss	torch.nn.AdaptiveLogSoftmaxWithLoss(...)

4.3　损失函数

损失函数是统计学和机器学习等领域的基础概念，它将随机事件或与其相关的随机变量的取值映射为非负实数，用来表示该随机事件的风险或损失。本节介绍损失函数，以及PyTorch中常用的几种损失函数。

4.3.1　损失函数及其选取

监督学习中的损失函数常用来评估样本的真实值和模型预测值之间的不一致程度，一般用于模型的参数估计。受到应用场景、数据集和待求解问题等因素的制约，现有监督学习算法使用的损失函数的种类和数量较多，而且每个损失函数都有各自的特征，因此从众多损失函数中选择适合求解问题最优模型的损失函数是相当困难的。

在监督学习中，损失函数表示单个样本真实值与模型预测值之间的偏差，其值通常用于衡量模型的性能。现有的监督学习算法不仅使用了损失函数，而且求解不同应用场景的算法会使用不同的损失函数。研究表明，即使在相同场景下，不同的损失函数度量同一样本的性能时也存在差异。可见，损失函数的选用是否合理直接决定着监督学习算法预测性能的优劣。

在实际问题中，损失函数的选取有许多约束，如机器学习算法的选择、是否有离群点、梯度下降的复杂性、求导的难易程度以及预测值的置信度等。目前，没有一种损失函数能完美处理所有类型的数据。在同等条件下，模型选取的损失函数越能扩大样本的类间距离、减小样本的类内距离，模型预测的精确度就越高。实践表明，在同一模型中，与求解问题数据相匹配的损失函数往往对提升模型的预测能力起着关键作用。因此，如果能正确理解各种损失函数的特性，分析它们适用的应用场景，针对特定问题选取合适的损失函数，就可以进一步提高模型的预测精度。

损失函数的标准数学形式不仅种类多，而且每类损失函数又在其标准形式的基础上演化出了许多形式。0-1损失函数是最简单的损失函数，在其基础上加入参数控制损失范围，形成感知机损失函数；加入安全边界，演化为铰链损失函数。可见，损失函数的发展不是孤立的，而是随着应用研究的发展进行变革的。在PyTorch中，损失函数通过torch.nn包实现调用。

4.3.2　L1 范数损失函数

L1范数损失即L1Loss，计算方法比较简单，原理就是取预测值和真实值的绝对误差的平均数，计算模型预测输出output和目标target之差的绝对值，可选择返回同维度的张量或者标量，计算公式如下：

$$\operatorname{loss}(x, y)=\frac{1}{N} \sum_{i=1}^{N}|x-y|$$

模型调用方法如下：

```
torch.nn.L1Loss(size_average=None,reduce=None,reduction='mean')
```

【代码说明】

- size_average：当reduce=True时有效。为True时，返回的loss为平均值；为False时，返回的loss为各样本的loss值之和。
- reduce：返回值是否为标量，默认为True。

示例代码如下：

```
import torch  # 导入PyTorch库

# 定义一个L1损失函数，计算输入和目标之间的平均绝对误差
loss = torch.nn.L1Loss(reduction='mean')
input = torch.tensor([1.0, 2.0, 3.0, 4.0])          # 创建一个张量作为输入数据
target = torch.tensor([4.0, 5.0, 6.0, 7.0])         # 创建一个张量作为目标数据
output = loss(input, target)                         # 计算输入和目标之间的平均绝对误差
print(output)                                        # 打印输出结果
```

输出结果如下：

```
tensor(3.)
```


两个输入类型必须一致，reduction是损失函数一个参数，有三个值：'none'返回的是一个向量(batch_size)，'sum'返回的是和，'mean'返回的是均值。上面的例子不同参数分别返回tensor([3., 3., 3., 3.])、tensor(3.)和tensor(12.)。

4.3.3　均方误差损失函数

均方误差损失即MSELoss，计算公式是预测值和真实值之间的平方和的平均数，计算模型预测输出output和目标target之差的平方，可选返回同维度的张量或者标量，计算公式如下：

$$\text{loss}(x,y)=\frac{1}{N}\sum_{i=1}^{N}|x-y|^2$$

模型调用方法如下：

```
torch.nn.MSELoss(reduce=True,size_average=True,reduction='mean')
```

【代码说明】

- reduce：返回值是否为标量，默认为True。
- size_average：当reduce=True时有效。为True时，返回的loss为平均值；为False时，返回的loss为各样本的loss值之和。

示例代码如下：

```
import torch  # 导入PyTorch库

# 定义一个L1损失函数，计算输入和目标之间的平均绝对误差
loss = torch.nn.L1Loss(reduction='mean')
input = torch.tensor([1.0, 2.0, 3.0, 4.0])          # 创建一个张量作为输入数据
target = torch.tensor([4.0, 5.0, 6.0, 7.0])         # 创建一个张量作为目标数据
# 定义一个均方误差损失函数，计算输入和目标之间的平均平方误差
loss_fn = torch.nn.MSELoss(reduction='mean')
```

```
loss = loss_fn(input, target)                # 计算输入和目标之间的平均平方误差
print(loss)                                  # 打印输出结果
```

输出结果如下：

```
tensor(9.)
```

这里注意一下两个入参：reduce=False，返回向量形式的loss；reduce=True，返回标量形式的loss。size_average=True，返回loss.mean()；size_average=False，则返回loss.sum()。默认情况下，这两个参数都为True。

4.3.4　交叉熵损失函数

交叉熵损失（Cross Entropy Loss）函数结合了nn.LogSoftmax()和nn.NLLLoss()两个函数，在做分类训练的时候非常有用。

首先介绍一下交叉熵的概念，它用来判定实际输出与期望输出的接近程度，例如分类训练的时候，如果一个样本属于第K类，那么这个类别所对应的输出节点的输出值应该为1，而其他节点的输出值都为0，即[0,0,1,0,⋯,0,0]，也就是样本的标签，它是神经网络最期望的输出。也就是说，用它来衡量网络的输出与标签的差异，利用这种差异通过反向传播来更新网络参数。

交叉熵主要刻画的是实际输出概率与期望输出概率的距离，也就是交叉熵的值越小，两个概率分布就越接近，假设概率分布p为期望输出，概率分布q为实际输出，计算公式如下：

$$H(p,q) = -\sum_{x} p(x) \times \log q(x)$$

模型调用方法如下：

```
torch.nn.CrossEntropyLoss(weight=None,size_average=None,ignore_index=-100,
reduce=None,reduction='mean')
```

【代码说明】

- weight(tensor)：n个元素的一维张量，分别代表n类权重，如果训练样本很不均衡的话，则非常有用，默认值为None。
- size_average：当reduce=True时有效。为True时，返回的loss为平均值；为False时，返回的loss为各样本的loss值之和。
- ignore_index：忽略某一类别，不计算其loss，并且在采用size_average时，不会计算那一类的loss值。
- reduce：返回值是否为标量，默认为True。

示例代码如下：

```
import torch  # 导入PyTorch库

entroy = torch.nn.CrossEntropyLoss()  # 定义一个交叉熵损失函数
# 创建一个张量作为输入数据
input = torch.Tensor([[-0.1181, -0.3682, -0.2209]])
target = torch.tensor([0])                    # 创建一个张量作为目标数据
output = entroy(input, target)                # 计算输入和目标之间的交叉熵损失
print(output)                                 # 打印输出结果
```

输出结果如下：

```
tensor(0.9862)
```


4.3.5　余弦相似度损失

余弦相似度损失（Cosine Similarity Loss）通常用于度量两个向量的相似性，可以通过最大化这个相似度来进行优化。注意这两个向量都是有梯度的，计算公式如下：

$$\text{loss}(x,y)=\begin{cases}1-\cos(x_1,x_2), & y==1\\ \max(0,\cos(x_1,x_2)-\text{margin}), & y==-1\end{cases}$$

其中，margin可以取$[-1,1]$，但是建议取0~0.5。

模型调用方法如下：

```
torch.nn.CosineEmbeddingLoss(margin=0.0, reduction='mean')
```

示例代码如下：

```
import torch  # 导入PyTorch库

a = torch.tensor([1.0, 2.0, 3.0, 4.0])  # 创建一个张量作为输入数据
b = torch.tensor([4.1, 6.1, 7.1, 8.1])  # 创建一个张量作为目标数据
# 计算两个张量的余弦相似度，dim=0表示按列计算
similarity = torch.cosine_similarity(a, b, dim=0)
loss = 1 - similarity                   # 计算损失值，即1减去相似度
print(loss)                             # 打印输出结果
```

输出结果如下：

```
tensor(0.0199)
```

4.3.6　其他损失函数

除了前面介绍的4类损失函数外，PyTorch 2.2中还有16类损失函数，如表4-3所示，具体用法和参数含义可以参考PyTorch官方文档的介绍。

表 4-3　其他损失函数

编　号	损失函数	函数说明
1	nn.CTCLoss	连接时序分类损失
2	nn.NLLLoss	负对数似然损失
3	nn.PoissonNLLLoss	泊松负对数似然损失
4	nn.GaussianNLLLoss	高斯负对数似然损失
5	nn.KLDivLoss	KL 散度损失
6	nn.BCELoss	二进制交叉熵损失
7	nn.BCEWithLogitsLoss	逻辑二进制交叉熵损失
8	nn.MarginRankingLoss	间隔排序损失
9	nn.HingeEmbeddingLoss	铰链嵌入损失
10	nn.MultiLabelMarginLoss	多标签分类损失
11	nn.SoftMarginLoss	两分类逻辑损失
12	nn.MultiLabelSoftMarginLoss	多标签逻辑损失
13	nn.SmoothL1Loss	平滑 L1 损失
14	nn.MultiMarginLoss	多类别分类损失
15	nn.TripletMarginLoss	三元组损失
16	nn.TripletMarginWithDistanceLoss	距离三元组损失

4.4　优化器

本节介绍几种PyTorch中常见的优化器算法。优化器是深度学习中用于更新模型参数以最小化（或最大化）损失的算法。在深度学习和机器学习中，优化器的作用非常关键，它负责根据模型的性能指标（如损失函数）来调整模型的参数，以便找到最优的模型配置。

优化器的工作原理基于计算图上的梯度信息，通常遵循以下步骤。

01 计算损失：模型会对输入数据进行预测，并与真实值比较以计算出损失。

02 反向传播：使用链式法则（通过自动求导框架，如 PyTorch 的.backward()方法）计算损失相对于模型参数的梯度。

03 更新权重：优化器使用这些梯度来更新模型的权重。

常见的优化器有梯度下降（Gradient Descent）、随机梯度下降（Stochastic Gradient Descent，SGD）、标准动量优化算法（Momentum），以及一系列自适应学习率算法，如AdaGrad、RMSprop和Adam等。

4.4.1　梯度及梯度下降算法

梯度是微积分中一个很重要的概念，在单变量的函数中，梯度其实就是函数的微分，代表着函数在某个给定点的切线的斜率，在多变量函数中，梯度是一个向量，向量有方向，梯度的方向就指出了函数在给定点上升最快的方向。

例如，如果你需要从山上下来，如何选择下山的路径？这就需要根据周围的环境信息来选择。这个时候，可以利用梯度下降算法来帮助自己下山，以当前所处的位置为基准，寻找这个位置最陡峭的地方，然后朝着下山的方向走，每走一段距离，反复采用同一个方法，如图4-5所示。

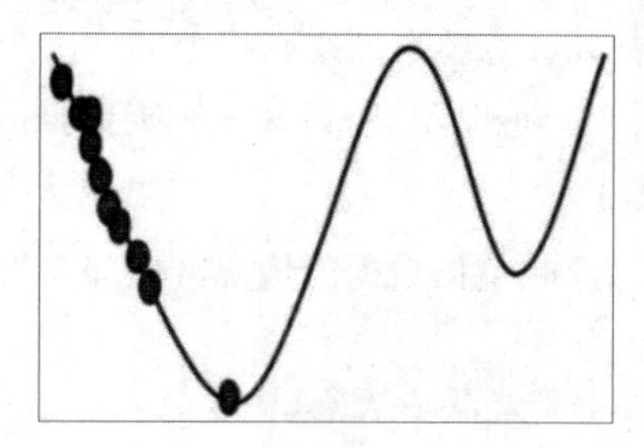
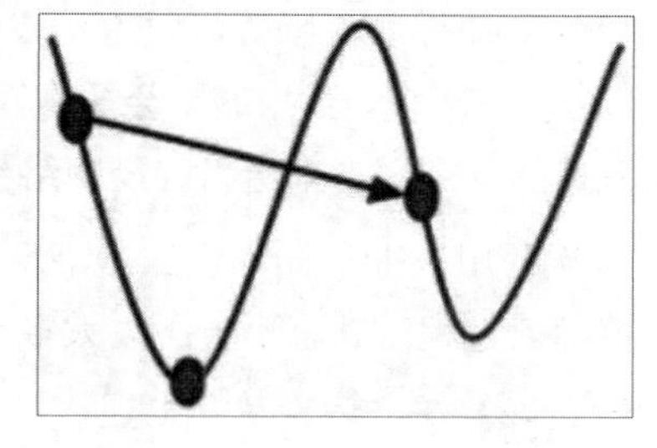

图 4-5　梯度下降

梯度下降的基本过程和下山的场景很类似。首先，我们有一个可微分的函数。这个函数就代表着一座山，我们的目标就是找到这个函数的最小值。对应到函数中，就是找到给定点的梯度，然后朝着梯度相反的方向，就能让函数值下降得最快。因为梯度的方向就是函数值变化最快的方向。所以，我们重复利用这个方法，反复求取梯度，最后就能到达局部的最小值，这就类似于我们下山的过程。

梯度下降算法的公式如下：

$$\theta_i = \theta_i - \alpha \frac{\partial}{\partial \theta_i} J(\theta)$$

α在梯度下降算法中被称作学习率或步长，这意味着我们可以通过α来控制每一步走的距离，不能太大，也不能太小，太小的话，可能导致迟迟走不到最低点，太大的话，会导致错过最低点。

梯度前加一个负号，就意味着朝着梯度相反的方向前进。梯度的方向实际上就是函数在此点上升最快的方向，而我们需要朝着下降最快的方向走，自然就是负的梯度的方向，所以此处需要加上负号。

常见的梯度下降算法有梯度下降（Full Gradient Descent）算法，随机梯度下降算法、随机平均梯度下降（Stochastic Average Gradient Descent）算法、小批量梯度下降（Mini-Batch Gradient Descent）算法。

4.4.2　随机梯度下降算法

随机梯度下降算法源于1951年Robbins和Monro提出的随机逼近，最初被应用于模式识别和神经网络。这种方法在迭代过程中随机选择一个或几个样本的梯度来替代总体梯度，从而大大降低了计算复杂度。1958年，Rosenblatt等研制出的感知机采用了随机梯度下降算法的思想，即每轮随机选取一个误分类样本，求其对应损失函数的梯度，再基于给定的步长更新参数。1986年，Rumelhart等分析了多层神经网络的误差反向传播算法，该算法每次按顺序或随机选取一个样本来更新参数，这实际上是小批量梯度下降法的一个特例。

批量梯度下降算法在梯度下降时，每次迭代都要计算整个训练数据上的梯度，当遇到大规模训练数据时，计算资源需求多，数据通常会非常冗余。随机梯度下降算法则把数据拆成几个小批次样本，每次只随机选择一个样本来更新神经网络参数。

实验表明，每次使用小批量样本，虽然不足以反映整体数据的情况，但却在很大程度上加速了神经网络的参数学习过程，并且不会丢失太多准确率。

对比批量梯度下降算法，假设从一批训练样本n中随机选取一个样本i_s。模型参数为W，代价函数为$J(W)$，梯度为$\Delta J(W)$，学习率为η_t，则使用随机梯度下降算法更新参数表达式为：

$$W_{t+1} = W_t - \eta_t g_t$$

其中，$g_t = \Delta J_{i_s}\left(W_t; X^{(i_s)}; X^{(i_s)}\right)$，$i_s \in 1,2,\cdots,n$表示随机选择的一个梯度方向，$W_t$表示$t$时刻的模型参数。$E(g_t) = \Delta J(W_t)$，这里虽然引入了随机性和噪声，但期望仍然等于正确的梯度下降。

该算法的优点：虽然随机梯度下降算法需要走很多步的样子，但是对梯度的要求很低（计算梯度快）。而对于引入噪声，大量的理论和实践工作证明，只要噪声不是特别大，随机梯度下降算法都能很好地收敛。在应用大型数据集中，训练速度很快。比如每次从百万数据样本中取几百个数据点，计算一个随机梯度下降算法的梯度，更新一下模型参数。相比于标准梯度下降算法的遍历全部样本，每输入一个样本更新一次参数，要快得多。

该算法的缺点：随机梯度下降算法在随机选择梯度的同时会引入噪声，使得权值更新的方向不一定正确。此外，随机梯度下降算法也没能单独克服局部最优解的问题。

4.4.3　标准动量优化算法

标准动量优化（Momentum）算法则将动量运用到神经网络的优化中，用累计的动量来替代真正的梯度，计算负梯度的“加权移动平均”来作为参数的更新方向，其参数更新表达式为：

$$\Delta\theta_t = \rho\Delta\theta_{t-1} - \alpha g_t$$

其中，ρ为动量因子，通常设为0.9，α为学习率。

这样，每个参数的实际更新差值取决于最近一段时间内梯度的加权平均值，当某个参数在最近一段时间内的梯度方向不一致时，其真的参数更新幅度变小；相反，当在最近一段时间内的梯度方向都一致时，其真实的参数更新幅度变大，起到加速作用，相比随机梯度下降算法，能更快地达到最优。

动量主要解决随机梯度下降算法的两个问题：一是随机梯度的方法（引入的噪声）；二是Hessian矩阵病态问题（可以理解为随机梯度下降算法在收敛过程中和正确梯度相比来回摆动比较大的问题）。

简单来说，由于当前权值的改变会受到上一次权值改变的影响，类似于小球向下滚动的时候带上了惯性。这样可以加快小球向下滚动的速度。

4.4.4　AdaGrad 算法

在标准的梯度下降算法中，每个参数在每次迭代时都使用相同的学习率，AdaGrad算法则改变了这一传统思想，由于每个参数维度上的收敛速度都不相同，因此根据不同参数的收敛情况分别设置学习率。AdaGrad算法借鉴正则化思想，每次迭代时自适应地调整每个参数的学习率，在进行第t次迭代时，先计算每个参数梯度平方的累计值，其表达式为：

$$G_t = \sum_{i=1}^{t} g_i \odot g_i$$

其中，$\odot$为按元素乘积，g_t是第t次迭代时的梯度。然后计算参数的更新差值，表达式为：

$$\Delta\theta_t = -\frac{\alpha}{\sqrt{G_t + \varepsilon}} \odot g_t$$

其中，α是初始的学习率，ε是为了保持数值稳定性而设置的非常小的常数。

在AdaGrad算法中，如果某个参数的偏导数累积比较大，其学习率相对较小；相反，如果其偏导数累积较小，其学习率相对较大。但整体随着迭代次数的增加，学习率逐渐缩小。

4.4.5　RMSProp 算法

RMSProp算法对AdaGrad算法进行了改进，在AdaGrad算法中由于学习率逐渐减小，在经过一定次数的迭代依然没有找到最优点时，便很难再继续找到最优点，RMSProp算法则可在有些情况下避免这种问题。

RMSProp算法首先计算每次迭代梯度g_t平方的指数衰减移动平均：

$$G_t = \beta G_{t-1} + (1-\beta) g_t \odot g_t$$

其中，β为衰减率，然后用和AdaGrad算法同样的方法计算参数更新差值，从表达式中可以看出，RMSProp算法的每个学习参数的衰减趋势既可以变小又可以变大。

RMSProp算法在经验上已经被证明是一种有效且实用的深度神经网络优化算法。目前它是深度学习从业者经常采用的优化方法之一。

4.4.6 Adam 算法

Adam算法即自适应动量估计算法，是Momentum算法和RMSProp算法的结合，不但使用动量作为参数更新方向，而且可以自适应调整学习率。Adam算法一方面计算梯度平方的指数加权平均（和RMSprop类似），另一方面计算梯度的指数加权平均（和Momentum法类似），其表达式为：

$$M_t = \beta M_{t-1} + (1-\beta_1) g_t$$
$$G_t = \beta G_{t-1} + (1-\beta_2) g_t \odot g_t$$

其中，β_1和β_2分别为两个移动平均的衰减率，Adam算法的参数更新差值为：

$$\Delta\theta_t = -\frac{\alpha}{\sqrt{G_t + \varepsilon}} \odot M_t$$

Adam算法集合了Momentum算法和RMSProp算法的优点，因此相比之下，Adam算法能更快、更好地找到最优值，迅速收敛。

以上我们介绍了几种常见的优化器算法，在实际应用中选择合适的优化器对于模型的训练至关重要，不同的优化器适用于不同的问题和场景。在选择优化器时，需要考虑模型的复杂性、数据的特性以及训练的效率等因素。此外，还需要通过实验来调整优化器的学习率和其他超参数，以达到最佳的训练效果。

4.5 动手练习：PyTorch 优化器比较

为了读者更好地理解和使用深度学习中的优化器，本节介绍PyTorch优化器的应用案例。

1. 案例说明

PyTorch中的优化器较多，读者可能不知道如何选择，本例通过模型比较PyTorch中的SGD、Momentum、AdaGrad、RMSProp、Adam五种主要优化器的优劣，从而方便读者选择合适的优化器。

2. 操作步骤

01 导入相关第三方库，代码如下：

```
# 导入相关库
import torch          # 导入PyTorch库，用于深度学习和神经网络模型的构建和训练
import torch.nn       # 导入PyTorch的神经网络模块，用于定义神经网络模型的结构
# 导入PyTorch的数据加载和处理模块，用于加载数据集和进行数据预处理
import torch.utils.data as Data
import matplotlib   # 导入Matplotlib库，用于绘制图表和可视化结果
import matplotlib.pyplot as plt      # 导入Matplotlib的绘图模块，用于绘制图表
# 设置Matplotlib的字体为黑体，以便支持中文显示
matplotlib.rcParams['font.sans-serif'] = ['SimHei']
```

02 准备建模数据，代码如下：

```
# 使用 torch.linspace 函数在范围-1～1上生成500个数据点，并使用torch.unsqueeze函数在维度1上进行扩展
x = torch.unsqueeze(torch.linspace(-1, 1, 500), dim=1)
# 对 x 进行立方运算
y = x.pow(3)
```

上述代码生成了一个一维张量x，并对其进行立方运算，结果存储在y中。这样的操作在深度学习中可能用于数据预处理、模型输入或其他数据处理任务。

03 设置超参数，代码如下：

```
# 学习率，决定了模型在每次更新参数时的调整幅度
LR = 0.01
# 批次大小，表示每次训练时同时处理的数据样本数量
batch_size = 15
# 训练轮数，指定了模型进行训练的轮次
epoches = 5
# 设置 torch 的随机数种子，可以使得每次运行代码时得到的结果具有可重复性，有利于实验的比较和重现
torch.manual_seed(10)
```

上述代码定义了一些变量，用于控制模型的训练过程。

04 设置数据加载器，代码如下：

```
# 创建一个数据集对象
dataset = Data.TensorDataset(x, y)
# 创建数据加载器
loader = Data.DataLoader(
    dataset=dataset,
    # 批次大小
    batch_size=batch_size,
    # 是否打乱数据顺序
    shuffle=True,
    # 使用的工作进程数量
```

```
    num_workers=2
)
```

上述代码用于创建数据集和数据加载器。通过创建数据加载器，可以方便地在训练过程中按批次加载数据，并进行数据预处理和打乱等操作。这样可以提高训练效率和灵活性。在后续的训练代码中，可以通过迭代数据加载器来获取每个批次的数据进行训练。

05 搭建神经网络框架，代码如下：

```
# 定义一个名为Net的torch.nn.Module子类
class Net(torch.nn.Module):
    def __init__(self, n_input, n_hidden, n_output):  # 构造函数
        super(Net, self).__init__()                   # 调用父类的构造函数
        # 定义隐藏层，使用线性变换
        self.hidden_layer = torch.nn.Linear(n_input, n_hidden)
        # 定义输出层，使用线性变换
        self.output_layer = torch.nn.Linear(n_hidden, n_output)

    def forward(self, input):                         # 前向传播方法
        # 通过隐藏层进行线性变换，并应用ReLU激活函数
        x = torch.relu(self.hidden_layer(input))
        output = self.output_layer(x)                 # 通过输出层进行线性变换
        return output                                 # 返回输出结果
```

上述代码定义了一个神经网络模型类Net，它继承自torch.nn.Module，模型由一个隐藏层和一个输出层组成。

- 在__init__方法中，通过torch.nn.Linear定义了隐藏层和输出层的线性变换。
- 在forward方法中，定义了前向传播的计算过程。输入数据通过隐藏层进行线性变换后，应用ReLU激活函数。然后，经过输出层的线性变换得到最终的输出结果。

这样的模型结构可以用于各种任务，例如分类、回归等。在实际使用中，可以将输入数据input传入Net对象的forward方法，得到模型的输出。然后，可以根据需要进行训练、评估和预测等操作。

06 训练模型并输出折线图，代码如下：

```
# 定义训练函数
def train():
    """
    训练多个不同优化器的神经网络模型，并绘制损失曲线
    """
    # 创建不同的神经网络模型
    net_SGD = Net(1, 10, 1)
    net_Momentum = Net(1, 10, 1)
    net_AdaGrad = Net(1, 10, 1)
```

```
    net_RMSprop = Net(1, 10, 1)
    net_Adam = Net(1, 10, 1)
    # 将模型存储在列表中
    nets = [net_SGD, net_Momentum, net_AdaGrad, net_RMSprop, net_Adam]

    # 定义不同的优化器
    optimizer_SGD = torch.optim.SGD(net_SGD.parameters(), lr=LR)  # 随机梯度下降
优化器
    optimizer_Momentum = torch.optim.SGD(net_Momentum.parameters(), lr=LR,
momentum=0.6)           # 带有动量的随机梯度下降优化器
    optimizer_AdaGrad = torch.optim.Adagrad(net_AdaGrad.parameters(), lr=LR,
lr_decay=0)             # AdaGrad优化器
    optimizer_RMSprop = torch.optim.RMSprop(net_RMSprop.parameters(), lr=LR,
alpha=0.9)              # RMSProp优化器
    optimizer_Adam = torch.optim.Adam(net_Adam.parameters(), lr=LR, betas=(0.9,
0.99))  # Adam优化器
    # 将优化器存储在列表中
    optimizers = [optimizer_SGD, optimizer_Momentum, optimizer_AdaGrad,
optimizer_RMSprop, optimizer_Adam]

    # 定义损失函数
    loss_function = torch.nn.MSELoss()         # 均方误差损失函数
    losses = [[], [], [], [], []]              # 用于存储每个模型的损失值的列表

    for epoch in range(epoches):               # 遍历训练轮数
        for step, (batch_x, batch_y) in enumerate(loader):  # 遍历每个批次的数据
            # 按模型、优化器和损失值列表的顺序循环
            for net, optimizer, loss_list in zip(nets, optimizers, losses):
                # 前向传播得到预测值
                pred_y = net(batch_x)
                # 计算损失
                loss = loss_function(pred_y, batch_y)
                # 清空梯度
                optimizer.zero_grad()
                # 反向传播计算梯度
                loss.backward()
                # 更新参数
                optimizer.step()
                # 将当前损失值添加到损失值列表中
                loss_list.append(loss.data.numpy())
    # 创建图像
    plt.figure(figsize=(12, 7))
    # 定义标签
    labels = ['SGD', 'Momentum', 'AdaGrad', 'RMSprop', 'Adam']
    for i, loss in enumerate(losses):      # 按模型顺序循环
        # 绘制每个模型的损失曲线
        plt.plot(loss, label=labels[i])
```

```
    # 添加图例
    plt.legend(loc='upper right', fontsize=15)
    # 设置刻度标签的大小
    plt.tick_params(labelsize=13)
    # 设置 x 轴标签
    plt.xlabel('训练步骤', size=15)
    # 设置 y 轴标签
    plt.ylabel('模型损失', size=15)
    # 设置 y 轴范围
    plt.ylim((0, 0.3))
    # 显示图像
    plt.show()

if __name__ == "__main__":
    # 调用训练函数
    train()
```

上述代码的主要目的是训练多个不同优化器的神经网络模型，并绘制它们的损失曲线进行比较。

首先，定义了5个神经网络模型 net_SGD、net_Momentum、net_AdaGrad、net_RMSprop和net_Adam。

其次，为每个模型分别定义了不同的优化器，如SGD、带有动量的SGD、AdaGrad、RMSprop和Adam。

然后，定义了一个损失函数 torch.nn.MSELoss，用于计算模型的误差。

接着，在训练过程中，通过遍历训练轮数和数据批次，对每个模型进行前向传播、计算损失、反向传播和参数更新，并将损失值添加到相应的损失值列表中。

最后，使用Matplotlib绘制了每个模型的损失曲线，并添加了图例、标签和坐标轴的标注。

这样可以直观地比较不同优化器在训练过程中的效果，帮助选择合适的优化器或进一步分析模型的性能，确保在运行代码之前，已经正确导入了所需的库和模块，并根据实际情况进行必要的调整和修改。

3. 案例小结

本实例比较了PyTorch中的主要优化器算法，其中RMSProp和Momentum两种优化器的模型损失相对较小，表现最好。

运行模型比较代码，输出的训练步骤和模型损失的折线图如图4-6所示。

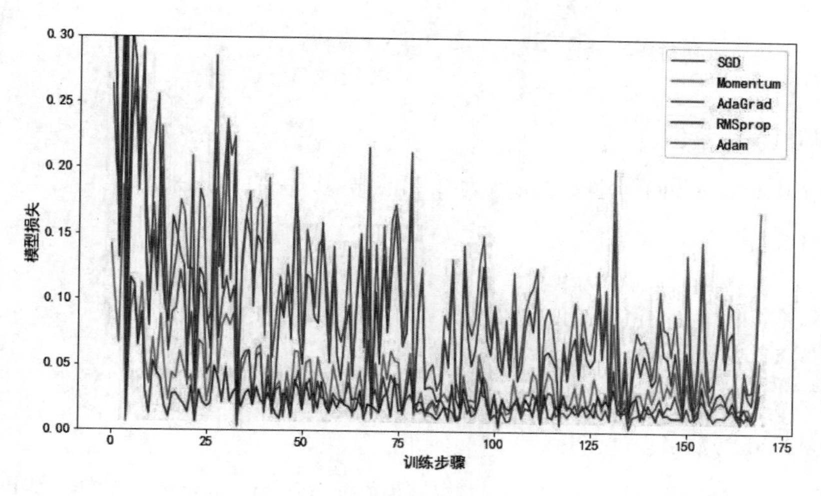

图 4-6　优化器比较

4.6　上机练习题

练习1：基础张量创建。

任务：使用torch.tensor()创建一个形状为(3, 4)的张量，并用随机整数填充。然后，打印出该张量。

参考练习代码：

```
import torch

# 创建一个随机整数填充的3×4张量
random_tensor = torch.tensor([[1, 2, 3, 4], [5, 6, 7, 8], [9, 10, 11, 12]])
print("随机整数填充的3×4张量：")
print(random_tensor)
```

练习2：特定值张量创建。

任务：使用torch.zeros()和torch.ones()分别创建一个3×3的全0和全1张量。接着，打印这两个张量。

参考练习代码：

```
# 创建一个3×3的全0张量
zeros_tensor = torch.zeros(3, 3)
print("3×3全0张量：")
print(zeros_tensor)

# 创建一个3×3的全1张量
ones_tensor = torch.ones(3, 3)
```

```
print("3×3全1张量：")
print(ones_tensor)
```

练习3：随机值张量创建。

任务：使用torch.randn()创建一个形状为(2, 2)的张量，并打印出来。

参考练习代码：

```
# 创建一个2×2的随机值张量
randn_tensor = torch.randn(2, 2)
print("2×2随机值张量：")
print(randn_tensor)
```

练习4：从NumPy数组创建张量。

任务：首先使用NumPy创建一个数组，然后使用torch.from_numpy()将其转换为PyTorch张量。

参考练习代码：

```
import numpy as np

# 创建一个NumPy数组
np_array = np.array([1, 2, 3, 4, 5])

# 将NumPy数组转换为PyTorch张量
tensor_from_np = torch.from_numpy(np_array)

print("从NumPy数组转换得到的张量：")
print(tensor_from_np)
```

练习5：基于已有张量的形状创建新张量。

任务：创建一个与练习1中random_tensor形状相同的全零张量，并打印出来。

参考练习代码：

```
# 基于已有张量的形状创建一个新的全零张量
zeros_like_tensor = torch.zeros_like(random_tensor)
print("与原张量形状相同的全零张量：")
print(zeros_like_tensor)
```

练习6：激活函数的应用。

任务：请根据每个激活函数编写代码创建一个随机张量，然后应用相应的激活函数并打印结果。

参考练习代码：

```
import torch

# 创建一个随机张量
```

```
random_tensor = torch.randn(10)

# 应用ReLU激活函数
relu_tensor = torch.relu(random_tensor)
print("ReLU激活函数的结果：")
print(relu_tensor)

# 应用Sigmoid激活函数
sigmoid_tensor = torch.sigmoid(random_tensor)
print("Sigmoid激活函数的结果：")
print(sigmoid_tensor)

# 应用Tanh激活函数
tanh_tensor = torch.tanh(random_tensor)
print("Tanh激活函数的结果：")
print(tanh_tensor)

# 应用LeakyReLU激活函数（假设斜率为0.2）
leaky_relu_tensor = torch.nn.LeakyReLU()(random_tensor)
print("LeakyReLU激活函数的结果：")
print(leaky_relu_tensor)
```

通过这个练习，你将学会如何在PyTorch中使用不同的激活函数，并观察它们对相同输入张量的影响。

练习7：损失函数的应用。

任务：对于每个损失函数，编写代码创建一个随机张量作为模型的预测输出，另一个随机张量作为真实的目标值，然后计算并打印相应的损失值。

参考练习代码：

```
import torch
import torch.nn as nn

# 创建随机预测输出和真实目标值
predictions = torch.randn(10, 10)        # 假设有10个样本，每个样本有10个类别
targets = torch.randint(0, 10, (10,))    # 假设是分类任务

# 计算均方误差损失
mse_loss = nn.MSELoss()
print("MSE Loss:", mse_loss(predictions, targets))

# 计算交叉熵损失
cross_entropy_loss = nn.CrossEntropyLoss()
print("Cross Entropy Loss:", cross_entropy_loss(predictions, targets))

# 计算余弦相似度损失（注意：这里我们需要一个额外的目标向量）
cosine_similarity_loss = nn.CosineSimilarity(dim=1, eps=1e-6)
print("Cosine Similarity Loss:", cosine_similarity_loss(predictions, targets))
```

04

```
# 计算L1损失
l1_loss = nn.L1Loss()
print("L1 Loss:", l1_loss(predictions, targets))
```

通过这个练习，你将学会如何在PyTorch中使用不同的损失函数，并理解它们在不同类型的问题上的应用。

练习8：优化器的使用与比较。

任务：创建一个具有几层的简单神经网络，并使用不同的优化器进行训练，比较它们的性能。

参考练习代码：

```
import torch
import torch.nn as nn
import torch.optim as optim
# 定义一个简单的神经网络
class SimpleNet(nn.Module):
    def __init__(self):
        super(SimpleNet, self).__init__()
        self.fc1 = nn.Linear(10, 50)
        self.fc2 = nn.Linear(50, 1)

    def forward(self, x):
        x = torch.relu(self.fc1(x))
        x = self.fc2(x)
        return x
# 实例化网络和不同的优化器
net = SimpleNet()
optimizers = {
    'SGD': optim.SGD(net.parameters(), lr=0.01),
    'Adam': optim.Adam(net.parameters(), lr=0.001),
    'RMSprop': optim.RMSprop(net.parameters(), lr=0.01),
    'Adagrad': optim.Adagrad(net.parameters(), lr=0.01),
    # 可以添加更多优化器进行比较
}
# 定义损失函数
criterion = nn.MSELoss()
# 生成一些假数据进行训练
inputs = torch.randn(100, 10)
targets = torch.randn(100, 1)
# 训练网络，记录不同优化器的性能
for name, optimizer in optimizers.items():
    net.train()                          # 将网络设置为训练模式
    for i in range(100):                 # 假设迭代100次
```

```
inputs.requires_grad = True   # 否则不会有梯度计算
outputs = net(inputs)
loss = criterion(outputs, targets)
loss.backward()               # 计算梯度
optimizer.step()              # 更新权重
optimizer.zero_grad()         # 清零梯度
if i % 10 == 0:
    print(f"{name} Loss after {i} iterations: {loss.item()}")
```

通过这个练习，你不仅能够学会如何使用PyTorch中的不同优化器，还能直观地看到不同优化器对模型训练的影响。读者可以进一步分析不同优化器的性能差异，并讨论可能的原因。

第 5 章

PyTorch深度神经网络

深度学习通过模拟人脑的神经网络结构，使用大量的数据来训练模型，使其能够识别、分类和预测各种复杂的数据模式。这种学习方法在图像识别、语音识别、自然语言处理等领域取得了显著的成果。神经网络则是构成深度学习的基本单元，由多个神经元层组成，每一层都负责提取数据的特定特征。

深度学习和神经网络是现代人工智能领域的核心技术，作为深度学习框架的PyTorch可以在该领域中大展宏图。本章介绍神经网络的相关概念以及PyTorch在神经网络中的应用。

5.1 神经网络概述

神经网络的概念最初来源于生物学家对大脑神经网络的研究，从中发现其神经元的工作原理，从数学角度提出感知器模型，并对其进行抽象化。本节介绍神经网络的基础知识。

5.1.1 神经元模型

神经元模型是1943年由心理学家Warren McCulloch和数理逻辑学家Walter Pitts在合作的*a logical calculus of the ideas immanent in nervous activity*论文中提出的，并给出了人工神经网络的概念及人工神经元的数学模型，从而开创了人工神经网络研究的时代。

在神经网络中，神经元处理单元可以表示不同的对象，例如特征、字母、概念，或者一些有意义的抽象模式。网络中处理单元的类型分为三类：输入单元、输出单元和隐单元。输入单元接收外部世界的信号与数据；输出单元实现系统处理结果的输出；隐单元是处在输入和输出单元之间，不能由系统外部观察的单元。神经元间的连接权值反映了单元间的连接强度，信息的表示和处理体现在网络处理单元的连接关系中。

神经网络是一种模仿生物神经网络的结构和功能的数学模型或计算模型，它是由大量的节点（即神经元）和其间的相互连接构成的，每个节点代表一种特定的输出函数，称为激励函数，每两个节点间的连接都代表一个通过该连接信号的加权值，称之为权重。神经元是神经网络的基本元素，如图5-1所示。

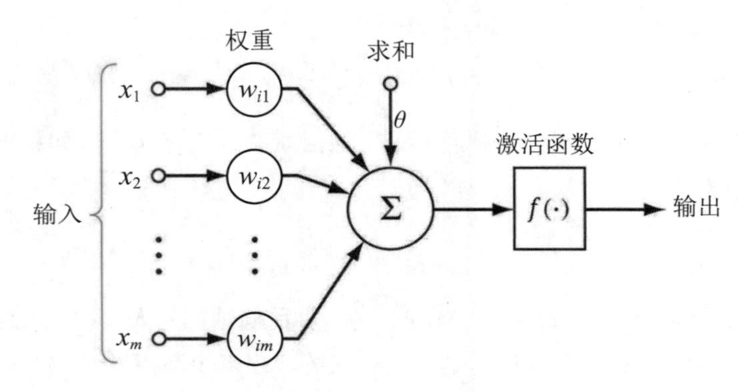

图 5-1 神经元

其中，$x_1,\cdots,x_m$ 是从其他神经元传来的输入信号，w_{ij} 表示从神经元 j 到神经元i的连接权值，θ表示一个阈值，或称为偏置，则神经元 i 的输出与输入的关系表示为：

$$\text{net}_i = \sum_{j=1}^{n} w_{ij}x_j - \theta$$

$$y_i = f(\text{net}_i)$$

其中，y_i 表示神经元i的输出，函数 f 称为激活函数，net_i 称为净激活。若将阈值看成神经元 i 的一个输入 x_0 的权重 w_{i0}，则上面的式子可以简化为：

$$\text{net}_i = \sum_{j=0}^{n} w_{ij}x_j$$

$$y_i = f(\text{net}_i)$$

若用X表示输入向量，用W表示权重向量，即：

$$X = [x_0, x_1, \cdots, x_n]$$

05

$$W = \begin{bmatrix} w_{i0} \\ w_{i1} \\ w_{i2} \\ \vdots \\ w_{in} \end{bmatrix}$$

则神经元的输出可以表示为向量相乘的形式：

$$\text{net}_i = XW$$
$$y_i = f(\text{net}_i) = f(XW)$$

如果神经元的净激活为正，则称该神经元处于激活状态或兴奋状态，如果神经元的净激活为负，则称神经元处于抑制状态。

5.1.2　多层感知机

多层感知机（Multi-Layer Perceptron，MLP）是一种前向结构的人工神经网络，用于映射一组输入向量到一组输出向量。MLP可以认为是一个有向图，由多个节点层组成，每一层全连接到下一层。除输入节点外，每个节点都是一个带有非线性激活函数的神经元（或称处理单元）。

多层感知机由以下几个部分组成。

- 输入层：接收外部信息，并将这些信息传递到网络中。输入层中的节点并不进行任何计算，它们只是将数据分布到下一层的神经元。
- 隐藏层：一个或多个隐藏层位于输入层和输出层之间。每个隐藏层都包含若干神经元，这些神经元具有非线性激活函数，如Sigmoid或Tanh函数。隐藏层的神经元与前一层的所有神经元全连接，并且它们的输出会作为信号传递到下一层。
- 输出层：输出层产生网络的最终输出，用于进行预测或分类。输出层神经元的数量取决于要解决的问题类型，例如在二分类问题中通常只有一个输出神经元，而在多分类问题中则可能有多个输出神经元。
- 权重和偏置：连接两个神经元的权重表示这两个神经元之间联系的强度。每个神经元还有一个偏置项，它帮助调整神经元激活的难易程度。
- 激活函数：激活函数引入非线性因素，使得神经网络能够学习和模拟更复杂的关系。没有激活函数的神经网络将无法解决线性不可分的问题。

多层感知机模型如图5-2所示。

多层感知机通过在训练过程中不断调整连接权重和偏置来学习输入数据中的模式。这种调整通常是通过反向传播算法实现的，该算法利用输出误差来更新网络中的权重，以减少预测错误。

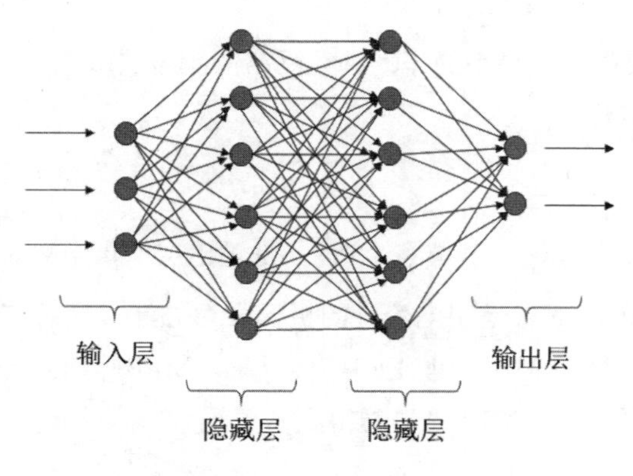

图 5-2　多层感知机模型

MLP是感知机的推广，克服了感知机不能对线性不可分数据进行识别的弱点。若每个神经元的激活函数都是线性函数，那么任意层数的MLP都可以被简化成一个等价的单层感知机。

MLP本身可以使用任何形式的激活函数，譬如阶梯函数或逻辑S形函数（Logistic Sigmoid Function），但为了使用反向传播算法进行有效学习，激活函数必须限制为可微函数。由于具有良好的可微性，很多S形函数，尤其是双曲正切（Hyperbolic Tangent）函数及逻辑S形函数，被采用为激活函数。

常被MLP用来进行学习的反向传播算法，在模式识别领域已经成为标准的监督学习算法，并在计算神经学及并行分布式处理领域中获得广泛研究。MLP已被证明是一种通用的函数近似方法，可以被用来拟合复杂的函数，或解决分类问题。

隐藏层神经元的作用是从样本中提取样本数据中的内在规律模式并保存起来，隐藏层每个神经元与输入层都有边相连，隐藏层将输入数据加权求和并通过非线性映射作为输出层的输入，通过对输入层的组合加权及映射找出输入数据的相关模式，而且这个过程是通过误差反向传播自动完成的。

当隐藏层节点太少的时候，能够提取以及保存的模式较少，获得的模式不足以概括样本的所有有效信息，得不到样本的特定规律，导致识别同样模式新样本的能力较差，学习能力较差。

当隐藏层节点个数过多时，学习时间变长，神经网络的学习能力较强，能学习较多输入数据之间的隐含模式，但是一般来说输入数据之间与输出数据相关的模式个数未知，当学习能力过强时，有可能把训练输入样本与输出数据无关的非规律性模式学习进来，而这些非规律性模式往往大部分是样本噪声，这种情况叫作过拟合（Over Fitting）。过拟合是记住了过多和特定样本相关的信息，当新来的样本含有相关模式但是很多细节并不相同时，预测性能并不是太好，降低了泛化能力。这种情况的表现往往是在训练数据集上误差极小，在测试数据集上误差较大。

具体隐藏层神经元个数的多少取决于样本中蕴含规律的个数以及复杂程度，而样本蕴含规律的个数往往和样本数量有关系。确定网络隐藏层参数的一个办法是将隐藏层个数设置为超参，使用验证集验证，选择在验证集中误差最小的作为神经网络的隐藏层节点个数。还有就是通过简单的经验设置公式来确定隐藏层神经元个数：

$$l=\sqrt{m+n}+\alpha$$

其中，l为隐藏层节点个数，m是输入层节点个数，n是输出层节点个数，α一般是1～10的常数。

MLP在20世纪80年代的时候曾是相当流行的机器学习方法，拥有广泛的应用场景，譬如语音识别、图像识别、机器翻译等，但自20世纪90年代以来，MLP遇到来自更为简单的支持向量机的强劲竞争。由于深度学习的成功，MLP又重新得到了关注。

5.1.3　前馈神经网络

不同的人工神经网络有着不同网络连接的拓扑结构，比较直接的拓扑结构是前馈网络，它是最早提出的多层人工神经网络。在前馈神经网络中，每一个神经元分别属于不同的层，每一层的神经元可以接收前一层神经元的信号，并产生信号输出到下一层的神经元。第0层神经元叫输入层，最后一层神经元叫输出层，其他处于中间层的神经元叫隐藏层。

在前馈神经网络（Feedforward Neural Network，FNN）中，每一层的神经元可以接收前一层神经元的信号，并产生信号输出到下一层。整个网络中无反馈，信号从输入层向输出层单向传播。

前馈神经网络通过下面的公式进行信息传播：

$$z^{(l)}=W^{(l)}\cdot a^{(l-1)}+b^{(l)}$$
$$a^{(l)}=f_l(z^{(l)})$$

其中：

- l：表示神经网络的层数。
- $m^{(l)}$：表示第l层神经元的个数。
- $f_l(\cdot)$：表示第l层神经元的激活函数。
- $W^{(l)}\in R^{m^{(l)}\times m^{(l-1)}}$：表示第$l-1$层到第$l$层的权重矩阵。
- $b^{(l)}\in R^{m^{(l)}}$：　表示第$l-1$层到第l层的偏置。
- $z^{(l)}\in R^{m^{(l)}}$：表示第l层神经元的净输入。
- $a^{(l)}\in R^{m^{(l)}}$：　表示第l层神经元的输出。

这样前馈神经网络通过逐层的信息传递，得到网络最后的输出。整个网络可以看作一个复合函数，将向量X作为第1层的输入$a^{(0)}$，将第L层的输出$a^{(L)}$作为整个函数的输出。

$$a^{(L)}=\varphi(X,W,b)$$

5.2　卷积神经网络

卷积神经网络（Convolutional Neural Networks，CNN）是一类包含卷积计算且具有深度结构的前馈神经网络，它是深度学习框架中的代表算法之一。

5.2.1　卷积神经网络的历史

卷积神经网络最早可以追溯到1943年，心理学家Warren和数理逻辑学家Walter在论文中第一次提出神经元的概念，通过一个简单的数学模型将神经反应简化为信号输入、求和、线性激活及输出，具有开创性意义；1958年神经学家Frank通过机器模拟了人类的感知能力，这就是最初的"感知机"，同时他在当时的IBM704型电子数字计算机上完成了感知机的仿真，能够对三角形和四边形进行分类，这是神经元概念提出后第一次成功的实验，验证了神经元概念的可行性。以上是神经元发展的第一阶段。第一代神经网络结构单一，仅能解决线性问题。此外，认知的限制也使得神经网络的研究止步于此。

第二代卷积神经网络出现于1985年，Geoffrey Hinton在神经网络中使用多个隐含层进行权重变换，同时提出了误差反向传播（Back Propagation，BP）算法，求解各隐含层的网络参数，优点是理论基础牢固、通用性好，不足之处在于网络收敛速度慢、容易出现局部极小的问题；1988年，Wei Zhang提出平移不变人工神经网络（Shift-Invariant Artificial Neural Networks，SIANN），将其应用在医学图像检测领域；1989年，LeCun构建了应用于计算机视觉问题的卷积神经网络，也就是LeNet的早期版本，包含两个卷积层和两个全连接层，共计6万多个参数，在结构上与现代的卷积神经网络模型结构相似，而且开创性地提出了"卷积"这一概念，卷积神经网络因此得名。1998年，LeCun构建了更加完备的卷积神经网络LeNet-5并将其应用于手写字体识别，在原有LeNet的基础上加入了池化层，模型在MNIST数据集上的识别准确率达到了98%以上，但由于当时不具备大规模计算能力的硬件条件，因此卷积神经网络的发展并没有引起足够的重视。

第三代卷积神经网络兴起于2006年，统称为深度学习，分为两个阶段，2006－2012年为快速发展期，2012至今为爆发期，训练数据量越大，卷积神经网络的准确率越高，同时随着具备大规模计算能力GPU的应用，模型的训练时间大大缩短，深度卷积神经网络的发展是必然的趋势。2006年，Hinton提出了包含多个隐含层的深度置信网络（Deep Belief Network，DBN），取得了十分好的训练效果，DBN的成功实验拉开了卷积神经网络百花齐放的序幕：自2012年AlexNet取得ImageNet视觉挑战赛的冠军，几乎每年都有新的卷积神经网络产生，诸如ZFNet、VGGNet、GoogLeNet、ResNet以及DPRSNet等，都取得了很好的效果。

5.2.2 卷积神经网络的结构

卷积神经网络中隐含层低层中的卷积层与池化层交替连接，构成了卷积神经网络的核心模块，高层由全连接层构成。

1. 卷积层

卷积层用于提取输入的特征信息，由若干卷积单元组成，每个卷积单元的参数都是通过反向传播算法优化得到的，通过感受野（Filter）对输入图片进行有规律地移动，并与所对应的区域做卷积运算提取特征；低层卷积只能提取到低级特征，如边缘、线条等，高层卷积可以提取更深层的特征。

卷积层参数包括感受野大小、步长（Stride）和边界填充（Padding），三者共同决定了卷积层输出特征图的尺寸大小；感受野大小小于输入图片尺寸，感受野越大，可提取的特征越复杂；步长定义了感受野扫过相邻区域时的位置距离；边界填充是在特征图周围进行填充避免输出特征丢失过多边缘信息的方法，Padding值代表填充层数。

2. 激活函数层

卷积运算提取到的图像特征是线性的，但真正的样本往往是非线性的，为此引入非线性函数来解决。激活函数使得每个像素点可以用0到1的任何数值来代表，以模拟更为细微的变化。激活函数一般具有非线性、连续可微、单调性等特性。比较常用的激活函数有Sigmoid函数、Tanh函数以及ReLU函数。

3. 池化层

池化层的作用是压缩特征图，提取主要特征，简化网络计算的复杂度。池化方式一般有两种，分别是均值池化与最大池化，如图5-3所示。

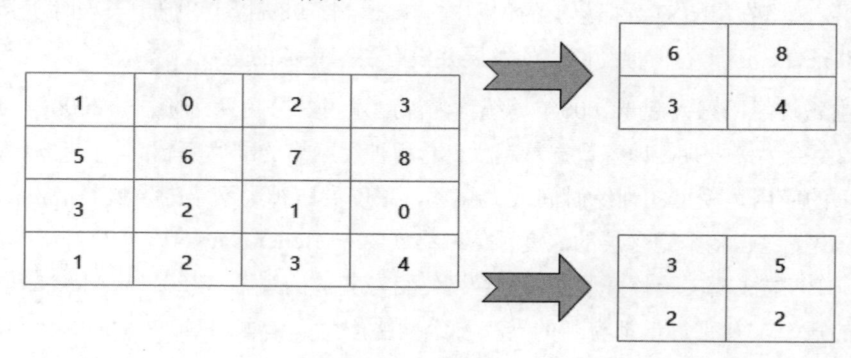

图 5-3　池化操作

图5-3中采用一个2×2的感受野，步长为2，边界填充为0。最大池化即在2×2的区域中寻找最大值；

均值池化则是求每一个2×2区域中的平均值，得到主要特征。一般最常用的感受野取值为2，步长为2，池化操作将特征图缩小，有可能影响网络的准确度，但可以通过增加网络深度来弥补。

4. 全连接层

全连接层位于卷积神经网络的最后，用于给出最后的分类结果，在全连接层中，特征会失去空间结构，展开为特征向量，并把由前面层级所提取到的特征进行非线性组合得到输出，可用以下公式表示：

$$f(x) = W * x + b$$

其中，x为全连接层的输入，W为权重系数，b为偏置。全连接层连接所有特征输出至输出层，对于图像分类问题，输出层使用逻辑函数或归一化指数函数输出分类标签。在图像识别问题中，输出层输出为物体的中心坐标、大小和分类。在语义分割中，则直接输出每个像素的分类结果。

5.2.3　卷积神经网络的类型

1. AlexNet

AlexNet是一种具有里程碑意义的深度卷积神经网络，由Alex Krizhevsky、Ilya Sutskever和Geoffrey Hinton在2012年提出。

AlexNet在2012年的ImageNet大规模视觉识别挑战赛（ImageNet Large Scale Visual Recognition Challenge，ILSVRC）上取得了突破性的成绩（获得冠军），这一成就标志着深度学习时代的来临，并奠定了卷积神经网络在计算机视觉领域的绝对地位。我们可以从以下几个方面来了解AlexNet。

- 创新技术：AlexNet的成功在于其引入了一些新的技术和训练方法，包括ReLU激活函数、Dropout正则化以及使用GPU进行加速训练。这些技术的应用极大地提高了网络的性能，并且对后续的深度学习模型设计产生了深远的影响。
- 网络结构：AlexNet的网络结构包括5个卷积层和3个全连接层。它的输入图像尺寸为227 × 227 × 3（实际输入尺寸应为227 × 227，由于卷积核大小和步长的设置，之前有文献提到224 × 224）。网络中使用了96个11 × 11的卷积核对输入图像进行特征提取，步长为4，没有使用填充。
- 影响与贡献：AlexNet不仅在ImageNet竞赛中取得了优异的成绩，更重要的是，它的出现引发了深度学习研究的热潮。AlexNet之后，更多、更深的神经网络模型被提出，如VGG、GoogLeNet等，这些模型在传统的机器学习分类算法基础上取得了显著的提升。

AlexNet的网络结构如图5-4所示。

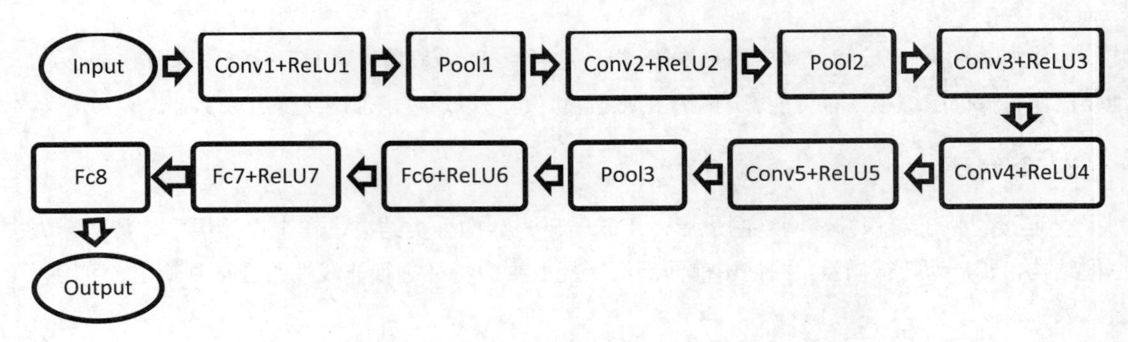

图 5-4　AlexNet 的网络结构

AlexNet的成功除归功于深层次的网络结构外，还有以下几点：

- 采用ReLU作为激活函数，避免了梯度耗散问题，提高了网络训练的速度。
- 通过平移、翻转等扩充训练集，避免产生过拟合。
- 提出并采用了LRN（Local Response Normalization，局部响应归一化处理），利用临近的数据做归一化处理，提高了深度学习训练时的准确度。
- 除此之外，AlexNet使用GPU处理训练时所产生的大量矩阵运算，提升了网络的训练效率。

2. VGGNet

VGGNet是牛津大学与Google DeepMind公司的研究员一起合作开发的卷积神经网络，2014年取得了ILSVRC比赛分类项目的亚军和识别项目的冠军。VGGNet探索了网络深度与其性能的关系，通过构筑16~19层深的卷积神经网络，Top5误差率为7.5%，在整个卷积神经网络中，全部采用3×3的卷积核与2×2的池化核，网络结构如图5-5所示。

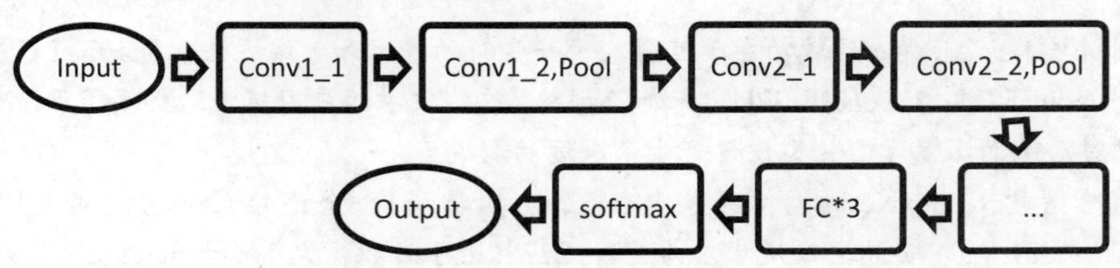

图 5-5　VGGNet 网络结构

VGGNet包含很多级别的网络，深度从11层到19层不等，最常用的是VGG-16和VGG-19。VGGNet把网络分成了5段，每段都把多个3×3的网络串联在一起，每段卷积后接一个最大池化层，最后是3个全连接层和一个Softmax层。

VGGNet有两个创新点：

（1）通过网络分段增加网络深度，采用多层小卷积代替一层大卷积，两个3×3的卷积核相当于5×5的感受野，三个相当于7×7的感受野。优势在于：首先包含三个ReLU层，增加了非线性操作，对特征的学习能力更强；其次减少了参数，使用3×3的3个卷积层需要27×n个参数，使用7×7的一个卷积层需要7×7×n=49×n个参数。

（2）在训练过程中采用多尺度和交替训练的方式，同时对一些层进行预训练，使得VGGNet能够在较少的周期内收敛，减轻了神经网络训练时间过长的问题。不足之处在于使用三个全连接层，参数过多导致内存占用过大，耗费过多的计算资源。VGGNet是最重要的神经网络之一，它强调了卷积网络深度的增加对于性能的提升有着重要的意义。

3. GoogLeNet

GoogLeNet是由谷歌的研究院提出的卷积神经网络，获得了2014年的ILSVRC比赛分类任务的冠军，Top5误差率仅为6.656%。GoogLeNet的网络共有22层，但参数仅有700万个，比之前的网络模型少很多。一般来说，提升网络性能最直接的办法就是增加网络深度，随之增加的还有网络中的参数，但过量的参数容易产生过拟合，也会增大计算量。GoogLeNet采用稀疏连接解决这种问题，为此提出了inception结构，如图5-6所示。

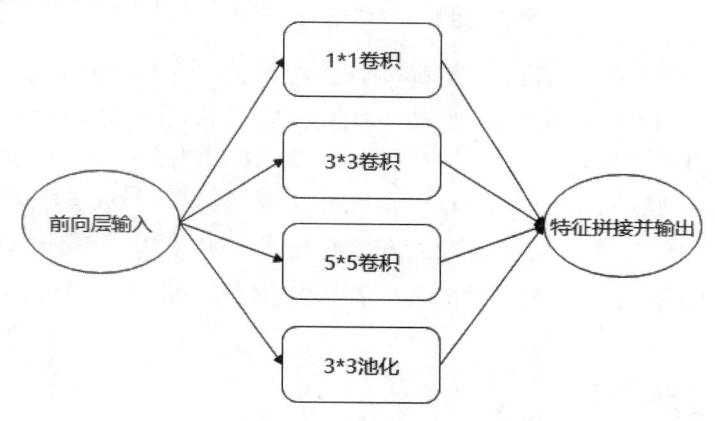

图 5-6　GoogLeNet 网络结构

在inception结构中，同时采用1×1、3×3、5×5卷积核是为了将卷积后的特征保持一致，便于融合，stride=1，padding分别为0、1、2，卷积后就可得到相同维度的特征，最后进行拼接，将不同尺度的特征进行融合，使得网络可以更好地提取特征。

在整个网络中，越靠后提取到的特征就越抽象，每个特征所对应的感受野也随之增大，因此随着层数的增加，3×3、5×5卷积核的比例也会随之增加，这样会带来巨大的参数计算，为此GoogLeNet有过诸多改进版本，GoogLeNet Inception V2、V3以及V4，通过增加Batch Normalization、在卷积之前采用1×1卷积降低纬度、将n×n的卷积核替换为1×n和n×1等方法减少网络参数，提升网络性能。

4. ResNet

ResNet于2015年被提出，获得了ILSVRC比赛的冠军，ResNet的网络结构有152层，但Top5错误率仅为3.57%，之前的网络都很少有超过25层的，这是因为随着神经网络深度的增加，模型准确率会先上升，然后达到饱和，持续增加深度时，准确率会下降；因为随着层数的增多，会出现梯度爆炸或衰减现象，梯度会随着连乘变得不稳定，数值会特别大或者特别小；因此，网络性能会变得越来越差。ResNet通过在网络结构中引入残差网络来解决此类问题，残差网络结构如图5-7所示。

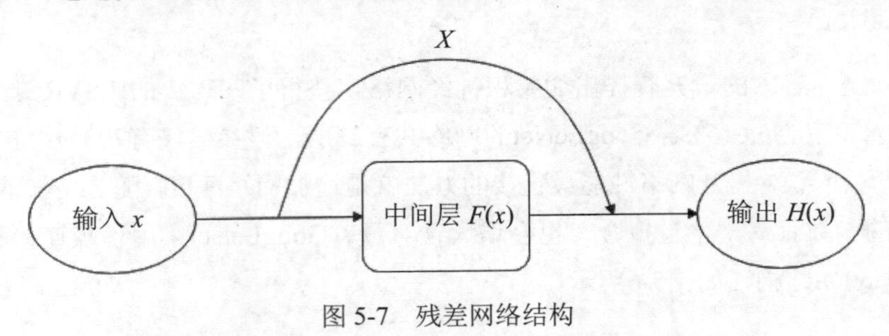

图 5-7　残差网络结构

很明显，残差网络是跳跃结构，残差项原本是带权重的，但ResNet用恒等映射代替了它。在图5-7中，输入为x，期望输出为$H(x)$，通过捷径连接的方式将x传到输出作为初始结果，输出为$H(x)=F(x)+x$，当$F(x)=0$时，$H(x)=x$。于是，ResNet相当于将学习目标改变为目标值$H(x)$和x的差值，也就是所谓的残差$F(x)=H(x)-x$，因此，后面的训练目标就是要将残差结果逼近于0。ResNet通过提出残差学习，将残差网络作为卷积神经网络的基本结构，通过恒等映射来解决因网络模型层数过多导致的梯度爆炸或衰减问题，可以最大限度地加深网络，并得到非常好的分类效果。

5.3　循环神经网络

循环神经网络（Recurrent Neural Network，RNN）又称递归神经网络，它是常规前馈神经网络（Feedforward Neural Network，FNN）的扩展，本节介绍几种常见的循环神经网络。

5.3.1　简单的循环神经网络

在传统的神经网络模型中，都是从输入层经过隐藏层，然后到输出层，每一层之间的节点都是没有连接的，它们之间都没有保存任何状态信息。与此相反，RNN遍历所有序列的元素，每个当前层的输出都是与前面层的输出有关的，也就是每个层之间的节点是连接的，会将前面层的状态信息保留下来。理论上，RNN应该可以处理任意长度的序列数据，但为了降低一定的复杂度，实践中通常只会选取与前面的几个状态有关的信息。首先简单地介绍RNN的原理，如图5-8所示。

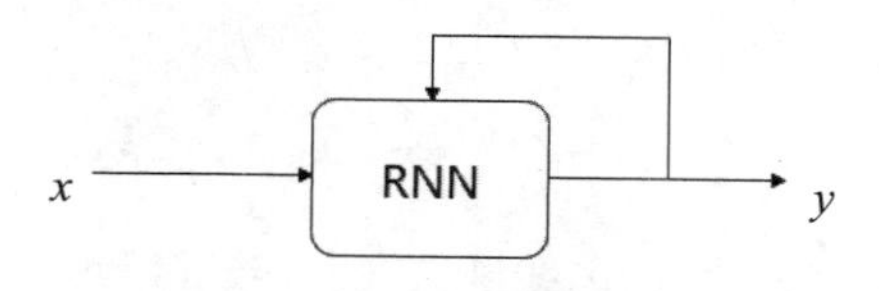

图 5-8　简单的 RNN

图5-8中的神经网络由一个神经元组成，x是输入，y是输出，中间由一个箭头表示数据循环更新的是隐藏层，这个就是它实现时间记忆功能的方法。神经网络输入x并产生输出y，最后将输出的结果反馈回去。假设在一个时间t内，神经网络的输入除来自输入层的 $x(t)$ 外，还有上一时刻的输出 $y(t-1)$ ，两者共同输入产生当前层的输出 $y(t)$ 。我们还可以将这个神经网络按照时间序列形式展开，如图5-9所示。

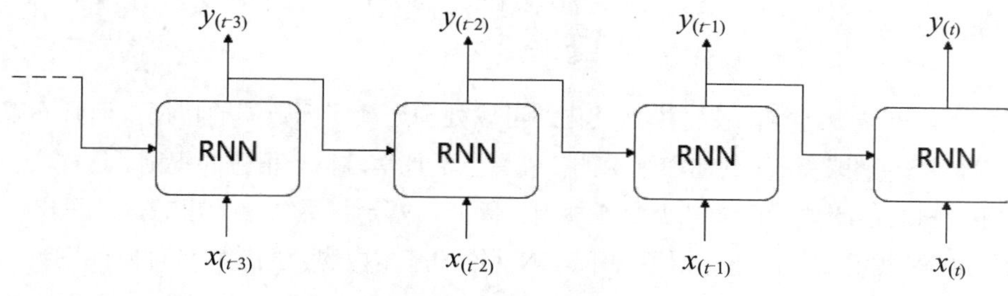

图 5-9　循环神经元

每个神经元的输出都是根据当前的输入 $x(t)$ 和上一时刻的 $y(t-1)$ 共同决定的。它们所对应的权重是 W_x 和 W_y，那么，单个神经元的输出计算如下：

$$y_t = \varnothing(x_t^{\mathrm{T}} \cdot W_x + y_{t-1}^{\mathrm{T}} \cdot W_y + b)$$

如果将中间的隐藏层展开，就会得到如图5-10所示的结果。

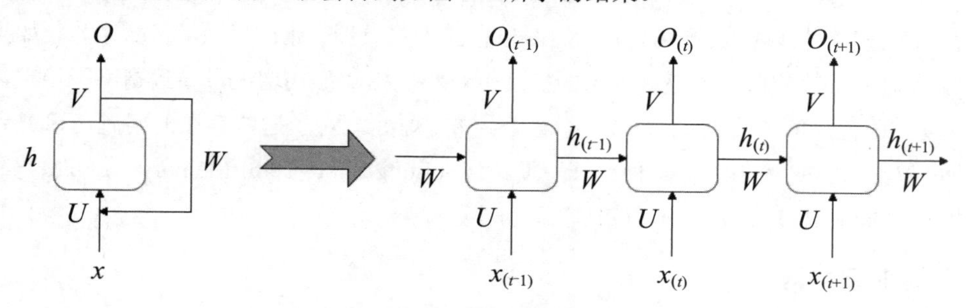

图 5-10　将隐藏层的层级展开

通常，一个RNN单元在时间t的状态记作h_t。U表示此刻输入的权重，W表示前一次输出的权重，V表示此刻输出的权重。在t=1时刻，一般h_0表示初始状态为0，随机初始化U、W和V的值，使用下面的公式计算：

$$h_1 = f(Ux_1 + Wh_0 + b_h)$$
$$O_1 = g(Vh_1 + b_o)$$

其中，f和g均为激活函数，即那些光滑的曲线函数（非线性函数），f可以是Sigmoid、ReLU、Tanh等激活函数，g通常是Softmax损失函数，b_h是隐藏层的偏置项，b_o是输出层的偏置项。前向传播算法在这里就是按照时间t向前推进的，而此时的隐藏状态h_1是参与下一个时间的预测过程的，即：

$$h_2 = f(Ux_2 + Wh_1 + b_h)$$
$$O_2 = g(Vh_2 + b_o)$$

基于上述公式进行类推，可得到最终的输出公式为：

$$h_t = f(Ux_t + Wh_{t-1} + b_h)$$
$$O_t = g(Vh_t + b_o)$$

权重共享可以减少运算，使得模型泛化，可以处理连续序列数据的特征，而且不限定序列的长度，仍然能够识别出连续序列在样本中的位置，但不是学习每个位置的规则。这样它不仅能够抓住不同特征之间的连续性，还能减少学习规则。因此，基于权重共享的思想，这里出现的W、U、V以及偏置项都是相等的。前面介绍了关于RNN网络的基本内容，虽然它处理时间序列问题的效果很好，但是简单的RNN网络通常过于简单，仍然存在着一些问题，比如在理论上它应该能够记住更多之前的信息，并可以处理任意长度的序列数据，但实际上却不能形成这种长期记忆，这就是梯度消失问题的一种。梯度消失问题主要是由BP算法和长时间依赖两种原因造成的，而RNN产生的梯度爆炸问题属于后者，由时间过长而造成记忆值较小的现象。梯度消失问题主要发生在前馈神经网络（也就是非循环网络）中，随着网络层数的增加，网络最终会变得无法训练。

如果从导数角度来讲，梯度消失就是对激活函数求导，若导数值小于1，则随着网络层数的增多，最终的梯度更新将以指数形式衰减。然而也存在一些反例，比如对激活函数求导，如果导数值大于1，那么随着层数的增大，最终求出的梯度更新将以指数形式增大，导致网络不稳定，使得算法无法收敛。这就是RNN存在的另一种问题——梯度爆炸。对于这些存在的问题，研究者提出了很多改进的算法，常见的主要有两种：长短期记忆（Long Short-Term Memory，LSTM）网络和门控循环单元（Gated Recurrent Unit，GRU）。

5.3.2　长短期记忆网络

为了解决标准RNN在处理长序列数据时面临的梯度消失等问题，Sepp Hochreite等提出了新的RNN架构——长短期记忆网络（Long Short-Term Memory，LSTM），之后Alex Graves、Haim Sak和Wojciech Zaremba等对该模型进行了逐步改进。一个基本的LSTM单元结构如图5-11所示。

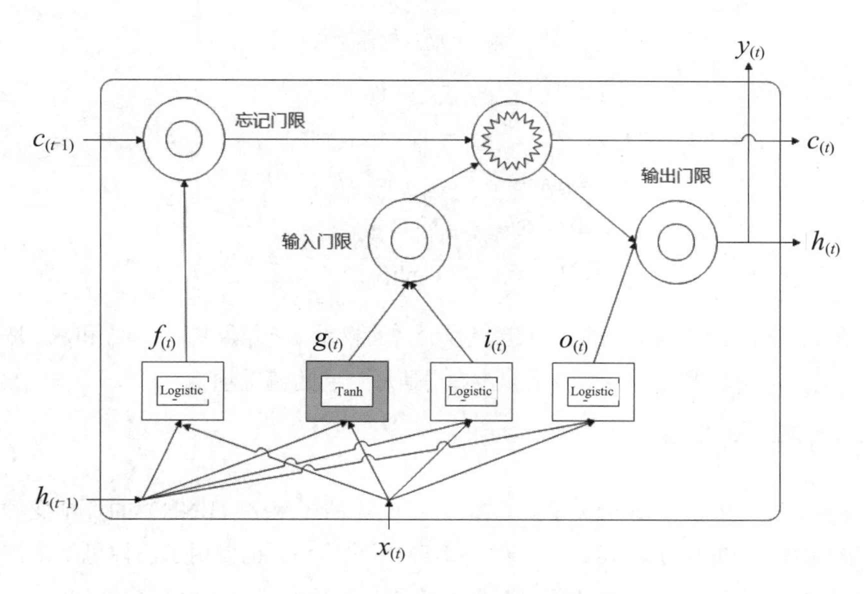

图 5-11 LSTM 单元结构

图5-11中间有4个矩形，这是普通神经网络的隐藏层结构。其中，第一、三和四个激活函数都是Logistic函数，第二个激活函数是Tanh函数。LSTM单元状态分为长时记忆和短时记忆，其中短时记忆用向量 $h_{(t)}$ 表示，长时记忆用 $c_{(t)}$ 表示。LSTM单元结构中还有三个门限控制器：忘记门限、输入门限和输出门限。忘记门限主要用 $f_{(t)}$ 控制着那些长时记忆是应该被丢弃还是被遗忘，因此也被称为遗忘门。

输入门限主要由 $i_{(t)}$ 和 $g_{(t)}$ 两部分组成，其中 $i_{(t)}$ 用来控制 $g_{(t)}$ 那些可以用来增加记忆的部分。输出门限主要是由 $o_{(t)}$ 来控制那些长时记忆应该在该时刻被读取和输出的部分。三个门限控制器都使用了可以输出0～1范围的Logistic函数，如果输出的值是1，则表示门限打开，反之表示门限关闭。此外，主层 $g_{(t)}$ 的主要作用是分析当前输入 $x_{(t)}$ 和前一个时期状态 $h_{(t-1)}$ 。

LSTM单元的基本流程如下：随着短时记忆 $c_{(t-1)}$ 从左到右横穿整个网络，它首先经过一个遗忘门，丢弃一些记忆，然后通过输入门限来选择增加一些新记忆，最后直接输出 $c_{(t)}$ 。此外，增加记忆这部分操作中，长时记忆先经过Tanh函数，然后被输出门限过滤，产生了短时记忆 $h_{(t)}$ 。总之，LSTM可以识别重要的输入（输入门限的作用），并将这些信息在长时记忆中存储下来，通过遗忘门保留需要的部分，以及在需要的时候能够提取它。这也是它能够非常方便地处理各种时间序列数据（如文字、语音等）的原因。

以下公式总结了上述关于LSTM单元结构中的三个门限控制器、两种状态以及输出：

$$
\begin{aligned}
i_{(t)} &= \sigma(w_{xi}^{\mathrm{T}} \cdot x_{(t)} + w_{hi}^{\mathrm{T}} \cdot h_{(t-1)} + b_i) \\
f_{(t)} &= \sigma(w_{xf}^{\mathrm{T}} \cdot x_{(t)} + w_{hf}^{\mathrm{T}} \cdot h_{(t-1)} + b_f) \\
o_{(t)} &= \sigma(w_{xo}^{\mathrm{T}} \cdot x_{(t)} + w_{ho}^{\mathrm{T}} \cdot h_{(t-1)} + b_o) \\
g_{(t)} &= \mathrm{Tanh}(w_{xg}^{\mathrm{T}} \cdot x_{(t)} + w_{hg}^{\mathrm{T}} \cdot h_{(t-1)} + b_g) \\
c_{(t)} &= f_{(t)} \otimes c_{(t-1)} + i_{(t)} \otimes g_{(t)} \\
y_{(t)} &= h_{(t)} = o_{(t)} \otimes \mathrm{Tanh}(c_{(t)})
\end{aligned}
$$

其中，w_{xi}、w_{xf}、w_{xo}和w_{xg}是每一层连接到输入$x_{(t)}$的权重，w_{hi}、w_{hf}、w_{ho}和w_{hg}是每一层连接到前一个短时记忆$h_{(t-1)}$的权重，b_i、b_f、b_o和b_g是每一层的偏置项。

5.3.3　门控循环单元

门控循环单元（Gate Recurrent Unit，GRU）是循环神经网络（RNN）的一个变种，它旨在解决标准RNN中梯度消失的问题。GRU的原理与LSTM网络类似，也使用了门控机制来控制信息的流动，但它的结构更为简化，效果也很好，因此也是当前非常流行的一种网络结构。

GRU的设计初衷是解决长期依赖问题，即标准RNN难以捕捉长序列中较早时间步的信息。通过引入更新门和重置门，GRU能够学习到何时更新或忽略某些信息，从而更好地处理序列数据。

相较于LSTM，GRU有更少的参数和计算复杂度，这使其在某些应用场景下训练更快，同时也能取得不错的性能表现，特别是在资源受限的情况下。

GRU已被广泛应用于各种序列建模任务，如语言模型、机器翻译、语音识别等领域，其性能通常与LSTM相当，有时甚至更优。

GRU具体的循环结构如图5-12所示。

在图5-12中，激活函数由LSTM中的4个变成了3个，两个状态向量合并成了一个$h_{(t)}$。LSTM单元结构中存在3个门限控制器：输入门限、忘记门限和输出门限，这3个门函数分别控制着输入值、记忆值和输出值，但在GRU单元结构中没有输出门限，只有两个门：重置门和更新门。重置门由$r_{(t)}$负责，用于控制前一时刻的状态信息有哪些部分可以显示给主层。重置门的值越小，写入的状态信息就越少。更新门由$z_{(t)}$负责，用于控制前一时刻的状态信息被带入当前状态的程度。更新门的值越大，带入的前一时刻的状态信息就越多。GRU单元的基本流程如下：首先，通过前一个时刻传输下来的隐藏状态$h_{(t-1)}$和当前时刻的输入$x_{(t)}$来获取两个门控状态，即重置门$r_{(t)}$和更新门$z_{(t)}$。这两个门函数都使用Logistic或Sigmoid函数，通过这两个函数可以得到0～1范围的输出值，主要用来充当门控信号。

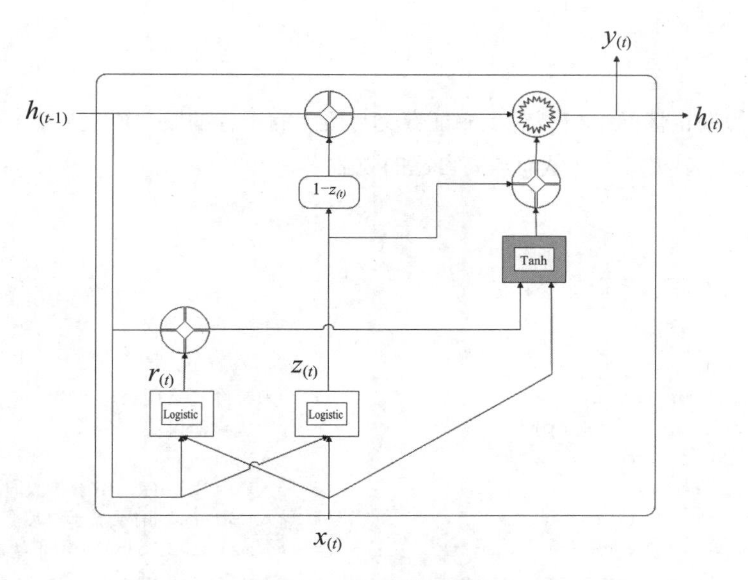

图 5-12　GRU 单元结构

得到门控信号之后，先使用$r_{(t)}$来得到“重置”后的数据，再将其与输入向量$x_{(t)}$进行拼接，通过一个Tanh函数将数据缩放到$[-1,1]$的范围。最关键的一个步骤是“更新记忆”阶段，这个阶段主要进行遗忘和记忆，相当于LSTM中的忘记门限和输入门限。我们使用先前得到的更新门控$z_{(t)}$，这里的门控信号越接近1，表示记忆下来的数据就越多，反之则表示遗忘的越多。从图中可以看出，之后经过处理，将遗忘$z_{(t)}$和选择$(1-z_{(t)})$联动，对于传递进来的维度信息，会选择性遗忘，则遗忘了多少权重再通过$(1-z_{(t)})$进行弥补，以此来保持一种“恒定”的状态。下面展示GRU单元结构的计算过程：

$$
\begin{aligned}
z_{(t)} &= \sigma(w_{xz}^{\mathrm{T}} \cdot x_{(t)} + w_{hz}^{\mathrm{T}} \cdot h_{(t-1)}) \\
r_{(t)} &= \sigma(w_{xr}^{\mathrm{T}} \cdot x_{(t)} + w_{hr}^{\mathrm{T}} \cdot h_{(t-1)}) \\
g_{(t)} &= \mathrm{Tanh}(w_{xg}^{\mathrm{T}} \cdot x_{(t)} + w_{hg}^{\mathrm{T}} \cdot (r_{(t)} \otimes h_{(t-1)})) \\
h_{(t)} &= (1-z_{(t)}) \otimes \mathrm{Tanh}(w_{xg}^{\mathrm{T}} \cdot h_{(t-1)} + z_{(t)} \otimes g_{(t)})
\end{aligned}
$$

其中，w_{xz}、w_{xr}和w_{xg}是每一层连接到输入$x_{(t)}$的权重，w_{hz}、w_{hr}和w_{hg}是每一层连接到前一个短时记忆$h_{(t-1)}$的权重。

5.4　动手练习：股票成交量趋势预测

为了使读者更好地理解PyTorch在深度神经网络中的应用，本节介绍一个实际应用案例。

1. 案例说明

本例使用长短期记忆网络模型对上海证券交易所工商银行的股票成交量做一个趋势预测，这样可以更好地掌握股票买卖点，从而提高自己的收益率。

2. 操作步骤

01 导入相关第三方库，代码如下：

```
#导入相关库
import torch                                    # 导入PyTorch库
import torch.nn as nn                           # 导入神经网络模块
import torch.optim as optim                     # 导入优化器模块
import numpy as np                              # 导入NumPy库
import tushare as ts                            # 导入tushare库，用于获取股票数据
from tqdm import tqdm                           # 导入tqdm库，用于显示进度条
import matplotlib.pyplot as plt                 # 导入matplotlib库，用于绘制图表
from copy import deepcopy as copy               # 导入deepcopy函数，用于深拷贝对象
from torch.utils.data import DataLoader, TensorDataset  # 导入DataLoader和
TensorDataset类，用于加载数据
```

02 获取数据，这里通过 tushare 库获取股票数据。这里使用了开盘价、收盘价、最高价、最低价、成交量这 5 个特征，使用每天的收盘价作为学习目标，每个样本都包含连续几天的数据作为一个序列样本。随后，将这些数据划分为训练集和测试集以供后续使用。代码如下：

```
class GetData:
    """ GetData 类，用于获取和处理数据 """

    def __init__(self, stock_id, save_path):
        """ 初始化方法
        :param stock_id: 股票 ID
        :param save_path: 数据保存路径
        """
        self.stock_id = stock_id
        self.save_path = save_path
        self.data = None

    def getData(self):
        """ 获取数据
        将数据进行一些处理，并保存到文件中
        :return: 处理后的数据
        """
        # 获取股票历史数据
        self.data = ts.get_hist_data(self.stock_id).iloc[::-1]
        # 选择特定列作为数据
        self.data = self.data[["open", "close", "high", "low", "volume"]]
```

```
        # 计算数据列的最小值和最大值
        self.close_min = self.data['volume'].min()
        self.close_max = self.data["volume"].max()
        # 对数据进行归一化处理
        self.data = self.data.apply(lambda x: (x - min(x)) / (max(x) - min(x)))
        # 将处理后的数据保存到文件
        self.data.to_csv(self.save_path)

        return self.data

    def process_data(self, n):
        """ 处理数据
        将数据分为特征和标签，并划分为训练集和测试集
        :param n: 滑动窗口的大小
        :return: 训练集的特征、测试集的特征、训练集的标签、测试集的标签
        """
        if self.data is None:
            self.getData()
        # 提取特征和标签数据
        feature = [
            self.data.iloc[i: i + n].values.tolist()
            for i in range(len(self.data) - n + 2)
            if i + n < len(self.data)
        ]
        label = [
            self.data.close.values[i + n]
            for i in range(len(self.data) - n + 2)
            if i + n < len(self.data)
        ]
        # 划分训练集和测试集
        train_x = feature[:500]
        test_x = feature[500:]
        train_y = label[:500]
        test_y = label[500:]

        return train_x, test_x, train_y, test_y
```

GetData类用于获取和处理数据，它具有以下方法。

- init(self, stock_id, save_path)：初始化方法，接受股票ID和数据保存路径作为参数，并将它们存储在实例变量中。
- getData(self)：获取数据的方法，获取股票历史数据并进行处理，然后保存到文件中。返回处理后的数据。
- process_data(self, n)：处理数据的方法，将数据分为特征和标签，并划分为训练集和测试集。接受滑动窗口大小*n*作为参数。如果数据为空，则调用getData方法获取数据。返回训练集的特征、测试集的特征、训练集的标签和测试集的标签。

03 搭建 LSTM 模型。使用一个单层单向 LSTM 网络，加一个全连接层输出，代码如下：

```
# 定义一个名为 Model 的神经网络模块
class Model(nn.Module):
    def __init__(self, n):  # 初始化方法，接收一个参数 n
        super(Model, self).__init__()  # 调用父类的初始化方法
        # 创建一个 LSTM 层，输入大小为 n，隐藏大小为 256，批次优先为 True
        self.lstm_layer = nn.LSTM(input_size=n, hidden_size=256,
                            batch_first=True)

        # 创建一个线性层，输入特征数为 256，输出特征数为 1，有偏差
        self.linear_layer = nn.Linear(in_features=256, out_features=1, bias=True)

    def forward(self, x):  # 前向传播方法，接收一个输入 x
        # 通过 LSTM 层处理 x，得到输出 out1 和隐藏状态 h_n、h_c
        out1, (h_n, h_c) = self.lstm_layer(x)
        a, b, c = h_n.shape  # 获取 h_n 的形状信息
        # 将 h_n 重塑为(a*b, c)的形状后，通过线性层处理，得到输出 out2
        out2 = self.linear_layer(h_n.reshape(a * b, c))
        return out2  # 返回最终的输出 out2
```

这段代码定义了一个名为Model的神经网络模块，包含一个LSTM层和一个线性层，在初始化方法中接收一个参数n，并创建一个LSTM层和一个线性层。

在前向传播方法中，通过LSTM层处理输入x得到输出out1和隐藏状态h_n、h_c，然后通过线性层处理h_n得到最终输出out2，最终返回out2作为模型的输出。

04 训练模型。计算损失 loss、损失 backward 以及优化器 step，代码如下：

```
def train_model(epoch, train_dataLoader, test_dataLoader):
    """
    训练模型的函数
    参数:
    epoch (int): 训练的轮数
    train_dataLoader (DataLoader): 训练数据加载器
    test_dataLoader (DataLoader): 测试数据加载器
    """
    # 最佳模型
    best_model = None
    # 训练损失
    train_loss = 0
    # 测试损失
    test_loss = 0
    # 最佳损失
    best_loss = 100
```

```
    # 轮数计数器
    epoch_cnt = 0

    for _ in range(epoch):
        # 训练总损失
        total_train_loss = 0
        # 训练样本总数
        total_train_num = 0
        # 测试总损失
        total_test_loss = 0
        # 测试样本总数
        total_test_num = 0

        for x, y in tqdm(train_dataLoader, desc='Epoch: {}| Train Loss: {}| Test 
Loss: {}'.format(_, train_loss, test_loss)):
            # x 的数量
            x_num = len(x)
            # 模型预测
            p = model(x)
            # 打印预测长度
            # print(len(p[0]))
            # 计算损失
            loss = loss_func(p, y)
            # 梯度清零
            optimizer.zero_grad()
            # 反向传播
            loss.backward()
            # 更新参数
            optimizer.step()
            # 累计训练损失
            total_train_loss += loss.item()
            # 累计训练样本数
            total_train_num += x_num

        # 计算平均训练损失
        train_loss = total_train_loss / total_train_num

        for x, y in test_dataLoader:
            # x 的数量
            x_num = len(x)
            # 模型预测
            p = model(x)
            # 计算损失
            loss = loss_func(p, y)
            # 梯度清零
            optimizer.zero_grad()
            # 反向传播
            loss.backward()
```

05

```
            # 更新参数
            optimizer.step()
            # 累计测试损失
            total_test_loss += loss.item()
            # 累计测试样本数
            total_test_num += x_num

        # 计算平均测试损失
        test_loss = total_test_loss / total_test_num

        # 如果当前测试损失小于最佳损失
        if best_loss > test_loss:
            # 更新最佳损失
            best_loss = test_loss
            # 复制当前模型
            best_model = copy(model)
            # 轮数计数器清零
            epoch_cnt = 0
        else:
            # 轮数计数器加 1
            epoch_cnt += 1

        # 如果轮数计数器大于提前停止的轮数
        if epoch_cnt > early_stop:
            # 保存最佳模型的状态字典
            torch.save(best_model.state_dict(), './lstm_.pth')
            # 中断训练
            break
```

上述代码实现了一个简单的模型训练过程，包括训练、测试、损失计算和模型保存等功能。

在代码中用于训练模型的函数，它接受3个参数：epoch（训练的轮数）、train_dataLoader（训练数据加载器）和test_dataLoader（测试数据加载器）。

在函数内部，首先定义了一些变量，如最佳模型best_model、训练损失train_loss、测试损失test_loss、最佳损失best_loss和轮数计数器epoch_cnt。

然后，使用两个嵌套循环来进行训练和测试。在训练循环中，对训练数据进行迭代，计算模型预测值并更新模型参数，累计训练损失和样本数。在测试循环中，对测试数据进行迭代，计算模型预测值并累计测试损失和样本数。

在每个epoch结束后，计算平均训练损失和平均测试损失。如果当前测试损失小于最佳损失，则更新最佳损失、复制当前模型并将轮数计数器清零，否则轮数计数器加1。

如果轮数计数器大于提前停止的轮数（early_stop），则保存最佳模型的状态字典，并中断训练。

05 测试模型。使用测试集对模型进行测试，代码如下：

```
# 定义测试模型的函数
def test_model(test_dataLoader_):
    """
    该函数用于测试模型，并返回预测值、真实标签和测试损失

    参数:
    test_dataLoader_ (DataLoader): 测试数据加载器
    """
    # 预测值列表
    pred = []
    # 真实标签列表
    label = []
    # 创建一个模型对象
    model_ = Model(5)
    # 加载模型的状态字典
    model_.load_state_dict(torch.load("./lstm_.pth"))
    # 将模型设置为评估模式
    model_.eval()
    # 测试总损失
    total_test_loss = 0
    # 测试样本总数
    total_test_num = 0

    for x, y in test_dataLoader_:
        # x 的数量
        x_num = len(x)
        # 进行模型预测
        p = model_(x)
        # 计算损失
        loss = loss_func(p, y)
        # 累计测试损失
        total_test_loss += loss.item()
        # 累计测试样本数
        total_test_num += x_num
        # 将预测值添加到列表中
        pred.extend(p.data.squeeze(1).tolist())
        # 将真实标签添加到列表中
        label.extend(y.tolist())

    # 计算平均测试损失
    test_loss = total_test_loss / total_test_num

    return pred, label, test_loss
```

上述代码的功能是测试模型在给定测试数据上的表现，并提供预测结果、真实标签以及测试损失的信息。

在代码中定义了一个名为test_model的函数，用于测试模型并返回预测值、真实标签以及测试损失，函数接收一个名为test_dataLoader_的DataLoader参数，其中包含测试数据。

在函数内部，首先创建了空的预测值列表pred和真实标签列表label。然后创建了一个模型对象model_，加载了预先保存的模型状态字典./lstm_.pth，并将模型设置为评估模式。

接着，通过遍历test_dataLoader_中的数据进行预测。对每个数据样本x，模型预测p，计算损失值并累加到total_test_loss中。同时，将预测值和真实标签分别添加到pred和label列表中。

最后，计算平均测试损失test_loss，并将预测值列表pred、真实标签列表label和测试损失test_loss作为结果返回。

06 绘制折线图。绘制股票日成交量的折线图，并输出模型测试集的损失，代码如下：

```
def plot_img(data, pred):
    """
    绘制图像的函数

    参数:
    data (list): 数据
    pred (list): 预测值
    """

    # 设置字体为黑体
    plt.rcParams['font.sans-serif'] = ['SimHei']
    # 创建图像，大小为 12×7
    plt.figure(figsize=(12, 7))
    # 绘制预测值的曲线，颜色为绿色
    plt.plot(range(len(pred)), pred, color='green')
    # 绘制数据的曲线，颜色为蓝色
    plt.plot(range(len(data)), data, color='blue')

    # 每隔 5 个数据点绘制一条红色的参考线
    for i in range(0, len(pred) - 3, 5):
        price = [data[i] + pred[j] - pred[i] for j in range(i, i + 3)]
        plt.plot(range(i, i + 3), price, color='red')
    # 设置 x 轴刻度的字体属性为 Times New Roman，大小为 15
    plt.xticks(fontproperties='Times New Roman', size=15)
    # 设置 y 轴刻度的字体属性为 Times New Roman，大小为 15
    plt.yticks(fontproperties='Times New Roman', size=15)
    # 设置 x 轴标签为"日期"，字体大小为 18
    plt.xlabel('日期', fontsize=18)
    # 设置 y 轴标签为"成交量"，字体大小为 18
    plt.ylabel('成交量', fontsize=18)
    # 显示图像
    plt.show()
```

```
if __name__ == '__main__':
    # 超参数
    days_num = 5
    epoch = 20
    fea = 5
    batch_size = 20
    early_stop = 5

    # 初始化模型
    model = Model(fea)

    # 数据处理
    GD = GetData(stock_id='601398', save_path='./data.csv')
    x_train, x_test, y_train, y_test = GD.process_data(days_num)
    x_train = torch.tensor(x_train).float()
    x_test = torch.tensor(x_test).float()
    y_train = torch.tensor(y_train).float()
    y_test = torch.tensor(y_test).float()

    # 构建训练数据集和测试数据集
    train_data = TensorDataset(x_train, y_train)
    train_dataLoader = DataLoader(train_data, batch_size=batch_size)
    test_data = TensorDataset(x_test, y_test)
    test_dataLoader = DataLoader(test_data, batch_size=batch_size)

    # 损失函数和优化器
    loss_func = nn.MSELoss()
    optimizer = optim.Adam(model.parameters(), lr=0.001)

    # 训练模型
    train_model(epoch, train_dataLoader, test_dataLoader)
    p, y, test_loss = test_model(test_dataLoader)

    # 对预测值进行处理
    pred = [ele * (GD.close_max - GD.close_min) + GD.close_min for ele in p]
    data = [ele * (GD.close_max - GD.close_min) + GD.close_min for ele in y]
    # 绘制折线图
    plot_img(data, pred)

    # 输出模型损失
    print('模型损失：', test_loss)
```

上述代码通过训练一个模型来预测股票价格，并通过绘制图像来展示预测值和真实值的对比。

plot_img(data, pred)是一个用于绘制图像的函数。它设置了字体为黑体，创建了一个大小为12×7的图像，绘制了预测值和数据的曲线，以及每隔5个数据点绘制一条红色的参考线。最后设置了x和y轴的刻度、标签属性，并显示图像。

主程序部分是对一些超参数的设置，包括模型的初始化、数据的处理（包括获取数据、处理数据、构建数据集和数据加载器）、损失函数和优化器的定义、模型的训练和测试、对预测值和真实值进行处理，最后调用plot_img函数绘制折线图，并输出模型损失。

3. 案例小结

通过本例绘制的上海证券交易所的工商银行股票在2021年的成交量趋势如图5-13所示，呈现先上升后下降再上升的波动走势。

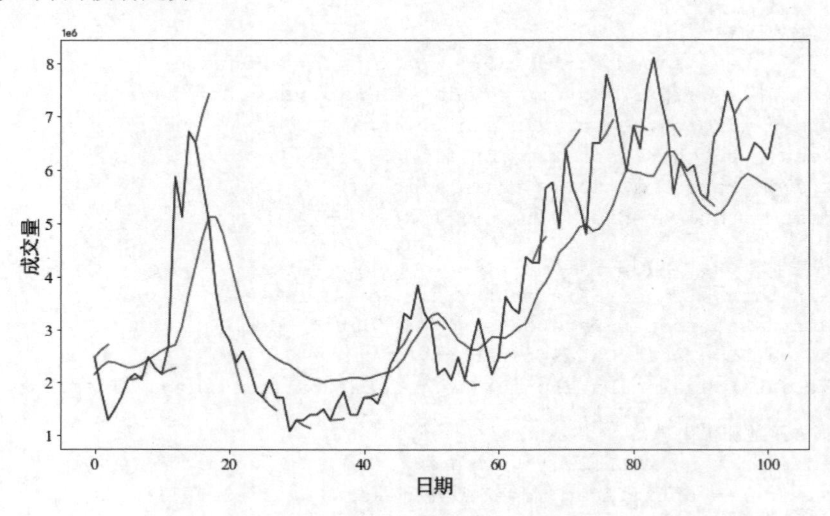

图 5-13　成交量趋势分析

输出的长短期记忆网络模型的损失较小，说明模型精度较高，基本达到了可以预测成交量的预期。

模型损失：0.0008264706451811042。

5.5 上机练习题

练习：使用PyTorch构建一个简单的神经网络，用于手写数字识别任务，并进行训练和测试。参考以下步骤进行演练。

1. 导入相关库

```
# 导入PyTorch及相关模块
import torch                                        # 导入PyTorch库
import torch.nn as nn                               # 导入神经网络模块
```

```
import torch.optim as optim                          # 导入优化器模块
import torchvision                                   # 导入计算机视觉库
import torchvision.transforms as transforms          # 导入数据预处理模块
```

2. 数据预处理

```
# 定义数据预处理操作，将图像转换为张量，并进行标准化处理
transform = transforms.Compose([
transforms.ToTensor(),                          # 将图像转换为张量
transforms.Normalize((0.5,), (0.5,))            # 标准化处理，将张量的值从[0,1]范围映射到
[-1,1]范围])

# 创建训练数据集对象，指定存储路径、是否训练集、是否下载以及数据预处理操作
train_set = torchvision.datasets.MNIST(root='./data', train=True, download=True,
transform=transform)

# 创建训练数据加载器train_loader，指定批量大小(batch_size)为100、是否打乱顺序(shuffle)
为True以及使用的线程数(num_workers)为2
train_loader = torch.utils.data.DataLoader(train_set, batch_size=100,
shuffle=True, num_workers=2)

# 创建测试数据集对象test_set，指定存储路径'./data'、是否为训练集、是否下载数据以及数据预处
理操作transform
test_set = torchvision.datasets.MNIST(root='./data', train=False, download=True,
transform=transform)

# 创建测试数据加载器test_loader，指定批量大小(batch_size)为100、是否打乱顺序(shuffle)
为False以及使用的线程数(num_workers)为2
test_loader = torch.utils.data.DataLoader(test_set, batch_size=100,
shuffle=False, num_workers=2)
```

3. 定义神经网络模型

```
# 定义一个名为Net的神经网络模型。该网络由两个卷积层、两个全连接层和一个池化层组成
class Net(nn.Module):
    def __init__(self):
        super(Net, self).__init__()

        # 定义卷积层1，输入通道数为1，输出通道数为6，卷积核大小为5×5
        self.conv1 = nn.Conv2d(1, 6, 5)

        # 定义最大池化层，池化核大小为2×2，步长为2
        self.pool = nn.MaxPool2d(2, 2)

        # 定义卷积层2，输入通道数为6，输出通道数为16，卷积核大小为5×5
        self.conv2 = nn.Conv2d(6, 16, 5)

        # 定义全连接层1，输入节点数为16×4×4，输出节点数为120
        self.fc1 = nn.Linear(16 * 4 * 4, 120)

        # 定义全连接层2，输入节点数为120，输出节点数为84
        self.fc2 = nn.Linear(120, 84)
```

```
        # 定义全连接层3，输入节点数为84，输出节点数为10
        self.fc3 = nn.Linear(84, 10)

    def forward(self, x):
        # 进行第一次卷积操作，然后应用ReLU激活函数进行最大池化操作
        x = self.pool(F.relu(self.conv1(x)))

        # 进行第二次卷积操作，然后应用ReLU激活函数进行最大池化操作
        x = self.pool(F.relu(self.conv2(x)))

        # 将特征图展开为一维向量
        x = x.view(-1, 16 * 4 * 4)

        # 进行第一次全连接操作，然后应用ReLU激活函数
        x = F.relu(self.fc1(x))

        # 进行第二次全连接操作，然后应用ReLU激活函数
        x = F.relu(self.fc2(x))

        # 进行第三次全连接操作，得到最终的输出结果
        x = self.fc3(x)

        return x

# 创建神经网络实例
net = Net()
```

4. 定义损失函数和优化器

```
# 创建交叉熵损失函数的实例
criterion = nn.CrossEntropyLoss()

# 创建随机梯度下降优化器的实例，将神经网络参数和学习率等超参数传入
optimizer = optim.SGD(net.parameters(), lr=0.001, momentum=0.9)
```

【代码说明】

- 在创建优化器时，通过net.parameters()将神经网络的参数传递给优化器，以便优化器知道要更新哪些参数。
- 学习率（lr）是优化器的超参数，用于控制每次参数更新的步长。这里设置学习率为0.001。
- 动量（Momentum）是SGD优化器的一个超参数，用于加速收敛过程。它会保留之前步骤的梯度，并考虑当前步骤的梯度和之前步骤的梯度的加权平均值来更新参数。这里设置动量为0.9。

5. 训练神经网络

```
# 设置总共的训练轮数为10
for epoch in range(10):
    running_loss = 0.0  # 初始化每轮的损失函数值为0
```

```
    # 遍历训练集中的数据
    for i, data in enumerate(train_loader, 0):
        inputs, labels = data  # 从train_loader中获取输入数据和对应的标签
        optimizer.zero_grad()  # 将模型参数的梯度置零，以便进行下一次反向传播

        # 前向传播计算模型输出
        outputs = net(inputs)

        # 计算损失函数
        loss = criterion(outputs, labels)

        # 反向传播计算损失函数关于模型参数的梯度
        loss.backward()

        # 更新模型参数
        optimizer.step()

        # 累加每个batch的损失函数值
        running_loss += loss.item()

    # 每轮训练结束后打印平均损失
    print('Epoch %d loss: %.3f' % (epoch + 1, running_loss / (i + 1)))
```

05

6. 测试神经网络

```
# 初始化正确预测数量和总数为0
correct = 0
total = 0

# 关闭梯度计算，不更新参数
with torch.no_grad():
# 遍历测试数据集
for data in test_loader:
# 获取图像和标签数据
images, labels = data

    # 使用神经网络进行预测
    outputs = net(images)

    # 选取每个预测结果中的最大值作为最终预测结果
    _, predicted = torch.max(outputs.data, 1)

    # 更新总数（累加图像的数量）
    total += labels.size(0)

    # 更新正确预测数量（累加预测结果与真实标签相同的数量）
    correct += (predicted == labels).sum().item()
# 打印网络在10000个测试图像上的准确率
print('Accuracy of the network on the 10000 test images: %d %%' % (100 * correct
/ total))
```

第6章

PyTorch数据建模

数据建模即数据挖掘，是一种从大量数值型数据中寻找规律的技术。它通常包括3个步骤：数据准备、规律寻找和规律表示。数据准备是从相关的数据源中选取所需的数据并整合成用于数据挖掘的数据集，规律寻找是用某种方法将数据集所含的规律找出来，规律表示是尽可能以用户可理解的方式将找出的规律表示出来。本章介绍PyTorch在数据建模中的应用。

6.1 回归分析及案例

回归分析是研究一个变量（被解释变量）与另一个或几个变量（解释变量）的具体依赖关系的计算方法和理论，本节介绍使用PyTorch进行回归分析。

6.1.1 回归分析简介

回归分析就是从一组样本数据出发，确定变量之间的数学关系式，并对这些关系式的可信程度进行各种统计检验，从影响某一特定变量的诸多变量中找出哪些变量的影响显著，哪些不显著。利用所求的关系式，根据一个或几个变量的取值来预测或控制另一个特定变量的取值，同时给出这种预测或控制的精确程度。

线性回归主要用来解决连续性数值预测的问题，它目前在经济、金融、社会、医疗等领域都有广泛的应用。

例如，早期关于吸烟对死亡率和发病率影响的证据来自采用回归分析方法的观察性研究。为了在分析观测数据时减少伪相关，除最感兴趣的变量外，通常研究人员还会在他们的回归模型里包括一些额外变量。例如，假设我们有一个回归模型，在这个回归模型中，吸烟行为是我们最感兴趣的独立变量，其相关变量是经数年观察得到的吸烟者寿命。

研究人员可能将社会经济地位当成一个额外的独立变量，以确保任何经观察所得的吸烟对寿命的影响不是由于教育或收入差异引起的。然而，我们不可能把所有可能混淆结果的变量都加入实证分析中。例如，某种不存在的基因可能会增加人死亡的概率，还会让人的吸烟量增加。因此，比起采用观察数据的回归分析得出的结论，随机对照试验常能产生更令人信服的因果关系证据。

此外，回归分析还在以下诸多方面得到了很好的应用。

- 客户需求预测：通过海量的买家和卖家交易数据等，对未来商品的需求进行预测。
- 电影票房预测：通过历史票房数据、影评数据等公众数据，对电影票房进行预测。
- 湖泊面积预测：通过研究湖泊面积变化的多种影响因素，构建湖泊面积预测模型。
- 房地产价格预测：利用相关历史数据分析影响商品房价格的因素并进行模型预测。
- 股价波动预测：公司在搜索引擎中的搜索量代表了该股票被投资者关注的程度。
- 人口增长预测：通过历史数据分析影响人口增长的因素，对未来人口数进行预测。

6.1.2　回归分析建模

线性回归（Linear Regression）是利用回归方程（函数）对一个或多个自变量（特征值）和因变量（目标值）之间的关系进行建模的一种分析方式。线性回归就是能够用一个直线较为精确地描述数据之间的关系。这样当出现新的数据的时候，就能够预测出一个简单的值。线性回归中常见的就是房屋面积和房价的预测问题。只有一个自变量的情况称为一元回归，大于一个自变量的情况称为多元回归。

多元线性回归模型是日常工作中应用频繁的模型，公式如下：

$$y = \beta_0 + \beta_1 x_1 + \beta_2 x_2 + \cdots + \beta_k x_k + \varepsilon$$

其中，$x_1,\cdots,x_k$ 是自变量，y是因变量，β_0 是截距，$\beta_1,\cdots,\beta_k$ 是变量回归系数，ε是误差项的随机变量。

对于误差项有如下几个假设条件：

- 误差项ε是一个期望为0的随机变量。
- 对于自变量的所有值，ε的方差都相同。
- 误差项ε是一个服从正态分布的随机变量，且相互独立。

如果想让我们的预测值尽量准确，就必须让真实值与预测值的差值最小，即让误差平方和最小，用公式来表达如下，具体推导过程可参考相关的资料。

$$J(\beta) = \sum (y - X\beta)^2$$

损失函数只是一种策略，有了策略，我们还要用适合的算法进行求解。在线性回归模型中，求解损失函数就是求与自变量相对应的各个回归系数和截距。有了这些参数，我们才能实现模型的预测（输入x，输出y）。

对于误差平方和损失函数的求解方法有很多种，典型的如最小二乘法、梯度下降等。因此，通过以上异同点，总结如下。

最小二乘法的特点：

- 得到的是全局最优解，因为一步到位，直接求极值，所以步骤简单。
- 线性回归的模型假设，这使最小二乘法的优越性前提，否则不能推出最小二乘是最佳（方差最小）的无偏估计。

梯度下降法的特点：

- 得到的是局部最优解，因为是一步一步迭代的，而非直接求得极值。
- 既可以用于线性模型，又可以用于非线性模型，没有特殊的限制和假设条件。

在回归分析过程中，还需要进行线性回归诊断，回归诊断是对回归分析中的假设以及数据的检验与分析，主要的衡量值是判定系数和估计标准误差。

1. 判定系数

回归直线与各观测点的接近程度成为回归直线对数据的拟合优度，而评判直线拟合优度需要一些指标，其中一个就是判定系数。

我们知道，因变量y值有来自两个方面的影响：

- 来自x值的影响，也就是我们预测的主要依据。
- 来自无法预测的干扰项ε的影响。

如果一个回归直线预测得非常准确，它就需要让来自x的影响尽可能大，而让来自无法预测干扰项的影响尽可能小，也就是说x影响占比越高，预测效果就越好。如何定义这些影响，并形成指标，这就涉及总平方和（SSD）、回归平方和（SSR）与残差平方和（SSE）的概念。

$$\text{SST} = \sum\left(y_i - \overline{y}\right)^2$$

$$\text{SSR} = \sum\left(y_i - \overline{y}\right)^2$$

$$\text{SSE} = \sum\left(y_i - \hat{y}\right)^2$$

- SST（总平方和）：误差的总平方和。
- SSR（回归平方和）：由x与y之间的线性关系引起的y变化，反映了回归值的分散程度。

- SSE（残差平方和）：除x影响外的其他因素引起的y变化，反映了观测值偏离回归直线的程度。

SST、SSR、SSE三者之间的关系如图6-1所示。

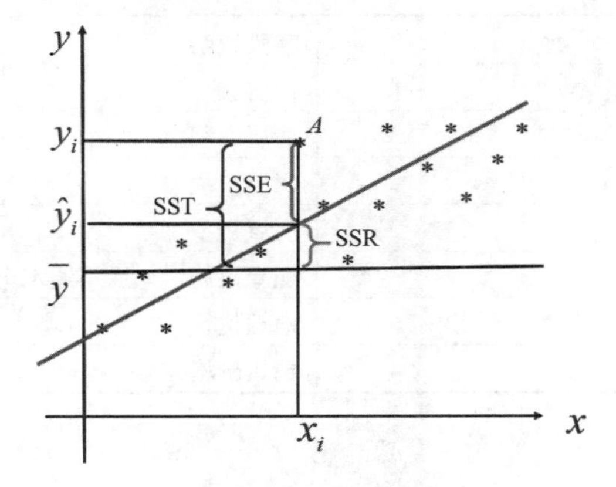

图 6-1　SST、SSR、SSE 三者的关系

它们之间的关系是：SSR越高，则代表回归预测越准确，观测点越靠近直线，即越大，直线拟合越好。因此，判定系数的定义就自然地引出来了，我们一般称为R^2。

$$R^2=\frac{\text{SSR}}{\text{SST}}=1-\frac{\text{SSE}}{\text{SST}}$$

2. 估计标准误差

判定系数R^2的意义是由x引起的影响占总影响的比例来判断拟合程度。当然，我们也可以从误差的角度来评估，也就是用残差SSE进行判断。估计标准误差S_ε是均方残差的平方根，可以度量实际观测点在直线周围散布的情况。

$$S_\varepsilon=\sqrt{\frac{\text{SSE}}{n-2}}=\sqrt{\text{MSE}}$$

估计标准误差与判定系数相反，S_ε反映了预测值与真实值之间误差的大小。误差越小，就说明拟合度越高；相反，误差越大，就说明拟合度越低。

6.1.3　动手练习：住房价格回归预测

1. 案例说明

本例利用深度学习的方法对某地的房价进行预测，销售者根据预测的结果选择适合自己的房屋。

这里我们仅研究部分住房价格影响因素，如房屋的面积、户型、类型、配套设施、地理位置等，具体如表6-1所示。

表 6-1 住房价格影响因素

字段名称	字段说明
Id	住房编号
Area	房屋面积
Shape	房屋户型
Style	房屋类型
Utilities	配套设施，如通不通水电气
Neighborhood	地理位置
Price	销售价格

2. 操作步骤

01 导入相关第三方库，代码如下：

```
#导入相关库
import torch
import numpy as np
import pandas as pd
from torch.utils.data import DataLoader,TensorDataset
import time
strat = time.perf_counter()
```

02 读取训练数据和测试数据，代码如下：

```
# 读取'./回归分析/train.csv'文件的数据，并赋值给变量 o_train
o_train = pd.read_csv('./回归分析/train.csv')
# 读取'./回归分析/test.csv'文件的数据，并赋值给变量 o_test
o_test = pd.read_csv('./回归分析/test.csv')
```

这段代码用于读取名为train.csv和test.csv的文件中的数据，并将其分别赋值给变量o_train和o_test，这样可以在后续的数据分析和回归分析中使用这些数据。

03 合并数据集，代码如下：

```
# 合并 o_train 和 o_test 数据的'Area'到'Neighborhood'列
all_features = pd.concat((o_train.loc[:, 'Area':'Neighborhood'], o_test.loc[:,
'Area':'Neighborhood']))
# 合并 o_train 和 o_test 数据的'Price'列
all_labels = pd.concat((o_train.loc[:, 'Price'], o_test.loc[:, 'Price']))
```

在上述代码中，使用pd.concat()函数将两个数据o_train和o_test的特定列进行合并，loc[:]选择了数据的所有行，而'Area':'Neighborhood'或'Price'指定了要合并的列范围。

04 数据预处理，代码如下：

```
    # 提取所有特征中数值类型的特征索引
    numeric_feats = all_features.dtypes[all_features.dtypes!= "object"].index
    # 提取所有特征中对象类型的特征索引
    object_feats = all_features.dtypes[all_features.dtypes == "object"].index

    # 对数值类型的特征进行标准化处理
    all_features[numeric_feats] = all_features[numeric_feats].apply(lambda x: (x -
x.mean()) / (x.std()))

    # 对对象类型的特征进行独热编码
    all_features = pd.get_dummies(all_features, prefix=object_feats, dummy_na=True)

    # 用所有特征的均值填充缺失值
    all_features = all_features.fillna(all_features.mean())

    # 对标签进行 z-score 标准化处理
    # 计算所有标签的均值
    mean = all_labels.mean()
    # 计算所有标签的标准差
    std = all_labels.std()
    # 进行 z-score 标准化，公式为 (x - mean) / std
    all_labels = (all_labels - mean)/std

    # 计算训练数据的样本数量
    num_train = o_train.shape[0]
    # 提取训练特征，将前 num_train 个特征转换为 float32 类型的 NumPy 数组
    train_features = all_features[:num_train].values.astype(np.float32)#(1314,
331)
    # 提取测试特征，将 num_train 之后的特征转换为 float32 类型的 NumPy 数组
    test_features = all_features[num_train:].values.astype(np.float32)#(146, 331)
    # 提取训练标签，将前 num_train 个标签转换为 float32 类型的 NumPy 数组
    train_labels = all_labels[:num_train].values.astype(np.float32)
    # 提取测试标签，将 num_train 之后的标签转换为 float32 类型的 NumPy 数组
    test_labels = all_labels[num_train:].values.astype(np.float32)
```

这段代码主要进行了数据预处理的操作。这样的处理可以帮助模型更好地理解和处理数据，提高模型的准确性和泛化能力。

05 数据类型转换，数组转换成张量，代码如下：

```
    # 将NumPy数组转换为 Torch 张量
    train_features = torch.from_numpy(train_features)
    # 在第 1 个维度上对张量进行 unsqueeze 操作，增加一维
```

06

```
    train_labels = torch.from_numpy(train_labels).unsqueeze(1)
    # 将NumPy数组转换为 Torch 张量
    test_features = torch.from_numpy(test_features)
    # 在第 1 个维度上对张量进行 unsqueeze 操作，增加一维
    test_labels = torch.from_numpy(test_labels).unsqueeze(1)
    # 创建一个包含训练特征和标签的张量数据集
    train_set = TensorDataset(train_features, train_labels)
    # 创建一个包含测试特征和标签的张量数据集
    test_set = TensorDataset(test_features, test_labels)
```

将NumPy数组转换为Torch张量，然后在第一个维度上对张量进行unsqueeze操作，增加一维，接着创建包含训练特征和标签的张量数据集train_set以及包含测试特征和标签的张量数据集test_set。

06 设置数据迭代器，代码如下：

```
    #创建一个数据加载器train_data，用于加载训练数据。数据集使用train_set，批大小设置为 64，并且数据会被打乱（shuffle=True）
    train_data = DataLoader(dataset=train_set, batch_size=64, shuffle=True)
    #创建另一个数据加载器test_data，用于加载测试数据。数据集使用test_set，批大小同样为 64，但数据不会被打乱（shuffle=False）
    test_data = DataLoader(dataset=test_set, batch_size=64, shuffle=False)
```

在上述代码中，DataLoader是PyTorch中的一个数据加载器，用于将数据集划分为小批次，并在训练时按顺序循环加载这些批次。

这样，在训练过程中，每次迭代时，train_data会返回一个包含 64 个样本的批次。而在测试时，test_data会按顺序加载数据，不会打乱样本的顺序。这些数据加载器使得在模型训练和测试时能够方便地获取数据批次。

07 设置网络结构，代码如下：

```
    class Net(torch.nn.Module):  # 定义一个名为 Net 的 torch.nn.Module 子类
       def __init__(self, n_feature, n_output):        # 构造函数
          super(Net, self).__init__()                  # 调用父类的构造函数
          # 定义第一层全连接层，输入特征数为 n_feature，输出维度为 600
          self.layer1 = torch.nn.Linear(n_feature, 600)
          # 定义第二层全连接层，输入维度为 600，输出维度为 1200
          self.layer2 = torch.nn.Linear(600, 1200)
          # 定义第三层全连接层，输入维度为 1200，输出目标数为 n_output
          self.layer3 = torch.nn.Linear(1200, n_output)

       def forward(self, x):                           # 前向传播方法
          x = self.layer1(x)                           # 输入 x 经过第一层全连接层
          x = torch.relu(x)                            # 经过 ReLU 激活函数
          x = self.layer2(x)                           # 经过第二层全连接层
          x = torch.relu(x)                            # 经过 ReLU 激活函数
```

```
        x = self.layer3(x)                                  # 经过第三层全连接层
        return x                                            # 返回输出 x

# 创建 Net 类的实例，输入特征数为 44，输出目标数为 1
net = Net(44, 1)

# 优化器，使用 Adam 算法，学习率为 1e-4
optimizer = torch.optim.Adam(net.parameters(), lr=1e-4)
criterion = torch.nn.MSELoss()                              # 损失函数，均方误差

losses = []                                                 # 用于存储训练损失的列表
eval_losses = []                                            # 用于存储评估损失的列表

for i in range(100):                                        # 进行 100 次训练迭代
    train_loss = 0                                          # 训练损失的累计值
    # train_acc = 0                                         # 训练准确率的累计值
    net.train()                                             # 将模型设置为训练模式
    for tdata, tlabel in train_data:                        # 遍历训练数据
        y_ = net(tdata)                                     # 前向传播得到预测值
        loss = criterion(y_, tlabel)                        # 计算损失
        optimizer.zero_grad()                               # 梯度清零
        loss.backward()                                     # 反向传播计算梯度
        optimizer.step()                                    # 根据梯度更新参数
        train_loss = train_loss + loss.item()               # 累计训练损失

    # 将当前训练损失添加到 losses 列表中
    losses.append(train_loss / len(train_data))

    eval_loss = 0                                           # 评估损失的累计值
    net.eval()                                              # 将模型设置为评估模式
    for edata, elabel in test_data:                         # 遍历测试数据
        y_ = net(edata)                                     # 前向传播得到预测值
        loss = criterion(y_, elabel)                        # 计算损失
        eval_loss = eval_loss + loss.item()                 # 累计评估损失
    eval_losses.append(eval_loss / len(test_data))  # 将当前评估损失添加到
eval_losses列表中

    # 打印训练次数、训练集损失和测试集损失
    print('训练次数: {}，训练集损失: {}，测试集损失: {}'.format(i, train_loss /
len(train_data), eval_loss / len(test_data)))
```

这段代码定义了一个神经网络模型Net，并使用训练数据和测试数据进行训练和评估。它还计算并打印了每次训练迭代的训练集损失和测试集损失。

首先，在__init__方法中定义了模型的各层结构。

其次，在forward方法中定义了前向传播的计算过程。

然后，在训练循环中，通过遍历训练数据进行前向传播、计算损失、反向传播和参数更新，并累计训练损失。然后在评估循环中，使用测试数据计算评估损失并累计。

最后，打印出每次迭代的训练集损失和测试集损失。

08 模型评估与预测，代码如下：

```
y_ = net(test_features)                    # 对测试特征进行网络前向传播
y_pre = y_ * std + mean                    # 对预测值进行标准化处理
print('测试集预测值：', y_pre.squeeze().detach().cpu().numpy())  # 打印测试集预测值
# 计算并打印模型的平均误差
print('模型平均误差：', abs(y_pre - (test_labels*std + mean)).mean().cpu().item())
end = time.perf_counter()                  # 获取当前时间
print('模型运行时间：', end - strat)  # 打印模型运行时间
```

这段代码主要是对模型的预测结果进行处理和评估，并输出相关信息。

3. 案例小结

本实验通过回归分析对某城市的房价进行了预测。

运行建模步骤中的代码，模型的输出如下。

```
测试集预测值：[12131.775 17357.338 20287.695 18685.883 18266.16 12643.363 13423.217
          10104.598 27613.428]。
模型平均误差：4383.65234375。
模型运行时间：19.38353670000015。
```

从结果可以看出，模型平均误差约为4384元，由于数据集较小，虽然使用了CPU进行建模，但是模型的运行时间也较快，约为19.38秒。

6.2 聚类分析及案例

聚类分析是一种探索性的分析，在分类的过程中，人们不必事先给出一个分类的标准，聚类分析能够从样本数据出发，自动进行分类。

6.2.1 聚类分析简介

聚类分析是根据事物本身的特性研究个体的一种方法，目的在于将相似的事物归类。它的原则是同一类中的个体有较大的相似性，不同类别之间的个体差异性很大。聚类算法的特征如下：

- 适用于没有先验知识的分类。如果没有这些事先的经验或一些国际标准、国内标准、行业标准，分类便会显得随意和主观。这时只要设定比较完善的分类变量，就可以通过聚类分析法得到较为科学合理的类别。
- 可以处理多个变量决定的分类。例如，根据消费者购买量的大小进行分类比较容易，但如果在进行数据挖掘时，要求根据消费者的购买量、家庭收入、家庭支出、年龄等多个指标进行分类，通常比较复杂，而聚类分析法可以解决这类问题。

- 是一种探索性分析方法，能够分析事物的内在特点和规律，并根据相似性原则对事物进行分组，是数据挖掘中常用的一种技术。

聚类分析被应用于很多方面，在商业上，聚类分析被用来发现不同的客户群，并且通过购买模式刻画不同的客户群特征；在西北，聚类分析被用来对动植物进行分类和对基因进行分类，以获取对种群固有结构的认识；在保险行业，聚类分析通过一个高的平均消费来鉴定汽车保险单持有者的分组，同时根据住宅类型、价值、地理位置来鉴定一个城市的房产分组；在互联网应用上，聚类分析被用来在网上进行文档归类来修复信息。

6.2.2　聚类分析建模

一般情况下，聚类分析的建模步骤如下。

1）数据预处理

数据预处理包括选择数量、类型和特征的标度，它依靠特征选择和特征抽取：特征选择是选择重要的特征；特征抽取是把输入的特征转换为一个新的显著特征，它们经常被用来获取一个合适的特征集来为避免“维数灾”进行聚类。数据预处理还包括将孤立点移出数据，孤立点是不依附于一般数据行为或模型的数据，因此孤立点经常会导致有偏差的聚类结果，为了得到正确的聚类，我们必须将它们剔除。

2）为衡量数据点间的相似度定义一个距离函数

既然相似性是定义一个类的基础，那么不同数据之间在同一个特征空间相似度的衡量对于聚类步骤是很重要的，由于特征类型和特征标度的多样性，距离度量必须谨慎，它经常依赖于应用。例如，通常通过定义在特征空间的距离度量来评估不同对象的相异性，很多距离度量都应用在一些不同的领域，一个简单的距离度量，如欧氏距离，经常被用作反映不同数据间的相异性。

常用来衡量数据点间的相似度的距离有海明距离、欧氏距离、马氏距离等，公式如下。

海明距离：

$$d\left(x_i,x_j\right)=\sum_{k=1}^{m}\left|x_{ik}-x_{jk}\right|$$

欧氏距离：

$$d\left(x_i,x_j\right)=\sqrt{\sum_{k=1}^{m}\left(x_{ik}-x_{jk}\right)^2}$$

马氏距离：

$$d\left(x_i,x_j\right)=\sqrt{\left(x_i-x_j\right)^{\mathrm{T}}\Sigma^{-1}\left(x_i-x_j\right)}$$

3）聚类或分组

将数据对象分到不同的类中是一个很重要的步骤，数据基于不同的方法被分到不同的类中。划分方法和层次方法是聚类分析的两个主要方法。划分方法一般从初始划分和最优化一个聚类标准开始，主要方法包括：

- Crisp Clustering，它的每个数据都属于单独的类。
- Fuzzy Clustering，它的每个数据都可能在任何一个类中。

Crisp Clustering和Fuzzy Clustering是划分方法的两个主要技术，划分方法聚类是基于某个标准产生一个嵌套的划分系列，它可以度量不同类之间的相似性或一个类的可分离性，用来合并和分裂类。其他的聚类方法还包括基于密度的聚类、基于模型的聚类、基于网格的聚类。

4）评估输出

评估聚类结果的质量是另一个重要的阶段，聚类是一个无管理的程序，也没有客观的标准来评价聚类结果，它是通过一个类的有效索引来评价的。一般来说，几何性质，包括类之间的分离和类自身内部的耦合一般都用来评价聚类结果的质量。

K-Means聚类算法是比较常用的聚类算法，容易理解和实现相应功能的代码。K-Means聚类如图6-2所示。

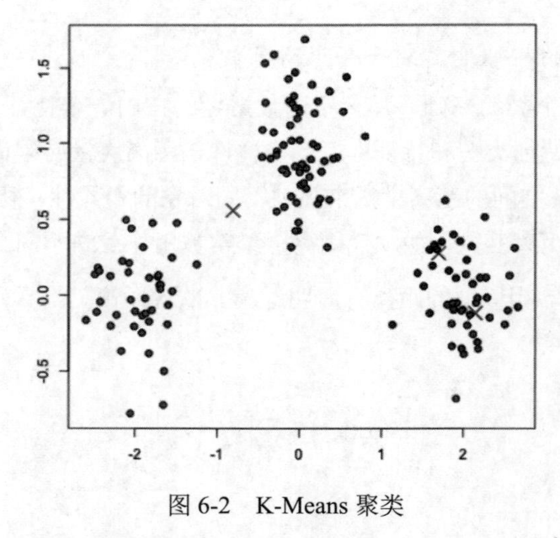

图 6-2　K-Means 聚类

首先，我们要确定聚类的数量，并随机初始化它们各自的中心点，如图6-2中的“×”，然后通过算法实现最优。K-Means算法的逻辑如下：

01 通过计算当前点与每个类别的中心之间的距离，对每个数据点进行分类，然后归到与之距离最近的类别中。

02 基于迭代后的结果，计算每一类内全部点的坐标平均值（即质心），作为新类别的中心。

03 迭代重复以上步骤，直到类别的中心点坐标在迭代前后变化不大。

K-Means的优点是模型执行速度较快，因为我们真正要做的是计算点和类别的中心之间的距离，因此，它的线性复杂性是$O(n)$。另一方面，K-Means有两个缺点：一个是先确定聚类的簇数量；另一个是随机选择初始聚类中心点坐标。

6.2.3　动手练习：植物花卉特征聚类

1. 案例说明

本例根据花瓣长度、花瓣宽度、花萼长度、花萼宽度4个特征进行聚类分析。数据集内包含3类共150条记录，每类各50个数据。

本例中使用了kmeans_pytorch包中的K-Means算法实现聚类分析，因此首先需要安装该第三方包。

2. 操作步骤

01 导入相关第三方库，代码如下：

```
#导入相关库
import torch
import numpy as np
import pandas as pd
import matplotlib.pyplot as plt
from kmeans_pytorch import kmeans
from torch.autograd import Variable
import torch.nn.functional as F
```

02 设置运行环境，代码如下：

```
if torch.cuda.is_available():                    # 判断是否有可用的 CUDA 设备
    device = torch.device('cuda:0')              # 如果有，使用 CUDA 设备 0
else:
    device = torch.device('cpu')                 # 否则，使用 CPU
```

这段代码的作用是根据是否有可用的CUDA设备来选择使用CUDA还是CPU。如果有可用的CUDA设备，就将设备设置为cuda:0，否则设置为cpu。这样可以在需要使用GPU进行计算的情况下自动选择GPU，否则使用CPU。

03 读取数据源，代码如下：

```
# 读取文件并存储为DataFrame
plant = pd.read_csv("./聚类分析/plant.csv")
# 选择需要的列
```

06

```
plant_d = plant[['Sepal_Length', 'Sepal_Width', 'Petal_Length', 'Petal_Width']]
# 将 Species 列重命名为 target
plant['target'] = plant['Species']
# 将数据转换为NumPy数组，然后通过torch.from_numpy将其转换为Torch张量，并将结果存储在x中
x = torch.from_numpy(np.array(plant_d))
# 将目标值转换为 Torch 张量，并将结果存储在y中
y = torch.from_numpy(np.array(plant.target))
```

这段代码的目的是对数据进行预处理，选择特定的列，并将数据转换为适合Torch使用的格式。具体的应用场景和后续处理步骤将取决于代码的整体上下文。

04 设置聚类模型，代码如下：

```
# 设置聚类数
num_clusters = 3

# 设置聚类模型
cluster_ids_x, cluster_centers = kmeans(
    # 输入数据
    X=x,
    # 聚类数
    num_clusters=num_clusters,
    # 距离度量方式，这里使用欧几里得距离
    distance='euclidean',
    # 设备，例如 'cuda' 或 'cpu'
    device=device
)

# 输出聚类 ID 和聚类中心点
print(cluster_ids_x)
print(cluster_centers)
```

这段代码用于执行聚类分析，并输出聚类的ID和中心点。具体的聚类结果将根据输入数据和聚类参数的不同而有所变化。

05 绘制聚类后的散点图，代码如下：

```
#创建一个图形，设置图形大小为4×3英寸，分辨率为160dpi
plt.figure(figsize=(4, 3), dpi=160)

# 在图形上绘制散点图，x轴和y轴的数据分别为x矩阵的第0列和第1列，颜色根据cluster_ids_x进行映射，使用'cool'颜色映射，标记为"D"
plt.scatter(x[:, 0], x[:, 1], c=cluster_ids_x, cmap='cool', marker="D")

# 在图形上绘制聚类中心点的散点图，x 轴和 y 轴的数据分别为 cluster_centers 矩阵的第 0 列和第 1 列，颜色为白色，透明度为 0.6，边缘颜色为黑色，线宽为 2
plt.scatter(
    cluster_centers[:, 0], cluster_centers[:, 1],
    c='white',
```

```
    alpha=0.6,
    edgecolors='black',
    linewidths=2
)

# 自动调整图形布局，使图形元素适当地排列
plt.tight_layout()

# 显示图形
plt.show()
```

这段代码通常用于数据可视化和聚类分析等任务。通过这段代码，你可以绘制出带有颜色映射和聚类中心点的散点图。具体的图形外观将取决于你的数据和设置的参数。

3. 案例小结

本实验通过花瓣长度、花瓣宽度、花萼长度、花萼宽度4个特征对植物花卉进行了分类。

运行建模步骤中的代码，模型的聚类结果如下：

```
tensor([2,2,2,2,2,2,2,2,2,2,2,2,2,2,2,2,2,2,2,2,2,2,2,2,
2,2,2,2,2,2,2,2,2,2,2,2,2,2,2,2,2,2,2,2,2,2,2,2,
2,2,1,1,0,1,1,1,1,1,1,1,1,1,1,1,1,1,1,1,1,1,1,1,
1,1,1,1,1,0,1,1,1,1,1,1,1,1,1,1,1,1,1,1,1,1,1,1,
1,1,1,1,0,1,0,0,0,0,1,0,0,0,0,0,0,1,1,0,0,0,0,1,
0,1,0,1,0,0,1,1,0,0,0,0,0,1,0,0,0,0,1,0,0,0,1,0,
0,0,1,0,0,1])
```

聚类分析的聚类中心点如下：

```
tensor([[6.8500, 3.0737, 5.7421, 2.0711],
        [5.9016, 2.7484, 4.3935, 1.4339],
        [5.0060, 3.4280, 1.4620, 0.2460]])
```

带聚类中心点的聚类散点图如图6-3所示。

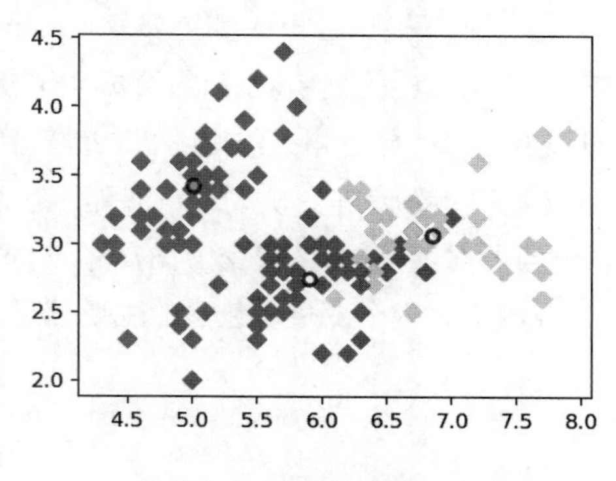

图 6-3　聚类效果图

6.3 主成分分析及案例

主成分分析（Principal Component Analysis，PCA）是一个线性变换，它把数据变换到一个新的坐标系统中，使得任何数据投影的第一大方差在第一主成分上，第二大方差在第二主成分上，以此类推。我们在前文简单介绍过主成分分析，本节重点介绍如何在PyTorch中实现主成分分析及其建模案例。

6.3.1 主成分分析简介

在统计分析中，为了全面、系统地分析问题，我们必须考虑众多影响因素。这些涉及的因素一般称为指标，在多元统计分析中也称为变量。因为每个变量都在不同程度上反映了所研究问题的某些信息，并且指标之间彼此有一定的相关性，因而所得的统计数据反映的信息在一定程度上有重叠。在用统计方法研究多变量问题时，变量太多会增加计算量和分析问题的复杂性，人们希望在进行定量分析的过程中，涉及的变量较少，得到的信息量较多。主成分分析正是适应这一要求产生的，是解决这类问题的理想工具。

主成分分析常用于降低数据集的维度，其目标是保留对数据方差贡献最大的特征。这是通过保留低阶的主成分，忽略高阶的主成分做到的。这样低阶成分往往能够保留数据最重要的方面。

例如，在对科普书籍开发和利用这一问题的评估中，涉及科普创作人数、科普作品发行量、科普产业化（科普示范基地数）等多项指标。经过对数据进行主成分分析，最后确定几个主成分作为综合评价科普书籍利用和开发的综合指标，变量数减少，并达到一定的可信度，就容易进行科普效果的评估。

6.3.2 主成分分析建模

主成分分析是将多个变量通过线性变换以选出较少重要变量的一种多元统计分析方法。主成分分析的思想是将原来众多具有一定相关性的变量，重新组合成一组新的互相无关的综合指标来代替原来的指标。它借助一个正交变换，将其分量相关的原随机向量转换成其分量不相关的新随机向量，这在代数上表现为将原随机向量的协方差阵变换成对角形阵，在几何上表现为将原坐标系变换成新的正交坐标系，使之指向样本点散布最开的p个正交方向，然后对多维变量系统进行降维处理。方差较大的几个新变量就能综合反映原来多个变量所包含的主要信息，并且也包含自身特殊的含义。主成分分析的数学模型为：

$$
\begin{aligned}
z_1 &= u_{11}X_1 + u_{12}X_2 + \cdots + u_{1p}X_p \\
z_2 &= u_{21}X_1 + u_{22}X_2 + \cdots + u_{2p}X_p \\
&\cdots \\
z_p &= u_{p1}X_1 + u_{p2}X_2 + \cdots + u_{pp}X_p
\end{aligned}
$$

其中，$z_1, z_2, \cdots, z_p$ 为p个主成分。

主成分分析的建模步骤如下：

（1）对原有变量进行坐标变换，可得：

$$
\begin{aligned}
z_1 &= u_{11}x_1 + u_{21}x_2 + \cdots + u_{p1}x_p \\
z_2 &= u_{12}x_1 + u_{22}x_2 + \cdots + u_{p2}x_p \\
&\cdots \\
z_p &= u_{1p}x_1 + u_{2p}x_2 + \cdots + u_{pp}x_p
\end{aligned}
$$

其中，参数需要满足如下条件：

$$
\begin{aligned}
&u_{1k}^2 + u_{2k}^2 + \cdots + u_{pk}^2 = 1 \\
&\operatorname{var}(z_i) = U_i^2 D(x) = U_i' D(x) U_i \\
&\operatorname{cov}(z_i, z_j) = U_i' D(x) U_j
\end{aligned}
$$

（2）提取主成分。

z_1 称为第一主成分，满足条件如下：

$$
\begin{aligned}
&u_1' u_1 = 1 \\
&\operatorname{var}(z_1) = \max \operatorname{var}(u'x)
\end{aligned}
$$

z_2 称为第二主成分，满足条件如下：

$$
\begin{aligned}
&\operatorname{cov}(z_1, z_2) = 0 \\
&u_2' u_2 = 1 \\
&\operatorname{var}(z_2) = \max \operatorname{var}(U'X)
\end{aligned}
$$

其余主成分以此类推。

6.3.3 动手练习：地区竞争力指标降维

1. 案例说明

衡量我国各省市综合发展情况的一些数据，数据来源于《中国统计年鉴》。数据表中选取了6个指标，分别是人均GDP、固定资产投资、社会消费品零售总额、农村人均纯收入等，下面将利用因子分析来提取公共因子，分析衡量发展因素的指标。本例的原始数据如表6-2所示。

表 6-2　地区竞争力数据

id	x1	x2	x3	x4	y
1	10265	30.81	6235	3223	2
2	8164	49.13	4929	2406	2
3	3376	77.76	3921	1668	0
4	2819	33.97	3305	1206	0
5	3013	54.51	2863	1208	1
6	6103	124.02	3706	1756	1
7	3703	28.65	3174	1609	1
8	4427	48.51	3375	1766	1
…	…	…	…	…	…

2. 操作步骤

01 导入相关库，代码如下：

```
#导入相关库
import torch
import numpy as np
import pandas as pd
import matplotlib.pyplot as plt
from sklearn.decomposition import PCA
from torch.autograd import Variable
import torch.nn.functional as F
```

02 读取数据，代码如下：

```
# 读取文件并将数据存储在 DataFrame 中
region = pd.read_csv("./主成分分析/region.csv")

# 从 region 数据框中选择'x1'、'x2'、'x3'和'x4'列
region_d = region[['x1', 'x2', 'x3', 'x4']]

# 将 region 数据框中的'y'列数据赋值给'target'列
region['target'] = region['y']
```

这段代码用于数据处理和分析，根据具体的需求选择特定的列，并进行数据的重新组织或修改。请根据实际情况和数据的特点来理解和使用这些代码片段。

03 变量特征降维，代码如下：

```
# 创建一个主成分分析（PCA）对象，指定保留的主成分数量为 2
transfer_1 = PCA(n_components=2)

# 使用拟合和转换方法对 region_d 进行主成分分析
```

```
region_d = transfer_1.fit_transform(region_d)

# 将 region_d 转换为 Torch 中的 NumPy 数组
x = torch.from_numpy(region_d)

# 将 region 中的 'target' 列转换为 Torch 中的 NumPy 数组
y = torch.from_numpy(np.array(region['target']))

# 将 x 和 y 转换为 Variable 对象
x, y = Variable(x), Variable(y)
```

这段代码用于将数据转换为适合特定深度学习框架（如Torch）使用的格式，并为进一步的处理和分析做好准备。具体的应用场景和后续操作将取决于整体的项目需求和数据处理流程。

04 设置网络结构，代码如下：

```
# 使用 torch.nn.Sequential 构建神经网络
net = torch.nn.Sequential(
    # 第一个线性层，输入维度为 2，输出维度为10
    torch.nn.Linear(2, 10),
    # ReLU 激活函数
    torch.nn.ReLU(),
    # 第二个线性层，输入维度为 10，输出维度为3
    torch.nn.Linear(10, 3),
)
# 打印神经网络结构
print(net)
```

这段代码定义了一个简单的神经网络结构，并打印出该神经网络。

在代码中，使用torch.nn.Sequential来按顺序堆叠神经网络的各个层。每个层都是通过torch.nn.Linear来定义线性变换的，其中第一个线性层将输入的维度从2变换到10，第二个线性层将输入的维度从10变换到3。

在每个线性层之后，使用了torch.nn.ReLU激活函数来引入非线性层。

最后，通过print(net)打印出神经网络的结构，以便查看网络的层和连接方式。

这样的神经网络结构可以用于多种任务，例如分类、回归等。具体的应用和训练过程取决于数据和任务的要求。在实际应用中，还需要进行数据加载、损失函数定义、优化器选择和训练循环等步骤来训练和使用这个神经网络。

05 设置优化器，随机梯度下降，代码如下：

```
# 定义优化器，优化器使用随机梯度下降 (SGD)，学习率为 0.00001
optimizer = torch.optim.SGD(net.parameters(), lr=0.00001)  # 定义损失函数
loss_func = torch.nn.CrossEntropyLoss()  # 损失函数使用交叉熵损失
```

这段代码主要定义了神经网络的优化器和损失函数。

在训练神经网络时，优化器用于根据损失函数的反馈来更新网络的参数，以最小化损失。损失函数则用于衡量模型预测结果与真实标签之间的差异。

具体的应用场景和使用方式会根据神经网络的结构和任务的需求而有所不同。在训练过程中，通常会使用优化器和损失函数来进行反向传播和参数更新，以不断改进模型的性能。

06 训练模型，并进行可视化，代码如下：

```
for t in range(100):  # 遍历 100 次
    # 前向传播，计算网络输出
    out = net(x.float())
    # 计算损失
    loss = loss_func(out, y.long())

    # 清空梯度
    optimizer.zero_grad()
    # 反向传播计算梯度
    loss.backward()
    # 根据梯度更新参数
    optimizer.step()

    if t % 25 == 0:  # 每 25 次迭代
        # 清空图形
        plt.cla()
        # 获取预测结果
        prediction = torch.max(out, 1)[1]
        # 将预测结果转换为 NumPy 数组
        pred_y = prediction.data.numpy()
        # 将真实标签转换为 NumPy 数组
        target_y = y.data.numpy()
        # 在图上绘制预测结果，颜色代表类别
        plt.scatter(x.data.numpy()[:, 0], x.data.numpy()[:, 1], c=pred_y, s=100,
lw=5, cmap='coolwarm')
        # 计算准确率
        accuracy = float((pred_y == target_y).astype(int).sum()) /
float(target_y.size)
        # 打印准确率
        print('Accuracy=%.2f' % accuracy)
        # 暂停 0.1 秒显示图形
        plt.pause(0.1)

    # 显示图形
    plt.show()
```

这段代码是一个神经网络的训练循环，包含前向传播、计算损失、反向传播、参数更新以及每隔一定步数进行的可视化和准确率计算。

代码使用循环进行多次迭代。在每次迭代中，通过网络进行前向传播计算输出，并使用损失函数计算损失。然后，清空梯度并进行反向传播以计算梯度，最后根据梯度更新参数。

每隔25次迭代，会进行以下操作：

- 清空图形。
- 获取预测结果，并将其转换为NumPy数组。
- 获取真实标签，并将其转换为NumPy数组。
- 在图上绘制预测结果，根据预测结果的类别用不同颜色表示。
- 计算准确率并打印。
- 暂停 0.1 秒以显示图形。
- 显示图形。

这样的代码结构通常用于训练神经网络，并在训练过程中定期查看模型的预测结果和准确率。通过可视化，可以观察模型在数据上的表现，并根据准确率来评估模型的性能。具体的应用场景和调整方式会根据任务和数据的特点而有所不同。

07 保存网络及其参数，代码如下：

```
# 将网络模型保存到文件'./主成分分析/net.pkl'中，这将保存网络的结构和参数
torch.save(net,'./主成分分析/net.pkl')
# 将网络的状态字典保存到文件'./主成分分析/net_params.pkl'中，状态字典包含了网络的参数
torch.save(net.state_dict(),'./主成分分析/net_params.pkl')
```

这段代码使用torch.save函数将网络模型和网络的状态字典分别保存到指定的文件中。

这些保存操作通常用于模型的持久化，以便在后续的运行中可以加载和使用已经训练好的模型。保存模型和参数可以方便地在不同的程序或环境中复用模型。

请确保在运行代码时，指定的文件路径'./主成分分析/'存在并且可写，否则可能会导致保存失败。另外，加载保存的模型和参数时，需要使用相应的torch.load函数来读取文件并还原模型。

3. 案例小结

输出的网络结构如下：

```
Sequential(
  (0): Linear(in_features=2, out_features=10, bias=True) # 线性层，输入特征数为 2，输出特征数为 10，启用偏置
  (1): ReLU() # ReLU 激活函数
  (2):Linear(in_features=10, out_features=3, bias=True) # 线性层，输入特征数为 10，输出特征数为 3，启用偏置
)
```

这段代码定义了一个 Sequential 模型，它由三层组成：

- 第一层是线性层(Linear),它将输入的特征数量从2变换到10,并启用了偏置项(bias=True)。
- 第二层是ReLU激活函数，它用于引入非线性因素。
- 第三层也是线性层，它将特征数量从10变换到3，同样启用了偏置项。

Sequential模型是PyTorch中一种常见的模型结构，其中的各层按照顺序堆叠在一起。每层都由一个元组表示，元组中的第一个元素是层的类型，后面的元素可能是层的参数。

在这个例子中，通过Sequential定义了一个简单的前馈神经网络，它包含两个线性变换层和一个激活函数。这样的结构可以用于各种任务，例如分类、回归等。具体的应用和效果将取决于数据、训练方法以及其他因素。在实际应用中，可能还需要进一步调整网络结构、超参数和训练过程，以获得更好的性能。

当准确率为0.17时，如图6-4所示。

当准确率为0.48时，如图6-5所示。

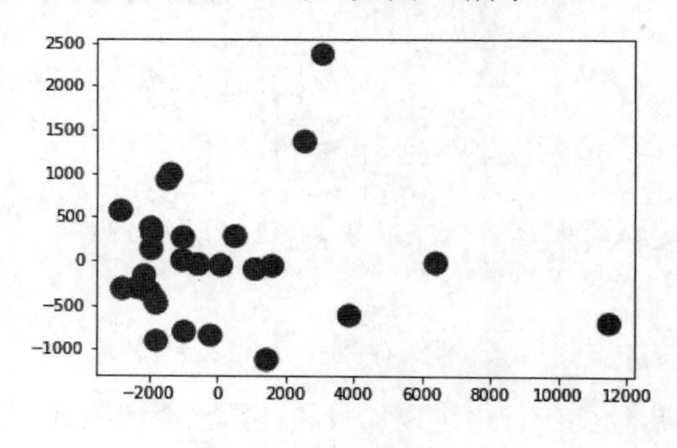

图 6-4　准确率为 0.17

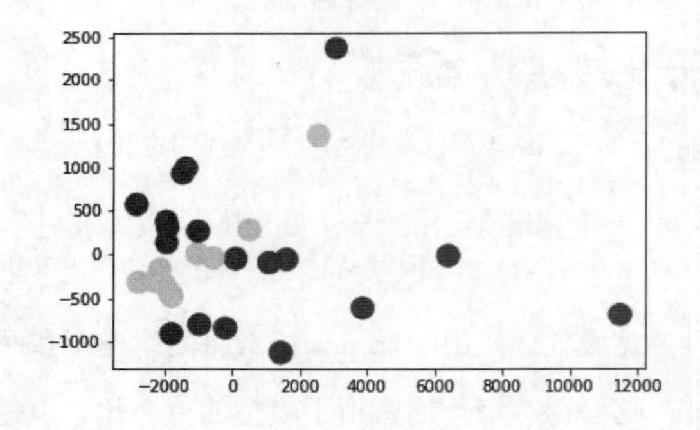

图 6-5　准确率为 0.48

当准确率为0.62时，如图6-6所示。

当准确率为0.69时，如图6-7所示。

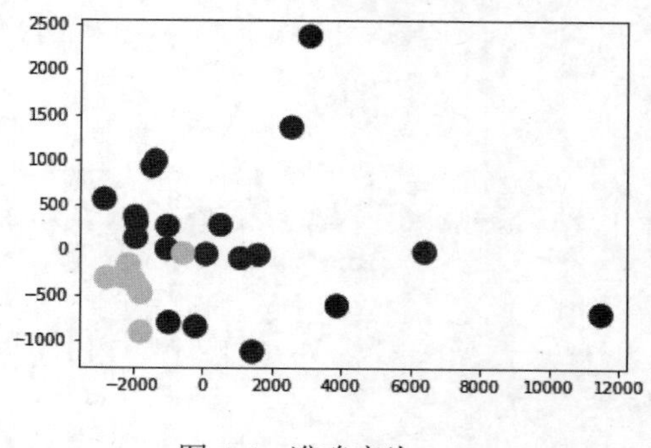

图 6-6　准确率为 0.62

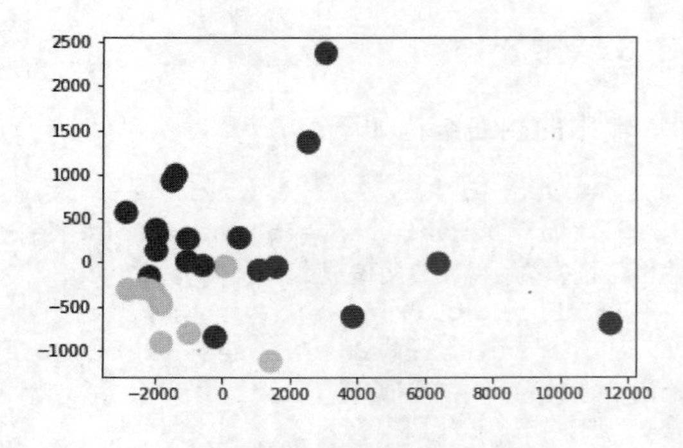

图 6-7　准确率为 0.69

6.4　模型评估与调优

当我们建立好相关模型以后，怎么评价建立的模型好坏，以及优化建立的模型呢？本节介绍机器学习的模型评估与超参数调优的方法及其案例。

6.4.1　模型评估方法

1. 混淆矩阵

在机器学习中，正样本就是使模型得出正确结论的例子，负样本是使得模型得出错误结论的例子。比如你要从一张猫和狗的图片中检测出狗，那么狗就是正样本，猫就是负样本；反过来，你如果想从中检测出猫，那么猫就是正样本，狗就是负样本。

混淆矩阵是机器学习中统计分类模型预测结果的表，它以矩阵形式将数据集中的记录按照真实的类别与分类模型预测的类别进行汇总，其中矩阵的行表示真实值，矩阵的列表示模型的预测值。

下面我们举一个例子，建立一个二分类的混淆矩阵，假如宠物店有10只动物，其中6只狗，4只猫，现在有一个分类器将这10只动物进行分类，分类结果为5只狗，5只猫，我们画出分类结果的混淆矩阵，如表6-3所示（把狗作为正类）。

表 6-3　混淆矩阵

混淆矩阵		预测值	
		正（狗）	负（猫）
真实值	正（狗）	5	1
	负（猫）	0	4

通过混淆矩阵可以计算出真实狗的数量（行相加）为6（5+1），真实猫的数量为4（0+4），预测值分类得到狗的数量（列相加）为5（5+0），分类得到猫的数量为5（1+4）。

下面介绍几个指标。

- TP（True Positive）：被判定为正样本，事实上也是正样本。真的正样本也叫真阳性。
- FN（False Negative）：被判定为负样本，但事实上是正样本。假的负样本也叫假阴性。
- FP（False Positive）：被判定为正样本，但事实上是负样本。假的正样本也叫假阳性。
- TN（True Negative）：被判定为负样本，事实上也是负样本。真的负样本也叫真阴性。

同时，我们不难发现，对于二分类问题，矩阵中的4个元素刚好表示TP、TN、FP、TN这4个指标，如表6-4所示。

表 6-4　混淆矩阵

混淆矩阵		预测值	
		正（狗）	负（猫）
真实值	正（狗）	TP	FN
	负（猫）	FP	TN

2. ROC曲线

ROC曲线的全称是“受试者工作特征”，通常用来衡量一个二分类学习器的好坏。如果一个学习器的ROC曲线能将另一个学习器的ROC曲线完全包括，则说明该学习器的性能优于另一个学习器。ROC曲线有个很好的特性：当测试集中的正负样本的分布变化的时候，ROC曲线能够保持不变。

ROC曲线的横轴表示FPR，即错误地预测为正例的概率，纵轴表示TPR，即正确地预测为正例的概率，二者的计算公式如下：

$$\text{FPR}=\frac{\text{FP}}{\text{FP}+\text{TN}} \qquad \text{TPR}=\frac{\text{TP}}{\text{TP}+\text{FN}}$$

3. AUC

AUC是一个数值，它是ROC曲线与坐标轴围成的面积。很明显，TPR越大、FPR越小，模型效果越好，ROC曲线就越靠近左上角，表明模型效果越好，此时AUC值越大，极端情况下为1。由于ROC曲线一般都处于$y=x$直线的上方，因此AUC的取值范围一般在0.5和1之间。

使用AUC值作为评价标准是因为很多时候ROC曲线并不能清晰地说明哪个分类器的效果更好，而作为一个数值，对应AUC更大的分类器效果更好。与F1-score不同的是，AUC值并不需要先设定一个阈值。

当然，AUC值越大，当前的分类算法越有可能将正样本排在负样本前面，即能够更好地分类，可以从AUC判断分类器（预测模型）优劣的标准。

- AUC = 1，是完美分类器，采用这个预测模型时，存在至少一个阈值能得出完美预测。绝大多数预测的场合不存在完美分类器。
- 0.5 < AUC < 1，优于随机猜测。这个分类器（模型）妥善设定阈值的话，有预测价值。
- AUC = 0.5，跟随机猜测一样，模型没有预测价值。
- AUC < 0.5，比随机猜测还差。

4. *R*平方

判定系数*R*平方，又叫决定系数，是指在线性回归中，回归可解释离差平方和与总离差平方和的比值，其数值等于相关系数R的平方。判定系数是一个解释性系数，在回归分析中，其主要作用是评估回归模型对因变量y产生变化的解释程度，即判定系数R平方是评估回归模型好坏的指标。

R平方的取值范围为0~1，通常以百分数表示。比如回归模型的R平方等于0.7，那么表示此回归模型对预测结果的可解释程度为70%。

一般认为，R平方大于0.75，表示模型拟合度很好，可解释程度较高；R平方小于0.5，表示模型拟合有问题，不宜进行回归分析。

在多元回归实际应用中，判定系数R平方的最大缺陷：增加自变量的个数时，判定系数就会增加，即随着自变量的增多，R平方会越来越大，会显得回归模型精度很高，有较好的拟合效果。而实际上可能并非如此，有些自变量与因变量完全不相关，增加这些自变量并不会提升拟合水平和预测精度。

为解决这个问题，即避免增加自变量而高估R平方，需要对R平方进行调整。采用的方法是用样本量n和自变量的个数k来调整R平方，调整后的R平方的计算公式如下：

$$1-\left(1-R^2\right)\frac{(n-1)}{(n-k-1)}$$

从公式可以看出，调整后的R平方同时考虑了样本量（n）和回归中自变量的个数（k）的影响，这使得调整后的R平方永远小于R平方，并且调整后的R平方的值不会由于回归中自变量个数的增加而越来越接近1。

因调整后的R平方较R平方测算得更准确，在回归分析尤其是多元回归中，通常使用调整后的R平方对回归模型进行精度测算，以评估回归模型的拟合度和效果。

一般认为，在回归分析中，0.5为调整后的R平方的临界值，如果调整后的R平方小于0.5，则要分析我们所采用和未采用的自变量。如果调整后的R平方与R平方存在明显差异，则意味着所用的自变量不能很好地测算因变量的变化，或者是遗漏了一些可用的自变量。调整后的R平方与原来R平方之间的差距越大，模型的拟合效果就越差。

5. 残差

残差在数理统计中是指实际观察值与估计值（拟合值）之间的差，它蕴含了有关模型基本假设的重要信息。如果回归模型正确的话，我们可以将残差看作误差的观测值。

通常，回归算法的残差评价指标有均方误差（Mean Squared Error，MSE）、均方根误差（Root Mean Square Error，RMSE）、平均绝对误差（Mean Absolute Error，MAE）3个。

1）均方误差

均方误差（MSE）表示预测值和观测值之间差异（残差平方）的平均值，公式如下：

$$\text{MSE} = \frac{1}{m}\sum_{i=1}^{m}\left(y_i - y_i\right)^2$$

即真实值减去预测值，然后再求平方和，最后求平均值。这个公式其实就是线性回归的损失函数，线性回归的目的就是让这个损失函数的数值最小。

2）均方根误差

均方根误差（RMSE）表示预测值和观测值之间差异（残差）的样本标准差，公式如下：

$$\text{RMSE} = \sqrt{\text{MSE}}$$

即均方误差的平方根，均方根误差是有单位的，与样本数据是一样的。

3）平均绝对误差

平均绝对误差（MAE）表示预测值和观测值之间绝对误差的平均值，公式如下：

$$\text{MAE} = \frac{1}{m}\sum_{i=1}^{m}\left|y_i - y_i\right|$$

MAE是一种线性分数，所有个体差异在平均值上的权重都相等，而RMSE相比MAE，会对高的差异惩罚更多。

6.4.2 模型调优方法

1. 交叉验证

交叉验证（Cross Validation，CV）也称为循环估计，是一种统计学上将数据样本切割成较小子集的实用方法，主要应用于数据建模。

交叉验证的基本思想：将原始数据进行分组，一部分作为训练集，另一部分作为验证集。首先用训练集对分类器进行训练，再利用验证集来测试训练得到的模型，以此作为评价分类器的性能指标，使用交叉验证的目的是得到可靠稳定的模型。

交叉验证的常见方法如下。

1）Holdout 验证

Holdout验证将原始数据随机分为两组，一组作为训练集，另一组作为验证集，利用训练集训练分类器，然后利用验证集验证模型，记录最后的分类准确率，以此作为分类器的性能指标。

2）K 折交叉验证

K折交叉验证将初始采样分割成K个子样本，一个单独的子样本被保留作为验证模型的数据，其他 $K-1$ 个样本用来训练。交叉验证重复K次，每个子样本验证一次，平均K次的结果或者使用其他结合方式，最终得到一个单一估测。这个方法的优势在于，同时重复运用随机产生的子样本进行训练和验证，每次的结果验证一次。

3）留一验证

留一验证是指只使用原本样本中的一项当作验证数据，而剩余的则留下当作训练数据。这个步骤一直持续到每个样本都被当作一次验证数据。事实上，这等同于K折交叉验证，其中K为原样本个数。

4）十折交叉验证

十折交叉验证用来测试算法的准确性，是常用的测试方法。将数据集分成10份，轮流将其中9份作为训练数据，1份作为测试数据。每次试验都会得出相应的正确率。10次结果的正确率的平均值作为算法精度的估计，一般还需要进行多次10折交叉验证（例如10次10折交叉验证），再求其均值，作为算法的最终准确性估计。

2. GridSearchCV

通常情况下，部分机器学习算法中的参数是需要手动指定的（如k-近邻算法中的K值），这种叫超参数。但是手动设置过程繁杂，需要对模型预设几种超参数组合，每组超参数都采用交叉验证来进行评估，最后挑选出最优参数组合。而GridSearchCV可以自动调整至最佳参数组合。

GridSearchCV的名字可以拆分为两部分：网格搜索（Grid Search）和交叉验证（CV）。网格搜索搜索的是参数，即在指定的参数范围内，按步长依次调整参数，利用调整的参数训练模型，从所有的参数中找到在验证集上精度最高的，这其实是一个训练和比较的过程。

网格搜索可以保证在指定的参数范围内找到精度最高的参数，但是这也是网格搜索的缺陷所在，它要求遍历所有可能的参数的组合，在面对大数据集和多参数的情况下，非常耗时。所以网格搜索适用于三四个（或者更少）超参数，用户列出一个较小的超参数值域，这些超参数值域的笛卡儿积为一组超参数。

3. 随机搜索

我们在搜索超参数的时候，如果超参数个数较少，例如三四个或者更少，那么就可以采用网格搜索，这是一种穷尽式的搜索方法。但是当超参数个数比较多的时候，如果仍然采用网格搜索，那么搜索所需的时间将会呈指数上升。所以就提出了随机搜索的方法，随机在超参数空间中搜索几十甚至几百个点，其中就有可能有比较小的值。

随机搜索使用的方法与网格搜索很相似，但它不是尝试所有可能的组合，而是通过选择每一个超参数的一个随机值的特定数量的随机组合，这样方便通过设定搜索次数控制超参数搜索的计算量等。对于有连续变量的参数，随机搜索会将其当成一个分布进行采样，这是网格搜索做不到的。

6.4.3　动手练习：PyTorch 实现交叉验证

1. 案例说明

本例使用PyTorch实现交叉验证，以十折交叉验证为例，也就是将数据分成10组，进行10组训练，每组用于测试的数据为：数据总条数/组数，每次测试的数据都是随机抽取的。

2. 操作步骤

01 导入相关第三方库，代码如下：

```
#导入相关库
import torch
import numpy as np
import pandas as pd
from torch.utils.data import DataLoader,TensorDataset
import time
strat = time.perf_counter()
```

02 构造训练集，代码如下：

```
# 生成形状为(100, 28, 28)的随机张量 x
x = torch.rand(100, 28, 28)
# 生成形状为(100, 28, 28)的随机张量 y
y = torch.randn(100, 28, 28)
# 在维度 0 上连接 x 和 y
x = torch.cat((x, y), dim=0)
# 生成长度为 200 的标签列表，前 100 个元素为 1，后 100 个元素为 0
label = [1] * 100 + [0] * 100
# 将标签列表转换为 torch.long 类型的张量
label = torch.tensor(label, dtype=torch.long)
```

这段代码主要进行了张量的生成和操作。这些操作可能用于构建数据集或准备模型的输入和标签。具体的应用场景会根据上下文和后续的处理步骤而有所不同。例如，x和y可能是图像数据的表示，label可能是对应的类别标签。这样的代码结构常用于深度学习任务中的数据预处理或模型训练。

03 设置网络结构，代码如下：

```
# 定义一个名为 Net 的神经网络模块
class Net(nn.Module):
    def __init__(self):                          # 构造函数
```

```
        super(Net, self).__init__()          # 调用父类的构造函数
        self.fc1 = nn.Linear(28*28, 120)  # 定义全连接层，输入维度为 28×28，输出维度
为 120
        self.fc2 = nn.Linear(120, 84)       # 定义全连接层，输入维度为 120，输出维度为 84
        self.fc3 = nn.Linear(84, 2)         # 定义全连接层，输入维度为 84，输出维度为 2

    def forward(self, x):                    # 前向传播函数
        x = x.view(-1, self.num_flat_features(x))  # 将输入 x 展平为一维张量，并根据
输入特征数量进行调整
        x = F.relu(self.fc1(x))              # 通过 ReLU 激活函数应用第一全连接层
        x = F.relu(self.fc2(x))              # 通过 ReLU 激活函数应用第二全连接层
        x = self.fc3(x)                      # 应用第三全连接层
        return x

    def num_flat_features(self, x):   # 计算输入 x 的展平特征数量的函数
        size = x.size()[1:]                  # 获取输入 x 的除第一个维度外的尺寸
        num_features = 1                     # 初始化特征数量为 1
        for s in size:                       # 遍历尺寸
            num_features *= s                # 计算总的特征数量
        return num_features                  # 返回特征数量
```

这段代码定义了一个神经网络模块Net。

- __init__方法中定义了三个全连接层：fc1、fc2和fc3。
- forward方法实现了前向传播过程，对输入数据进行展平，通过全连接层和激活函数进行处理。
- num_flat_features方法用于计算输入数据的展平特征数量。

这样的结构常用于构建神经网络模型，具体的应用场景和效果会根据网络结构、训练数据和任务需求等因素而有所不同。在实际应用中，可能还需要进行训练、优化和评估等来提高模型的性能。

04 训练集数据处理，代码如下：

```
# 定义一个名为 TraindataSet 的数据集类，继承自 Dataset
class TraindataSet(Dataset):
    def __init__(self, train_features, train_labels):  # 构造函数，接受训练特征和训
练标签作为参数
        self.x_data = train_features             # 保存训练特征
        self.y_data = train_labels               # 保存训练标签
        self.len = len(train_labels)             # 记录标签的长度

    def __getitem__(self, index):      # 定义获取数据的方法，根据索引返回对应的数据项
        return self.x_data[index], self.y_data[index] # 返回索引为index的特征和标签

    def __len__(self):                 # 定义获取数据集长度的方法
        return self.len                # 返回数据集的长度
```

这段代码定义了一个数据集类TraindataSet，它继承自Dataset。这个类用于处理训练数据，包括特征train_features和标签train_labels。

- 在__init__方法中，将输入的特征和标签分别保存到实例变量x_data和y_data中，并记录标签的长度到len变量中。
- __getitem__方法用于根据给定的索引index返回对应的特征和标签。
- __len__方法用于返回数据集的长度。

这个类的目的是提供一种组织和访问训练数据的方式，以便在机器学习或深度学习任务中使用。具体的应用可能涉及将数据集加载到模型中进行训练或其他相关的操作。

05 设置损失函数，代码如下：

```
# 定义损失函数为 nn.CrossEntropyLoss
loss_func = nn.CrossEntropyLoss()
```

这段代码定义了一个神经网络中的损失函数。nn.CrossEntropyLoss是PyTorch中提供的一个常用的交叉熵损失函数，用于计算分类问题中的损失。

在分类任务中，交叉熵损失函数通常用于衡量模型预测的概率分布与真实标签之间的差异。它对于每个样本计算预测概率与真实标签之间的交叉熵，然后对所有样本的交叉熵进行求和或求平均值，得到整个数据集的损失值。

通过定义loss_func为nn.CrossEntropyLoss，可以在模型的训练过程中使用该损失函数来计算和优化模型的参数，以最小化预测结果与真实标签之间的差异。

具体的使用方式可能会根据模型的结构和训练过程而有所不同。在训练循环中，通常会将模型的输出和真实标签传递给损失函数，计算损失值，并使用优化算法（如随机梯度下降）来更新模型的参数，以减小损失。

06 设置 *K* 折划分，代码如下：

```
def get_k_fold_data(k, i, X, y):
    """
    获取 k 折交叉验证数据

    参数:
    k (int): 折数
    i (int): 当前折的索引
    X (torch.Tensor): 输入数据
    y (torch.Tensor): 标签

    返回:
    X_train (torch.Tensor): 训练集数据
```

```
    y_train (torch.Tensor): 训练集标签
    X_valid (torch.Tensor): 验证集数据
    y_valid (torch.Tensor): 验证集标签
    """
    assert k > 1  # 断言 k 必须大于 1
    fold_size = X.shape[0] // k  # 计算每折的大小
    X_train, y_train = None, None
    for j in range(k):
        # 使用 slice 函数生成当前折的索引范围
        idx = slice(j * fold_size, (j + 1) * fold_size)
        X_part, y_part = X[idx, :], y[idx]
        if j == i:
            X_valid, y_valid = X_part, y_part
        elif X_train is None:
            X_train, y_train = X_part, y_part
        else:
            # 将当前折的数据与已有训练集数据在维度 0 上连接
            X_train = torch.cat((X_train, X_part), dim=0)
            y_train = torch.cat((y_train, y_part), dim=0)
    return X_train, y_train, X_valid, y_valid

def k_fold(k, X_train, y_train, num_epochs=3, learning_rate=0.001,
weight_decay=0.1, batch_size=5):
    """
    进行 k 折交叉验证

    参数:
    k (int): 折数
    X_train (torch.Tensor): 训练数据
    y_train (torch.Tensor): 训练标签
    num_epochs (int, optional): 训练轮数，默认值为 3
    learning_rate (float, optional): 学习率，默认值为 0.001
    weight_decay (float, optional): 权重衰减，默认值为 0.1
    batch_size (int, optional): 批次大小，默认值为 5

    返回:
    train_loss_sum (float): 训练集损失总和
    valid_loss_sum (float): 验证集损失总和
    train_acc_sum (float): 训练集准确度总和
    valid_acc_sum (float): 验证集准确度总和
    """

    train_loss_sum, valid_loss_sum = 0, 0
    train_acc_sum, valid_acc_sum = 0, 0

    for i in range(k):
        # 获取当前折的数据
        data = get_k_fold_data(k, i, X_train, y_train)
        net = Net()  # 创建神经网络模型
```

06

```
        # 训练模型并返回训练集和验证集的损失与准确度
        train_ls, valid_ls = train(net, *data, num_epochs, learning_rate,
weight_decay, batch_size)

        print('*'*10, '第', i+1, '折', '*'*10)
        print('训练集损失：%.6f'%train_ls[-1][0], '训练集准确
度：%.4f'%valid_ls[-1][1],\
              '测试集损失：%.6f'%valid_ls[-1][0], '测试集准确
度：%.4f'%valid_ls[-1][1])
        # 累积各折的训练集和验证集损失与准确度
        train_loss_sum += train_ls[-1][0]
        valid_loss_sum += valid_ls[-1][0]
        train_acc_sum += train_ls[-1][1]
        valid_acc_sum += valid_ls[-1][1]
    print('#'*5, '最终 k 折交叉验证结果', '#'*5)
    print('训练集累积损失：%.4f'%(train_loss_sum/k), '训练集累积准确度：
%.4f'%(train_acc_sum/k),\
          '测试集累积损失：%.4f'%(valid_loss_sum/k), '测试集累积准确度：
%.4f'%(valid_acc_sum/k))
```

这段代码定义了两个函数：get_k_fold_data和k_fold。

- get_k_fold_data函数用于将数据集分为*K*折，并返回当前折的训练集数据、训练集标签、验证集数据和验证集标签。
- k_fold函数则在*K*折交叉验证中循环训练模型，并计算和累积每折的训练集和验证集的损失与准确度。

这样的*K*折交叉验证常用于评估模型的性能和进行超参数调优，以获得更可靠和泛化能力更强的模型。

07 设置训练函数，代码如下：

```
def train(net,                    # 神经网络模型
          train_features,         # 训练数据特征
          train_labels,           # 训练数据标签
          test_features,          # 测试数据特征
          test_labels,            # 测试数据标签
          num_epochs,             # 训练轮数
          learning_rate,          # 学习率
          weight_decay,           # 权重衰减
          batch_size):            # 批次大小
    """
    训练模型的函数

    参数：
        net (神经网络模型)：要训练的模型
```

```
        train_features (张量): 训练数据的特征
        train_labels (张量): 训练数据的标签
        test_features (张量): 测试数据的特征
        test_labels (张量): 测试数据的标签
        num_epochs (整数): 训练的轮数
        learning_rate (浮点数): 学习率
        weight_decay (浮点数): 权重衰减
        batch_size (整数): 批次大小
    返回:
        train_ls (列表): 训练集的损失和准确度列表
        test_ls (列表): 测试集的损失和准确度列表
    """
    # 初始化训练集和测试集的损失和准确度列表
    train_ls, test_ls = [], []
    # 创建训练数据集
    dataset = TraindataSet(train_features, train_labels)
    # 创建数据加载器
    train_iter = DataLoader(dataset, batch_size, shuffle=True)

    # 创建优化器
    optimizer = torch.optim.Adam(params=net.parameters(), lr=learning_rate,
weight_decay=weight_decay)

    # 遍历每个训练轮数
    for epoch in range(num_epochs):
        # 遍历每个批次
        for X, y in train_iter:
            # 前向传播得到输出
            output = net(X)
            # 计算损失
            loss = loss_func(output, y)
            # 梯度清零
            optimizer.zero_grad()
            # 反向传播
            loss.backward()
            # 更新参数
            optimizer.step()

        # 将当前轮数的训练集损失和准确度添加到列表中
        train_ls.append(log_rmse(0, net, train_features, train_labels))
        # 如果有测试集
        if test_labels is not None:
            # 将当前轮数的测试集损失和准确度添加到列表中
            test_ls.append(log_rmse(1, net, test_features, test_labels))

    # 返回训练集和测试集的损失和准确度列表
    return train_ls, test_ls

def log_rmse(flag,            # 标志, 0 表示训练集, 1 表示测试集
```

06

```
            net,                # 神经网络模型
            x,                  # 数据特征
            y):                 # 数据标签
    """
    计算对数均方根误差和准确度的函数

    参数:
        flag (整数): 0 表示训练集, 1 表示测试集
        net (神经网络模型): 要评估的模型
        x (张量): 数据特征
        y (张量): 数据标签

    返回:
        (损失值, 准确度): 包含损失值和准确度的元组
    """
    # 如果是测试集，将模型设置为评估模式
    if flag == 1:
        net.eval()
    # 进行前向传播得到输出
    output = net(x)
    # 获取预测结果
    result = torch.max(output, 1)[1].view(y.size())
    # 计算正确预测的数量
    corrects = (result.data == y.data).sum().item()
    # 计算准确度
    accuracy = corrects * 100.0 / len(y)
    # 计算损失
    loss = loss_func(output, y)
    # 将模型设置回训练模式
    net.train()

    # 返回损失值和准确度
    return (loss.data.item(), accuracy)
```

下面是对上述代码的详细解释。

1）train 函数

- train_features和train_labels分别是训练数据的特征和标签。
- test_features和test_labels分别是测试数据的特征和标签。
- num_epochs表示训练的轮数（迭代次数）。
- learning_rate是学习率，用于控制模型参数的更新速度。
- weight_decay是权重衰减，用于防止过拟合。
- batch_size是批次大小，用于设置每次迭代中处理的数据量。

在函数内部：

首先创建了一个TraindataSet对象，将训练特征和标签传入。

然后使用DataLoader创建了一个数据加载器，设置批次大小并启用随机打乱。

接着创建了一个优化器Optimizer，使用Adam算法进行参数更新，并设置学习率和权重衰减。

在训练循环中，对于每个训练轮数 epoch：

- 遍历每个批次的数据。
- 通过网络进行前向传播，计算输出。
- 计算损失函数loss_func。
- 梯度清零，进行反向传播，更新模型参数。
- 将当前轮数的训练集损失和准确度添加到 train_ls 列表中。
- 如果有测试集，将测试集的损失和准确度添加到 test_ls 列表中。

最后，返回训练集和测试集的损失和准确度列表。

2）log_rmse 函数

- flag表示是训练集还是测试集。
- net是要评估的神经网络模型。
- x和y分别是数据特征和标签。

在函数内部：

- 如果是测试集，将模型设置为评估模式，这样在计算准确度时不会进行参数更新。
- 进行前向传播，获取模型的输出。
- 从输出中获取预测结果，并与真实标签进行比较，计算正确预测的数量。
- 计算准确度和损失。
- 将模型设置回训练模式。
- 返回损失值和准确度。

这段代码的主要目的是实现模型的训练过程，并计算训练集和测试集的损失和准确度。通过多个训练轮数的迭代，使用优化器更新模型参数，以提高模型的性能。同时，在每个轮数结束时，记录训练集和测试集的损失和准确度，用于评估模型的训练效果。log_rmse函数用于计算对数均方根误差和准确度，根据标志判断是针对训练集还是测试集进行计算。

08 调用交叉验证函数，代码如下：

```
k_fold(10,x,label)
    """
    执行 K 折交叉验证的函数

    参数:
        n_folds (int): 交叉验证的折数，这里为10
        x (数据): 输入数据
        label (标签): 数据的标签

    返回:
        交叉验证的结果
    """
```

在这个注释模板中，k_fold函数接受三个参数：n_folds表示要进行的折数，x是输入数据，label是数据的标签。该函数的返回值是交叉验证的结果。

具体的注释内容可能会根据k_fold函数的实现而有所不同。例如，如果函数内部进行了数据划分、模型训练和评估等操作，则可以在注释中详细描述这些步骤。

3. 案例小结

本例使用PyTorch实现了十折交叉验证，从而可以进一步实现对模型的调优。

模型的训练集和训练集的损失和准确度输出如下：

```
********** 第 1 折 **********
训练集损失:0.039198 训练集准确度:100.0000 测试集损失:0.026498 测试集准确度:100.0000
********** 第 2 折 **********
训练集损失:0.039630 训练集准确度:100.0000 测试集损失:0.022030 测试集准确度:100.0000
********** 第 3 折 **********
训练集损失:0.040065 训练集准确度:100.0000 测试集损失:0.038300 测试集准确度:100.0000
********** 第 4 折 **********
训练集损失:0.042192 训练集准确度:100.0000 测试集损失:0.026042 测试集准确度:100.0000
********** 第 5 折 **********
训练集损失:0.039414 训练集准确度:100.0000 测试集损失:0.030804 测试集准确度:100.0000
********** 第 6 折 **********
训练集损失:0.035939 训练集准确度:100.0000 测试集损失:0.350404 测试集准确度:100.0000
********** 第 7 折 **********
训练集损失:0.040390 训练集准确度:100.0000 测试集损失:0.334803 测试集准确度:100.0000
********** 第 8 折 **********
训练集损失:0.041971 训练集准确度:95.0000 测试集损失:0.390596 测试集准确度:95.0000
********** 第 9 折 **********
训练集损失:0.039858 训练集准确度:100.0000 测试集损失:0.380169 测试集准确度:100.0000
********** 第 10 折 **********
训练集损失:0.035709 训练集准确度:100.0000 测试集损失:0.368736 测试集准确度:100.0000
```

模型最终的K折交叉验证结果如下：

```
训练集累积损失:0.0394 训练集累积准确度:100.0000 测试集累积损失:0.1968 测试集累积准确度:99.5000
```

6.5 上机练习题

练习1：在PyTorch中，使用Torch库来实现主成分分析。

参考下述代码上机演练：

```
# 导入相关库
import torch
from torch import tensor
from torch.linalg import svd

# 假设有一组数据X，每行代表一个样本，每列代表一个特征
X = tensor([[1, 2],
            [3, 4],
            [5, 6]])

# 对数据进行中心化
X_centered = X - X.mean(dim=0)

# 计算数据的协方差矩阵
cov_matrix = torch.matmu。l(X_centered.T, X_centered) / (X_centered.shape[0]-1)

# 对协方差矩阵进行特征值分解
_, _, V = svd(cov_matrix)

# 选择前k个特征向量作为主成分
k = 1
principal_components = V[:, :k]

# 将数据投影到主成分上
projected_data = torch.matmul(X_centered, principal_components)

print(projected_data)
```

以上代码中，首先对原始数据进行中心化，然后计算协方差矩阵，并对协方差矩阵进行特征值分解。根据降维后的维度k，选择前k个特征向量作为主成分。最后，将中心化后的数据乘以主成分矩阵，得到降维后的数据。

请注意，以上示例代码仅用于说明如何在PyTorch中实现主成分分析，在实际应用中可能需要进行更复杂的数据处理和参数调整。

06

练习2：使用PyTorch库实现模型的调优。

参考下述代码上机演练：

```
# 导入相关库
import torch
import torch.nn as nn
import torch.optim as optim

# 定义模型结构
class MyModel(nn.Module):
    def __init__(self):
        super(MyModel, self).__init__()
        # 这里定义模型结构，可以使用各种 PyTorch 提供的层
        self.fc1 = nn.Linear(10, 50)
        self.relu = nn.ReLU()
        self.fc2 = nn.Linear(50, 10)

    def forward(self, x):
        # 这里定义模型的前向传播过程
        out = self.fc1(x)
        out = self.relu(out)
        out = self.fc2(out)
        return out

# 定义损失函数和优化器
model = MyModel()
criterion = nn.CrossEntropyLoss()  # 分类任务一般使用交叉熵损失函数
optimizer = optim.SGD(model.parameters(), lr=0.001)  # 使用随机梯度下降优化器

# 数据加载
num_epochs = 10
train_dataloader = torch.utils.data.DataLoader(
    torch.tensor([i for i in range(100)]),
    torch.tensor([i for i in range(10)])
)
test_dataloader = torch.utils.data.DataLoader(
    torch.tensor([i for i in range(10)]),
    torch.tensor([i for i in range(10)])
)

# 进行模型训练
for epoch in range(num_epochs):
    for inputs, labels in train_dataloader:
        optimizer.zero_grad()           # 清零梯度
        outputs = model(inputs)
        loss = criterion(outputs, labels)
        loss.backward()                 # 反向传播计算梯度
        optimizer.step()                # 更新模型参数
```

```
# 进行模型评估
model.eval()
with torch.no_grad():
    correct = 0
    total = 0
    for inputs, labels in test_dataloader:
        outputs = model(inputs)
        _, predicted = torch.max(outputs.data, 1)
        total += labels.size(0)
        correct += (predicted == labels).sum().item()
    accuracy = correct / total
    print("Accuracy: {:.2f}%".format(accuracy * 100))
```

以上代码演示了如何在PyTorch中实现模型调优。首先导入必要的库和数据集，然后定义模型结构，接着定义损失函数和优化器。在模型训练阶段，通过循环迭代对数据进行前向传播、损失计算和反向传播更新模型参数。最后，在模型评估阶段，切换模型为评估模式，通过计算准确率等指标来评估模型的性能。

第7章 PyTorch图像建模

当前，深度学习作为一种复杂的机器学习算法，能够使用深度学习模型提取图像中的目标形状信息以及更多复杂的高级信息。本章介绍基于PyTorch的图像建模技术及其案例。

7.1 图像建模概述

图像分类任务是人工智能的一个重要领域，它是指对图像进行对象识别，识别出各种不同模式的目标和对象的技术。本节介绍几种重要的图像建模技术。

7.1.1 图像分类技术

图像分类技术有许多应用，常见的应用有人物照片分类、社交网络的人脸和物体识别、智能驾驶道路场景的检测与识别等，应用范围仍然在不断地扩张，与人类生活结合得越来越紧密，这些都表明图像分类技术将在社会生活中扮演越来越重要的角色。

传统的图像分类技术以数字图像处理与识别为基础，融合了机器视觉、机器学习、系统学等多门学科，通过人工提取特征信息来表示图像内容，根据这些特征来匹配和分类图像目标。不足之处就是自适应性能差，一旦目标图像被较强的噪声污染或目标图像有较大残缺，往往就得不出理想的结果。随着大数据时代的到来，各种海量数据的出现大大提升了传统算法的计算难度，解决此问题的一个方法就是使用人工神经网络。但是传统人工神经网络对图像进行分析计算时具有很高的代价，这是由于传统的人工神经网络属于全连接网络，其参数数量过多，扩展性很差，没有利用像素位置信息，对于图像类型的数据来说，像素之间的空间关系和梯度关系都是非常重要的信息，还有网络层数的限制，网络层数越多，表达能力越强，但是误差反向传递时很难超过 3 层，因此有很大的限制。根据传统人工神经网络的构建方式，卷积神经网络的提出成功地解决了这个问题，并快速成为计算机视觉领域的主流技术。

对于图像来说，图像的一个重要特点就是每个像素都与其周围的像素存在着比较紧密的联系，相邻像素之间的相关性很强，因此如果能够合理地掌握和使用这种相关信息，就能够使得人工神经网络模型的无效计算量大大减少，而卷积神经网络恰恰能够做到这一点。

7.1.2　图像识别技术

图像识别是指利用信息处理与计算机技术，采用数学方法，对图像进行处理、分析和理解的过程，它是近20年发展起来的一门新兴技术科学。由于计算机技术和信息技术的不断发展，图像识别技术的使用领域越来越广泛，如指纹识别、虹膜识别、手写汉字识别、交通标志识别、手势识别、人脸识别、机器人视觉等，并且随着实践活动社会化的需要，需要分类识别的事物种类越来越丰富，而且被识别对象的内容也越来越复杂。例如，在交通管理系统中，通过使用车牌的自动识别来记录车辆的违章行为；在医学图像中，根据细胞的形状和颜色等分析是否发生了病变；通过植物的颜色和形态长势判断何时需要浇水、施肥；通过气象观测的数据或利用卫星照片来进行天气预报等。总而言之，图像识别技术不但在农业、工业、医学和高科技产业等各个领域发挥着非常重要的作用，而且已经越来越多地渗透到了我们的日常生活中。

1．图像识别过程

图像识别过程大致分为两个阶段：样本训练阶段，对大量样本图像进行预处理、提取图像特征、进行模式分类，从而获得一个样本图像特征库；图像识别阶段，对输入图像进行预处理、进行图像分析、分割并提取图像中关注部分的图像特征、利用模式识别方法对特征与图像特征库中的特征进行相关处理，以确定输入图像是否匹配。当图像匹配失败时，将其特征作为新的模式分类并入图像特征库。

2．图像预处理

图像预处理的目的是让图像更好地为识别图像服务。在预处理过程中，为了方便分析图像内容，常用的方法是对彩色图像进行灰度处理；为了减轻图像在成像过程中受到的噪声污染，对图像进行直方图归一化、低通滤波、均值滤波和中值滤波等平滑处理；为了突出图像的细节特征（如图像边缘和轮廓），对图像进行高通滤波器处理，利用梯度算子和拉普拉斯算子处理图像等；为了能够找到关注部分的图像，对图像进行边缘检测、边界检测、区域连接和门限等技术处理，最终分割图像。

3. 图像特征提取

图像特征提取关键是保证图像的大小、位移及旋转的不变性，以提取到唯一标识图像特性的特征来为图像识别服务。

图像特征提取实际上是图像表示问题。它的目的是减轻图像在识别过程中的负担。因为原始图像的数据维数非常高，通过特征提取给数据降维，从而提高识别效率和识别率，为节省资源、构造和设计特征分类器带来益处。

7.1.3 图像分割技术

图像分割就是把图像分成若干特定的、具有独特性质的区域并提取感兴趣的目标的技术和过程。它是图像处理到图像分析的关键步骤。现有的图像分割方法主要有以下几类：基于阈值的分割方法、基于区域的分割方法、基于边缘的分割方法以及基于特定理论的分割方法等。

1. 基于阈值的分割方法

基于阈值的分割方法是一种最常用的并行区域技术，它是图像分割中应用数量最多的一类。基于阈值的分割方法实际上是输入图像到输出图像的变换。基于阈值的分割方法关键是确定阈值，如果能确定一个合适的阈值，就可以准确地将图像分割开来。阈值确定后，将阈值与像素点的灰度值逐个进行比较，而且像素分割可对各像素并行地进行，分割的结果直接给出图像区域。

2. 基于区域的分割方法

区域生长和分裂合并法是两种典型的串行区域技术，其分割过程后续步骤的处理要根据前面步骤的结果进行判断而确定。区域生长是从某个或者某些像素点出发，最后得到整个区域，进而实现目标提取。分裂合并差不多是区域生长的逆过程，即从整个图像出发，不断分裂得到各个子区域，然后把前景区域合并，实现目标提取。

3. 基于边缘的分割方法

图像分割的一种重要途径是通过边缘检测，即检测灰度级或者结构有突变的地方，表明一个区域的终结，也是另一个区域开始的地方。这种不连续性称为边缘。不同的图像灰度不同，边界处一般有明显的边缘，利用此特征可以分割图像。

4. 基于特定理论的分割方法

图像分割至今尚无通用的自身理论。随着各学科许多新理论和新方法的提出，出现了许多与特定理论、方法相结合的图像分割方法。例如，模糊集理论具有描述事物不确定性的能力，适合用于图像分割问题。1998年以来，出现了许多模糊分割技术，在图像分割方面的应用日益广泛。模糊分割技术在图像分割方面的应用，一个显著特点就是它能和现有的许多图像分割方法相结合，形成一系列的集成模糊分割技术，例如模糊聚类、模糊阈值、模糊边缘检测技术等。

7.2　动手练习：创建图像自动分类器

图像分类是指利用电子计算机的图像处理设备对图像上的各种地物信息自动分类和识别其性质的工作。为了更好地理解和应用图像自动分类技术，本节通过实际案例介绍基于PyTorch的图像自动分类器。

7.2.1　加载数据集

在本例中，我们使用的数据集是CIFAR10，该数据集是由Alex Krizhevsky和Ilya Sutskever整理的一个用于识别普适物体的小型数据集。该数据集一共包含10个类别的RGB彩色图片，这10个类别分别是飞机（airplane）、汽车（automobile）、鸟（bird）、猫（cat）、鹿（deer）、狗（dog）、蛙（frog）、马（horse）、船（ship）和卡车（truck）。图片的尺寸为32×32，数据集中一共有50 000张训练图片和10 000张测试图片。

torchvision的数据集是基于PILImage的，数值是[0, 1]，我们需要将其转换成范围为[−1, 1]的张量，代码如下：

```
transform = transforms.Compose([
    # 将数据转换为张量格式
    transforms.ToTensor(),
    # 对数据进行归一化处理，使其均值为 0.5，标准差为 0.5
    transforms.Normalize((0.5, 0.5, 0.5), (0.5, 0.5, 0.5))
])
```

上述代码定义了一个数据预处理的变换函数transform。它使用了torchvision库中的transforms.Compose来组合多个数据变换操作。

- 第一个变换操作是 transforms.ToTensor，它将输入的数据转换为 Tensor（张量）格式，以便在深度学习框架中进行处理。
- 第二个变换操作是 transforms.Normalize，它对数据进行归一化处理。具体来说，它将数据的每个通道的均值设置为 0.5，标准差设置为 0.5。这种归一化操作有助于加速模型的训练和提高模型的泛化能力。

通过将这两个变换操作组合在一起，transform函数可以对输入数据进行一系列的预处理，包括张量转换和归一化。在训练模型时，可以将数据通过transform函数进行预处理，以使模型能够更好地处理和学习数据。

导入训练集和测试集数据：

```
    # 定义 CIFAR-10 数据集的训练集。root='./'指定数据集的根目录；train=True表示创建训练集；download=False表示不自动下载数据集，如果数据集不存在，则会报错；transform=transform应用数据预处理变换
    trainset = torchvision.datasets.CIFAR10(root='./', train=True, download=False, transform=transform)
    # 定义数据加载器，用于加载训练集数据
    trainloader = torch.utils.data.DataLoader(trainset, batch_size=4, shuffle=False, num_workers=4)

    # 定义 CIFAR-10 数据集的测试集
    testset = torchvision.datasets.CIFAR10(root='./', train=False, download=True, transform=transform)
    # 定义数据加载器，用于加载测试集数据。batch_size=4表示每个批次的数据样本数量为4；shuffle=True表示打乱数据顺序；num_workers=4表示使用4个工作进程来加速数据加载
    testloader = torch.utils.data.DataLoader(testset, batch_size=4, shuffle=True, num_workers=4)

    # 定义类别名称
    classes = ('plane', 'car', 'bird', 'cat', 'deer', 'dog', 'frog', 'horse', 'ship', 'truck')
```

这段代码的目的是加载 CIFAR10 数据集的训练集和测试集，并设置合适的数据加载参数，以及定义数据集中的类别名称。这些操作通常在深度学习的训练和测试过程中使用。

7.2.2 搭建网络模型

成功加载数据集之后，我们开始搭建网络模型，具体操作步骤如下。

1. 设置网络结构

```
    # 定义一个名为 Net 的神经网络模块
    class Net(nn.Module):
        def __init__(self):                      # 初始化方法
            super(Net, self).__init__()          # 继承 nn.Module 的初始化方法
            self.conv1 = nn.Conv2d(3, 6, 5)      # 定义卷积层，输入通道数为3，输出通道数为6，卷积核大小为 5
            self.pool = nn.MaxPool2d(2, 2)       # 定义最大池化层，池化窗口大小为2×2
            self.conv2 = nn.Conv2d(6, 16, 5)     # 定义卷积层，输入通道数为6，输出通道数为16，卷积核大小为 5
            self.fc1 = nn.Linear(16 * 5 * 5, 120)  # 定义全连接层，输入维度为16×5×5，输出维度为 120
            self.fc2 = nn.Linear(120, 84)        # 定义全连接层，输入维度为 120，输出维度为 84
            self.fc3 = nn.Linear(84, 10)         # 定义全连接层，输入维度为 84，输出维度为 10

        def forward(self, x):                    # 前向传播方法
```

```
        x = self.pool(F.relu(self.conv1(x)))  # 对输入数据进行卷积和激活操作，并进行池化
        x = self.pool(F.relu(self.conv2(x)))  # 对池化后的结果进行卷积和激活操作
        x = x.view(-1, 16 * 5 * 5)            # 将数据展平为一维
        x = F.relu(self.fc1(x))               # 对展平后的数据进行全连接和激活操作
        x = F.relu(self.fc2(x))               # 对上一层的输出进行全连接和激活操作
        x = self.fc3(x)                       # 对上一层的输出进行全连接操作
        return x                              # 返回最终的输出

# 创建 Net 类的实例
net = Net()
```

2. 设置损失函数和优化器

```
# 定义交叉熵损失函数
criterion = nn.CrossEntropyLoss()
# 定义随机梯度下降优化器，学习率为 0.001，动量为 0.9
optimizer = optim.SGD(net.parameters(), lr=0.001, momentum=0.9)
```

这段代码中，首先定义了一个nn.CrossEntropyLoss()类的对象criterion，用于计算神经网络的交叉熵损失。然后定义了一个optim.SGD()类的对象optimizer，用于对神经网络的参数进行随机梯度下降优化。其中，net.parameters()表示获取神经网络的所有可优化参数，lr=0.001表示设置学习率为0.001，momentum=0.9表示设置动量为0.9。

这样，在训练过程中，优化器将根据交叉熵损失函数的反馈，通过随机梯度下降算法来更新神经网络的参数，以最小化损失函数的值。

7.2.3　训练网络模型

对神经网络模型进行训练，具体代码如下。

```
# 训练的轮数
nums_epoch = 2

# 遍历每一轮训练
for epoch in range(nums_epoch):
    # 累计每一轮的损失
    _loss = 0.0

    # 遍历训练数据集的每一个批次
    for i, (inputs, labels) in enumerate(trainloader, 0):
        # 将输入和标签转换到指定的设备上
        inputs, labels = inputs.to(device), labels.to(device)
        # 清空优化器的梯度
        optimizer.zero_grad()

        # 前向传播得到模型的输出
        outputs = net(inputs)
```

```
        # 根据输出和标签计算损失
        loss = criterion(outputs, labels)
        # 反向传播计算梯度
        loss.backward()
        # 根据梯度更新模型参数
        optimizer.step()

        # 累计当前批次的损失
        _loss += loss.item()
        # 每 3000 个批次打印一次损失
        if i % 3000 == 2999:
            print('[%d, %5d] 损失: %.3f' %
                  (epoch + 1, i + 1, _loss / 3000))
            _loss = 0.0

# 打印训练结束的消息
print('训练结束')
```

上述代码是一个典型的深度学习训练循环，它的主要目的是在指定的轮数内对模型进行训练，并在每个批次后计算和更新模型的参数，以逐步优化模型的性能。在每个批次后，会打印出当前的损失值，以便监控训练过程。

输出如下：

```
[1,  3000] 损失: 1.224
[1,  6000] 损失: 1.216
[1,  9000] 损失: 1.190
[1, 12000] 损失: 1.165
[2,  3000] 损失: 1.130
[2,  6000] 损失: 1.124
[2,  9000] 损失: 1.095
[2, 12000] 损失: 1.084
训练结束
```

7.2.4 应用网络模型

通过测试集对模型进行验证，首先使用如下代码抽取测试集中的4张图片：

```
def imshow(img):
    """
    显示图像

    参数:
    img (Tensor): 要显示的图像
    """
    # 对图像进行归一化处理
    img = img / 2 + 0.5
    # 将 Tensor 转换为 NumPy 数组
```

```
    npimg = img.numpy()
    # 以正确的通道顺序显示图像
    plt.imshow(np.transpose(npimg, (1, 2, 0)))
    # 显示图像
    plt.show()

# 迭代测试集加载器
dataiter = iter(testloader)
# 获取一批图像和标签
images, labels = next(dataiter)
# 使用 torchvision 中的 make_grid 函数将图像拼接成网格形式
imshow(torchvision.utils.make_grid(images))
# 打印图像的真实分类
print('图像真实分类: ', ' '.join(['%5s' % classes[labels[j]] for j in range(4)]))
```

上述代码用于展示测试集中的一批图像，并显示它们的真实分类。

首先，定义了一个名为imshow的函数，用于显示图像。imshow函数接受一个图像张量img作为参数。它对图像进行归一化处理，并将其转换为 NumPy 数组，然后使用plt.imshow显示图像。

然后，通过迭代测试集加载器testloader，获取一批图像和标签。使用torchvision.utils.make_grid将这批图像拼接成网格形式，并通过imshow函数显示拼接后的图像网格。

最后，打印出图像的真实分类，每个分类用5个字符的宽度显示。

原始图像如图7-1所示。

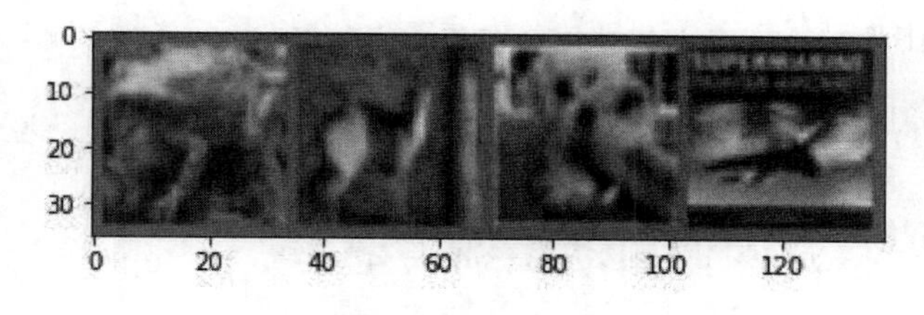

图 7-1　原始图像

图像真实分类如下：

```
图像真实分类: frog deer dog plane
```

然后使用建立的模型对上述4张图片的类进行预测：

```
#将输入的图像images输入到模型net中，得到模型的输出
outputs = net(images)
# 在输出的第一维（即每个图像）上找到最大值及其索引。这里的1表示在第一维上进行最大值搜索
_, predicted = torch.max(outputs, 1)
#通过遍历predicted，根据类别索引在classes中获取对应的类别名称，并按照指定的格式打印出来
print('图像预测分类: ', ' '.join(['%5s' % classes[predicted[j]] for j in range(4)]))
```

上述代码的主要目的是获取模型对图像的预测分类，并将其打印出来。

针对图7-1所示的图片，预测的图片类型如下：

```
图像预测分类: frog  deer  horse  plane
```

下面计算测试集准确率，代码如下：

```
# 正确预测的数量和总预测数量初始化为 0
correct, total = 0, 0
# 禁用梯度计算，以进行测试
with torch.no_grad():
    #遍历测试集的数据images和对应的标签labels
    for images, labels in testloader:
        #计算模型对图像的输出
        outputs = net(images)
        #在输出的第一维（每个图像）上找到最大值及其索引，得到预测的类别predicted
        _, predicted = torch.max(outputs, 1)
        #累计总预测数量total，通过labels.size(0)获取标签的数量
        total += labels.size(0)
        #累计正确预测的数量correct，通过比较标签和预测结果，使用.sum().item()将张量转换为整数
        correct += (labels == predicted).sum().item()

# 打印测试集准确率，即正确预测的数量与总预测数量的百分比
print('测试集准确率: %d %%' % (100 * correct / total))
```

上述代码用于计算测试集的准确率。

模型的准确率输出如下：

```
测试集准确率: 56 %
```

7.3 动手练习：搭建图像自动识别模型

图像识别是指利用计算机对图像进行处理、分析和理解，以识别各种不同模式的目标和对象的技术，是深度学习算法的一种实践应用。为了更好地理解和应用图像自动识别技术，本节通过实际案例介绍基于PyTorch的图像自动识别模型。

7.3.1 加载数据集

本节将会使用到MNIST数据集，MNIST数据集来自美国国家标准与技术研究所（National Institute of Standards and Technology，NIST）。该数据集分成训练集（Training Set）和测试集（Test Set）两个部分，其中训练集由来自250个不同人手写的数字构成，其中50%是高中学生，50%来自人口普查局（the Census Bureau）的工作人员，测试集也是同样比例的手写数字数据。

MNIST数据集包含如下4个文件：

```
train-images-idx3-ubyte.gz:  training set images (9912422 bytes)
train-labels-idx1-ubyte.gz:  training set labels (28881 bytes)
t10k-images-idx3-ubyte.gz:   test set images (1648877 bytes)
t10k-labels-idx1-ubyte.gz:   test set labels (4542 bytes)
```

导入训练数据集的代码如下：

```
# 定义 MNIST 数据集的训练数据
train_data = torchvision.datasets.MNIST(
    # 数据集的根目录
    root = './',
    # 选择训练集
    train = True,
    # 将数据转换为张量
    transform = torchvision.transforms.ToTensor(),
    # 不下载数据
    download = False
)

# 定义 MNIST 数据集的测试数据
test_data = torchvision.datasets.MNIST(
    # 数据集的根目录
    root = './',
    # 选择测试集
    train = False
)
```

上述代码用于加载MNIST数据集的训练数据和测试数据。

对于测试数据的加载，类似地，通过指定train=False来选择测试集。这样就分别定义了训练数据train_data和测试数据test_data，可以用于后续的训练和测试过程。

导入测试训练集的代码如下：

```
# 将测试数据的数据部分增加一个维度，并将数据类型转换为浮点数张量，然后除以255
test_x= torch.unsqueeze(test_data.data,dim=1).type(torch.FloatTensor)/255
# 测试数据的目标（标签）
test_y= test_data.targets
```

上述代码主要是对测试数据进行一些处理。test_y = test_data.targets表示将测试数据的目标（标签）赋值给test_y。这样，test_x就是经过处理后的测试数据，test_y是对应的目标标签。这些操作可能是在准备数据用于后续的模型训练或评估。

7.3.2　搭建与训练网络

设置神经网络的结构，代码如下：

```
# 定义一个名为 CNN 的神经网络模块
class CNN(nn.Module):
    def __init__(self):                              # 构造函数
        super(CNN, self).__init__()                  # 调用父类的构造函数
        # 定义第一层卷积层和相关操作
        self.conv1 = nn.Sequential(
            nn.Conv2d(                               # 二维卷积层
                in_channels=1,                       # 输入通道数为 1
                out_channels=16,                     # 输出通道数为 16
                kernel_size=3,                       # 卷积核大小为 3×3
                stride=1,                            # 卷积步长为 1
                padding=1                            # 卷积填充为 1
            ),
            nn.ReLU(),                               # 激活函数 ReLU
            nn.MaxPool2d(kernel_size=2)              # 最大池化层，核大小为 2×2
        )
        # 定义第二层卷积层和相关操作
        self.conv2 = nn.Sequential(
            nn.Conv2d(                               # 二维卷积层
                in_channels=16,                      # 输入通道数为 16
                out_channels=32,                     # 输出通道数为 32
                kernel_size=3,                       # 卷积核大小为 3×3
                stride=1,                            # 卷积步长为 1
                padding=1                            # 卷积填充为 1
            ),
            nn.ReLU(),                               # 激活函数 ReLU
            nn.MaxPool2d(kernel_size=2)              # 最大池化层，核大小为 2×2
        )
        # 定义全连接层
        self.output = nn.Linear(32*7*7, 10)     # 输入维度为 32×7×7，输出维度为 10

    def forward(self, x):                            # 前向传播函数
        # 对输入数据进行第一层卷积和池化操作
        out = self.conv1(x)
        # 对上一步的结果进行第二层卷积和池化操作
        out = self.conv2(out)
        # 将输出展平为一维
        out = out.view(out.size(0), -1)
        # 通过全连接层进行分类
        out = self.output(out)
        # 返回最终的输出结果
        return out

# 创建 CNN 实例
cnn = CNN()
```

这段代码定义了一个卷积神经网络模型，该模型由两个卷积层和一个全连接层组成。

- 在__init__方法中，定义了卷积层conv1和conv2，以及全连接层output，每个卷积层都包含卷积操作、激活函数和池化操作。
- 在forward方法中，描述了数据在模型中的前向传播过程。输入数据首先经过第一层卷积和池化，然后经过第二层卷积和池化，最后通过全连接层得到输出。
- 最后，创建了一个CNN的实例cnn。这个实例可以用于后续的计算和操作，例如进行数据的前向传播、训练模型等。

设置优化器和损失函数，并训练模型：

```
    # 优化器，使用 Adam 算法来更新模型参数
    optimizer = torch.optim.Adam(cnn.parameters(), lr=LR,)
    # 损失函数，用于计算预测结果和真实标签之间的交叉熵
    loss_func = nn.CrossEntropyLoss()

    # 创建一个用于训练数据的DataLoader对象
    train_loader = Data.DataLoader(dataset=train_data, batch_size=BATCH_SIZE,
shuffle=True)

    # 从MNIST数据集加载测试数据
    test_data = torchvision.datasets.MNIST(root='./', train=False)

    # 遍历训练轮数
    for epoch in range(EPOCH):
        # 遍历训练数据的批次
        for step, (b_x, b_y) in enumerate(train_loader):
            # 前向传播得到模型的输出
            output = cnn(b_x)
            # 计算损失
            loss = loss_func(output, b_y)

            # 清空梯度
            optimizer.zero_grad()
            # 反向传播计算梯度
            loss.backward()
            # 根据梯度更新模型参数
            optimizer.step()

            # 每 50 步进行一次测试
            if step % 50 == 0:
                # 在测试数据上进行前向传播
                test_output = cnn(test_x)
                # 获取预测的类别索引
                pred_y = torch.max(test_output, 1)[1].data.numpy()
                # 计算准确率
```

```
            accuracy = float((pred_y == test_y.data.numpy()).astype(int).sum()) /
float(test_y.size(0))

    # 保存模型
    torch.save(cnn, 'cnn_minist.pkl')
```

上述代码是一个训练神经网络的示例，主要包括以下步骤：

01 定义优化器和损失函数。

02 在训练轮数中，对每个训练数据批次进行前向传播和反向传播。

03 每隔一定步数在测试数据上进行前向传播，并计算准确率。

04 最后，保存训练好的模型。

7.3.3 预测图像数据

对测试集数据进行预测，并输出准确率，编写代码如下：

```
    # 加载已保存的模型
    cnn = torch.load('cnn_minist.pkl')

    # 在测试数据的前 20 个样本上进行预测
    test_output = cnn(test_x[:20])
    # 获取预测的类别索引
    pred_y = torch.max(test_output, 1)[1].data.numpy()

    # 打印预测值
    print('预测值', pred_y)
    # 打印实际值
    print('实际值', test_y[:20].numpy())

    # 在整个测试数据上进行预测
    test_output1 = cnn(test_x)
    # 获取预测的类别索引
    pred_y1 = torch.max(test_output1, 1)[1].data.numpy()
    # 计算准确率
    accuracy = float((pred_y1 == test_y.data.numpy()).astype(int).sum()) /
float(test_y.size(0))

    # 打印准确率
    print('准确率', accuracy)
```

这段代码的主要功能是加载一个已保存的模型，并在测试数据上进行预测和计算准确率。

7.3.4 图像识别模型的判断

图像自动识别模型的完整代码如下：

```
#导入相关库
import torch
import torchvision
import torch.utils.data as Data
import torch.nn as nn
import torch.nn.functional as F

train_data = torchvision.datasets.MNIST(
    root = './',
    train = True,
    transform = torchvision.transforms.ToTensor(),
    download = False)

test_data = torchvision.datasets.MNIST(
    root='./',
    train=False)

test_x = torch.unsqueeze(test_data.data, dim=1).type(torch.FloatTensor)/255
test_y = test_data.targets

class CNN(nn.Module):
    def __init__(self):
        super(CNN,self).__init__()
        self.conv1 = nn.Sequential(
            nn.Conv2d(
                in_channels=1,
                out_channels=16,
                kernel_size=3,
                stride=1,
                padding=1
            ),
            nn.ReLU(),
            nn.MaxPool2d(kernel_size=2)
        )
        self.conv2 = nn.Sequential(
            nn.Conv2d(
                in_channels=16,
                out_channels=32,
                kernel_size=3,
                stride=1,
                padding=1
            ),
            nn.ReLU(),
            nn.MaxPool2d(kernel_size=2)
        )
        self.output = nn.Linear(32*7*7,10)

    def forward(self, x):
        out = self.conv1(x)
```

```
        out = self.conv2(out)
        out = out.view(out.size(0),-1)
        out = self.output(out)
        return out

cnn = CNN()

optimizer = torch.optim.Adam(cnn.parameters(),lr=LR,)
loss_func = nn.CrossEntropyLoss()

for epoch in range(EPOCH):
    for step ,(b_x,b_y) in enumerate(train_loader):
        output = cnn(b_x)
        loss = loss_func(output,b_y)

        optimizer.zero_grad()
        loss.backward()
        optimizer.step()

        if step%50 ==0:
            test_output = cnn(test_x)
            pred_y = torch.max(test_output, 1)[1].data.numpy()
            accuracy = float((pred_y == test_y.data.numpy()).astype(int).sum()) /
float(test_y.size(0))

torch.save(cnn,'cnn_minist.pkl')

cnn = torch.load('cnn_minist.pkl')

test_output = cnn(test_x[:20])
pred_y = torch.max(test_output, 1)[1].data.numpy()

print('预测值', pred_y)
print('实际值', test_y[:20].numpy())

test_output1 = cnn(test_x)
pred_y1 = torch.max(test_output1, 1)[1].data.numpy()
accuracy = float((pred_y1 == test_y.data.numpy()).astype(int).sum()) /
float(test_y.size(0))
print('准确率',accuracy)
```

运行上述模型代码，输出预测值、实际值和准确率，如下所示：

```
预测值 [7 2 1 0 4 1 4 9 5 9 0 6 9 0 1 5 9 7 8 4]
实际值 [7 2 1 0 4 1 4 9 5 9 0 6 9 0 1 5 9 7 3 4]
准确率 0.9872
```

可以看出，图像识别模型的准确率较好，达到了0.9872。

7.4　动手练习：搭建图像自动分割模型

图像分割就是指把图像分成若干特定的、具有独特性质的区域并提出感兴趣的目标的技术和过程。为了更好地理解和应用图像自动分割技术，本节通过实际案例介绍基于PyTorch的图像自动分割模型。

7.4.1　加载数据集

导入相关第三方包：

```
#导入相关库
import os
import cv2
import numpy as np
import torch
from torch import nn
import torch.optim as optim
from torch.utils.data import Dataset, DataLoader
from torchvision import transforms
```

定义加载数据集的类：

```
class MyDataset(Dataset):
    """MyDataset 类，继承自 Dataset"""
    def __init__(self, train_path, transform=None):
        """初始化方法
        Args:
            train_path (str): 训练数据的路径
            transform (callable, optional): 数据预处理函数
        """
        self.images = os.listdir(train_path + '/last')  # 列出'last'目录下的所有图
像文件
        self.labels = os.listdir(train_path + '/last_msk')  # 列出'last_msk'目录
下的所有标签文件
        assert len(self.images) == len(self.labels), '数量不匹配'  # 断言图像和标签
的数量相等
        self.transform = transform
        self.images_and_labels = []             # 用于存储图像路径和标签路径的列表
        for i in range(len(self.images)):
            # 添加每个图像和其对应的标签路径到列表中
            self.images_and_labels.append((train_path + '/last/' + self.images[i],
                                           train_path + '/last_msk/' + self.labels[i]))
```

```
    def __getitem__(self, item):
        """根据索引获取数据项
        Args:
            item (int): 数据项的索引
        Returns:
            tuple: 包含图像和标签的元组
        """
        img_path, lab_path = self.images_and_labels[item]  # 获取对应索引的图像路径
和标签路径
        img = cv2.imread(img_path)                   # 使用 OpenCV 读取图像
        img = cv2.resize(img, (224, 224))            # 调整图像大小
        lab = cv2.imread(lab_path, 0)                # 使用 OpenCV 读取标签
        lab = cv2.resize(lab, (224, 224))            # 调整标签大小
        lab = lab / 255                              # 归一化标签值到 [0, 1] 范围
        lab = lab.astype('uint8')                    # 将标签转换为无符号 8 位整数类型
        lab = np.eye(2)[lab]                         # 将标签转换为 one-hot 编码形式
        # 对 one-hot 编码进行处理
        lab = np.array(list(map(lambda x: abs(x-1), lab))).astype('float32')
        lab = lab.transpose(2, 0, 1)                 # 调整 one-hot 编码的形状
        if self.transform is not None:               # 如果有数据预处理函数，应用到图像上
            img = self.transform(img)
        return img, lab                              # 返回图像和标签

    def __len__(self):
        """返回数据集的长度
        Returns:
            int: 数据集的长度
        """
        return len(self.images)                      # 返回图像的数量

if __name__ == '__main__':
    # 读取图像
    img = cv2.imread('data/train/last_msk/50.jpg', 0)
    img = cv2.resize(img, (16, 16))                  # 调整图像大小
    img2 = img / 255
    img3 = img2.astype('uint8')                      # 数据类型转换
    # 对标签进行 one-hot 编码
    hot1 = np.eye(2)[img3]
    hot2 = np.array(list(map(lambda x: abs(x-1), hot1)))  # 对one-hot编码进行处理
    # 打印处理后的 one-hot 编码的形状
    print(hot2.shape)
```

这段代码定义了一个名为MyDataset的类，用于处理图像数据集。它继承自Dataset类，并提供了图像路径和标签的加载、数据预处理以及根据索引获取数据项的方法。

- MyDataset类的__init__方法用于初始化数据集，加载图像和标签的文件列表，并确保它们的数量匹配。

- __getitem__方法根据给定的索引获取对应的图像和标签，并进行必要的预处理和编码。
- __len__方法返回数据集的长度，即图像的数量。
- 在__main__部分，通过读取图像并进行一系列操作，得到了处理后的one-hot编码，并打印出其形状。

7.4.2 搭建网络模型

先从简单的模型搭建开始，输入图像大小是3×224×224，卷积部分使用的是VGG11模型，经过第5个最大池化后开始上采样，经过5个反卷积层还原成原始图像大小，代码如下：

```
class Net(nn.Module):                          # 定义一个名为 Net 的神经网络模块
    def __init__(self):                        # 初始化方法
        super(Net, self).__init__()            # 调用父类的初始化方法
        # 定义第一层编码块，由卷积层、批归一化层和激活函数组成
        self.encode1 = nn.Sequential(
            nn.Conv2d(3, 64, kernel_size=3, stride=1, padding=1),
            nn.BatchNorm2d(64),
            nn.ReLU(True),
            nn.MaxPool2d(2, 2)
        )
        # 定义第二层编码块
        self.encode2 = nn.Sequential(
            nn.Conv2d(64, 128, kernel_size=3, stride=1, padding=1),
            nn.BatchNorm2d(128),
            nn.ReLU(True),
            nn.MaxPool2d(2, 2)
        )
        # 定义第三层编码块
        self.encode3 = nn.Sequential(
            nn.Conv2d(128, 256, kernel_size=3, stride=1, padding=1),
            nn.BatchNorm2d(256),
            nn.ReLU(True),
            nn.Conv2d(256, 256, 3, 1, 1),
            nn.BatchNorm2d(256),
            nn.ReLU(True),
            nn.MaxPool2d(2, 2)
        )
        # 定义第四层编码块
        self.encode4 = nn.Sequential(
            nn.Conv2d(256, 512, kernel_size=3, stride=1, padding=1),
            nn.BatchNorm2d(512),
            nn.ReLU(True),
            nn.Conv2d(512, 512, 3, 1, 1),
            nn.BatchNorm2d(512),
            nn.ReLU(True),
```

```
            nn.MaxPool2d(2, 2)
        )
        # 定义第五层编码块
        self.encode5 = nn.Sequential(
            nn.Conv2d(512, 512, kernel_size=3, stride=1, padding=1),
            nn.BatchNorm2d(512),
            nn.ReLU(True),
            nn.Conv2d(512, 512, 3, 1, 1),
            nn.BatchNorm2d(512),
            nn.ReLU(True),
            nn.MaxPool2d(2, 2)
        )
        # 定义第一层解码块，由卷积转置层、批归一化层和激活函数组成
        self.decode1 = nn.Sequential(
            nn.ConvTranspose2d(in_channels=512, out_channels=256, kernel_size=3,
stride=2, padding=1, output_padding=1),
            nn.BatchNorm2d(256),
            nn.ReLU(True)
        )
        # 定义第二层解码块
        self.decode2 = nn.Sequential(
            nn.ConvTranspose2d(256, 128, 3, 2, 1, 1),
            nn.BatchNorm2d(128),
            nn.ReLU(True)
        )
        # 定义第三层解码块
        self.decode3 = nn.Sequential(
            nn.ConvTranspose2d(128, 64, 3, 2, 1, 1),
            nn.BatchNorm2d(64),
            nn.ReLU(True)
        )
        # 定义第四层解码块
        self.decode4 = nn.Sequential(
            nn.ConvTranspose2d(64, 32, 3, 2, 1, 1),
            nn.BatchNorm2d(32),
            nn.ReLU(True)
        )
        # 定义第五层解码块
        self.decode5 = nn.Sequential(
            nn.ConvTranspose2d(32, 16, 3, 2, 1, 1),
            nn.BatchNorm2d(16),
            nn.ReLU(True)
        )
        # 定义分类器，用于生成最终的输出
        self.classifier = nn.Conv2d(16, 2, kernel_size=1)

    def forward(self, x):  # 前向传播方法
```

```
        # 对输入数据进行编码块的处理
        out = self.encode1(x)
        out = self.encode2(out)
        out = self.encode3(out)
        out = self.encode4(out)
        out = self.encode5(out)
        # 对编码后的数据进行解码块的处理
        out = self.decode1(out)
        out = self.decode2(out)
        out = self.decode3(out)
        out = self.decode4(out)
        out = self.decode5(out)
        # 通过分类器生成最终的输出
        out = self.classifier(out)
        return out

if __name__ == '__main__':  # 主程序
    # 生成一个随机的图像张量
    img = torch.randn(2, 3, 224, 224)
    # 创建 Net 类的实例
    net = Net()
    # 对随机图像进行前向传播
    sample = net(img)
    # 打印输出的形状
    print(sample.shape)
```


7.4.3　训练网络模型

下面训练网络模型，代码如下：

```
# 批次大小
batchsize = 8
# 训练轮数
epochs = 20
# 训练数据路径
train_data_path = 'data/train'

# 数据预处理
transform = transforms.Compose([transforms.ToTensor(),
transforms.Normalize(mean=[0.485, 0.456, 0.406], std=[0.229, 0.224, 0.225])])
# 构建自定义数据集
bag = MyDataset(train_data_path, transform)
# 数据加载器
dataloader = DataLoader(bag, batch_size=batchsize, shuffle=True)

# 设备选择
device = torch.device('cpu')
# 神经网络
```

```
    net = Net().to(device)
    # 损失函数
    criterion = nn.BCELoss()
    # 优化器
    optimizer = optim.SGD(net.parameters(), lr=1e-2, momentum=0.7)

    # 如果检查点文件夹不存在，则创建它
    if not os.path.exists('checkpoints'):
        os.mkdir('checkpoints')

    # 遍历每个训练轮数
    for epoch in range(1, epochs+1):
        # 遍历每个批次
        for batch_idx, (img, lab) in enumerate(dataloader):
            # 将数据移动到设备上
            img, lab = img.to(device), lab.to(device)
            # 前向传播得到输出
            output = torch.sigmoid(net(img))
            # 计算损失
            loss = criterion(output, lab)

            # 将输出转换为 NumPy 格式并复制
            output_np = output.cpu().data.numpy().copy()
            # 在每一维上找到输出的最小值的索引
            output_np = np.argmin(output_np, axis=1)
            # 复制标签的 NumPy 格式
            y_np = lab.cpu().data.numpy().copy()
            y_np = np.argmin(y_np, axis=1)

            # 每 20 个批次打印一次损失
            if batch_idx % 20 == 0:
                print('Epoch:[{}/{}]\tStep:[{}/{}]\tLoss:{:.6f}'.format(
                    epoch, epochs, (batch_idx+1)*len(img), len(dataloader.dataset),
loss.item()))

            # 梯度清零
            optimizer.zero_grad()
            # 反向传播计算梯度
            loss.backward()
            # 优化器更新参数
            optimizer.step()

        # 每10个轮数保存一次模型
        if epoch % 10 == 0:
            torch.save(net, './model/model_epoch_{}.pth'.format(epoch))
            print('./model/model_epoch_{}.pth saved!'.format(epoch))
```

7.4.4 应用网络模型

应用前面创建的模型，在测试文件夹下有5张图片，原始图像如图7-2所示。

图 7-2　原始图像

下面对其进行图像分割，编写代码如下：

```
# 定义一个名为 TestDataset 的数据集类，继承自 Dataset
class TestDataset(Dataset):
    def __init__(self, test_img_path, transform=None):  # 构造函数，接受测试图像路径和可选的变换
        self.test_img = os.listdir(test_img_path)   # 获取测试图像路径下的所有文件名
        self.transform = transform                  # 保存变换
        self.images = []                            # 用于存储处理后的图像路径
        for i in range(len(self.test_img)):         # 遍历文件名
            # 将文件名和路径组合成完整的图像路径并添加到列表中
            self.images.append(os.path.join(test_img_path, self.test_img[i]))


    def __getitem__(self, item):                 # 定义获取数据集中指定项的方法
        img_path = self.images[item]             # 获取指定项的图像路径
        img = cv2.imread(img_path)               # 读取图像
        img = cv2.resize(img, (224, 224))        # 调整图像大小
        if self.transform is not None:           # 如果有变换，则应用变换
            img = self.transform(img)
        return img                               # 返回处理后的图像

    def __len__(self):                           # 定义数据集长度的方法
        return len(self.test_img)                # 返回文件名的数量，即数据集的长度

# 测试图像路径
test_img_path = './data/test/last'
# 检查点路径
checkpoint_path = './model/model_epoch_20.pth'
# 结果保存目录
save_dir = 'data/test/result'
if not os.path.exists(save_dir):                 # 如果保存目录不存在，则创建它
    os.mkdir(save_dir)

# 构建变换
transform = transforms.Compose([transforms.ToTensor(),
transforms.Normalize(mean=[0.485, 0.456, 0.406], std=[0.229, 0.224, 0.225])])
# 创建 TestDataset 实例
bag = TestDataset(test_img_path, transform)
# 创建数据加载器
dataloader = DataLoader(bag, batch_size=1, shuffle=None)
```

```
# 加载检查点模型
net = torch.load(checkpoint_path)

# 遍历数据加载器中的每个图像
for idx, img in enumerate(dataloader):
    # 前向传播得到输出
    output = torch.sigmoid(net(img))

    # 将输出转换为 NumPy 格式并复制
    output_np = output.cpu().data.numpy().copy()
    # 在每一维上找到输出的最小值的索引
    output_np = np.argmin(output_np, axis=1)

    # 压缩输出并乘以255
    img_arr = np.squeeze(output_np)
    img_arr = img_arr * 255

    # 保存图像
    cv2.imwrite('%s/%03d.png' % (save_dir, idx), img_arr)
    # 打印保存的图像路径
    print('%s/%03d.png' % (save_dir, idx))
```

输出结果如图7-3所示，可以看出原始图像的特征得到了分割。

图 7-3　特征图像

需要注意的是，如果模型的训练次数不足，可能效果不是很好。

7.5　上机练习题

练习1：使用PyTorch实现图像分类任务。

> **提示** 要完成一个图像分类任务，可以使用卷积神经网络作为核心技术进行图像识别和分类。

参考以下步骤进行上机演练。

1. 导入所需的库和模块

```
import torch
import torch.nn as nn
```

```
import torch.optim as optim
from torch.utils.data import DataLoader
import torchvision.transforms as transforms
from torchvision.datasets import CIFAR10
```

2. 定义数据预处理的转换

```
transform = transforms.Compose([
    transforms.ToTensor(),
    transforms.Normalize((0.5, 0.5, 0.5), (0.5, 0.5, 0.5))
])
```

这里使用ToTensor将图像转换为张量，并使用Normalize进行标准化。

3. 加载和预处理数据集

```
trainset = CIFAR10(root='./data', train=True, download=True,
transform=transform)
trainloader = DataLoader(trainset, batch_size=4, shuffle=True, num_workers=2)
testset = CIFAR10(root='./data', train=False, download=True,
transform=transform)
testloader = DataLoader(testset, batch_size=4, shuffle=False, num_workers=2)
```

这里使用了CIFAR10数据集，并将其分为训练集和测试集。使用DataLoader来将数据集划分为小批次并进行加载。

4. 定义卷积神经网络模型

```
class Net(nn.Module):
    def __init__(self):
        super(Net, self).__init__()
        self.conv1 = nn.Conv2d(3, 6, 5)
        self.pool = nn.MaxPool2d(2, 2)
        self.conv2 = nn.Conv2d(6, 16, 5)
        self.fc1 = nn.Linear(16 * 5 * 5, 120)
        self.fc2 = nn.Linear(120, 84)
        self.fc3 = nn.Linear(84, 10)

    def forward(self, x):
        x = self.pool(F.relu(self.conv1(x)))
        x = self.pool(F.relu(self.conv2(x)))
        x = x.view(-1, 16 * 5 * 5)
        x = F.relu(self.fc1(x))
        x = F.relu(self.fc2(x))
        x = self.fc3(x)
        return x

net = Net()
```

这里定义了一个简单的卷积神经网络，包括卷积层、池化层和全连接层。

5. 定义损失函数和优化器

```
criterion = nn.CrossEntropyLoss()
optimizer = optim.SGD(net.parameters(), lr=0.001, momentum=0.9)
```

这里使用交叉熵损失函数和随机梯度下降优化器。

6. 进行训练和测试

```
for epoch in range(10):  # 训练10个周期
    running_loss = 0.0
    for i, data in enumerate(trainloader, 0):
        inputs, labels = data
        optimizer.zero_grad()
        outputs = net(inputs)
        loss = criterion(outputs, labels)
        loss.backward()
        optimizer.step()
        running_loss += loss.item()
        if i % 2000 == 1999:
            print('[%d, %5d] loss: %.3f' %
                  (epoch + 1, i + 1, running_loss / 2000))
            running_loss = 0.0

print('Finished Training')

correct = 0
total = 0
with torch.no_grad():
    for data in testloader:
        images, labels = data
        outputs = net(images)
        _, predicted = torch.max(outputs.data, 1)
        total += labels.size(0)
        correct += (predicted == labels).sum().item()

print('Accuracy of the network on the 10000 test images: %.2f %%' % (100 * correct
/ total))
```

在训练循环中，使用反向传播算法更新模型的参数，并计算损失。然后在测试循环中，计算网络在测试集上的准确率。

练习2：在PyTorch中实现图像识别任务。

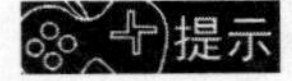
在PyTorch中实现图像识别任务，包括数据准备、模型构建、训练和测试4个步骤。

参考以下步骤进行上机演练。

1. 数据准备

从图像数据集中加载数据，通常使用torchvision.datasets.ImageFolder或者自定义的torch.utils.data.Dataset类。

对数据进行预处理，可以使用torchvision.transforms模块提供的函数，如图像大小调整、灰度化、归一化等。

2. 模型构建

定义一个卷积神经网络模型，可以使用torch.nn.Module作为基类。

在模型中添加卷积层、池化层、全连接层等不同类型的网络层，以提取图像特征。使用PyTorch提供的激活函数（如ReLU、Softmax等）增强模型的非线性能力。

3. 训练

01 定义损失函数，常用的是交叉熵损失函数。

02 选择优化器，如随机梯度下降法或 Adam 等。

03 划分训练集和验证集，使用 torch.utils.data.DataLoader 加载数据并进行批量训练。

04 在每个训练迭代中，使用前向传播计算模型输出，并与标签进行比较，得到损失。

05 使用反向传播更新网络参数，减小损失。

06 循环以上步骤，直至达到预设的训练迭代次数或达到停止条件。

4. 测试

使用训练好的模型对测试集进行预测，得到预测结果。评估预测结果的准确率、召回率等性能指标。

参考练习代码：

```
# 导入相关库
import torch
import torch.nn as nn
import torch.optim as optim
import torchvision.datasets as datasets
import torchvision.transforms as transforms
from torch.utils.data import DataLoader

# 定义网络模型
class Net(nn.Module):
```

```
    def __init__(self):
        super(Net, self).__init__()
        # 添加网络层
        self.conv1 = nn.Conv2d(3, 16, kernel_size=5, stride=1, padding=2)
        self.relu = nn.ReLU()
        self.maxpool = nn.MaxPool2d(kernel_size=2, stride=2)
        self.fc = nn.Linear(16*14*14, 10)  # 假设10个类别

    def forward(self, x):
        x = self.conv1(x)
        x = self.relu(x)
        x = self.maxpool(x)
        x = x.view(x.size(0), -1)
        x = self.fc(x)
        return x

# 加载训练数据集和测试数据集
train_dataset = datasets.CIFAR10(root='data/', train=True,
transform=transforms.ToTensor(), download=True)
test_dataset = datasets.CIFAR10(root='data/', train=False,
transform=transforms.ToTensor(), download=True)

# 定义数据加载器
train_loader = DataLoader(dataset=train_dataset, batch_size=64, shuffle=True)
test_loader = DataLoader(dataset=test_dataset, batch_size=64, shuffle=False)

# 定义模型、损失函数和优化器
model = Net()
criterion = nn.CrossEntropyLoss()
optimizer = optim.SGD(model.parameters(), lr=0.001, momentum=0.9)

# 训练模型
num_epochs = 10
device = torch.device("cuda" if torch.cuda.is_available() else "cpu")
model.to(device)
for epoch in range(num_epochs):
    for batch_idx, (data, targets) in enumerate(train_loader):
        data = data.to(device)
        targets = targets.to(device)

        # 前向传播
        scores = model(data)
        loss = criterion(scores, targets)

        # 反向传播与优化
        optimizer.zero_grad()
        loss.backward()
        optimizer.step()

        # 输出训练信息
```

```
        if (batch_idx+1) % 100 == 0:
            print(f'Epoch [{epoch+1}/{num_epochs}], Step 
[{batch_idx+1}/{len(train_loader)}], Loss: {loss.item():.4f}')

    # 测试模型
    model.eval()
    with torch.no_grad():
        correct = 0
        total = 0
        for data, targets in test_loader:
            data = data.to(device)
            targets = targets.to(device)

            scores = model(data)
            _, predicted = torch.max(scores.data, 1)
            total += targets.size(0)
            correct += (predicted == targets).sum().item()

        print(f'Accuracy on test set: {(correct/total)*100:.2f}%')
```

以上代码演示了在PyTorch中实现图像识别任务的基本步骤，具体可根据数据集和模型需求进行调整。

练习3：设计一个图像分割任务，要求使用PyTorch实现。

要求：

（1）选择适当的图像分割任务，例如物体检测、语义分割或实例分割等。

（2）使用合适的数据集进行训练和测试。

（3）使用PyTorch中的相关库和函数实现图像分割模型的搭建、训练和推断过程。

（4）给出示例代码，并解释每个步骤的作用和实现原理。

参考练习代码：

```
    #导入相关库
    import torch
    import torchvision
    from torchvision.transforms import ToTensor
    from torch.utils.data import DataLoader
    from torch import nn, optim

    #加载数据集：使用PyTorch内置的Cityscapes数据集作为示例，其中包含城市街景图像和相应的语义
分割标签
    train_dataset = torchvision.datasets.Cityscapes(root='./data', split='train', 
mode='fine', target_type='semantic', transform=ToTensor())
```

```
    test_dataset = torchvision.datasets.Cityscapes(root='./data', split='val',
mode='fine', target_type='semantic', transform=ToTensor())
    #创建数据加载器：使用DataLoader将数据集划分为批次进行训练和测试
    train_loader = DataLoader(train_dataset, batch_size=32, shuffle=True)
    test_loader = DataLoader(test_dataset, batch_size=32, shuffle=False)

    #定义模型：使用自定义的SegmentationModel类作为图像分割模型，该模型包含了卷积层和ReLU激活
函数
    class SegmentationModel(nn.Module):
        def __init__(self, num_classes):
            super(SegmentationModel, self).__init__()
            self.conv1 = nn.Conv2d(3, 64, kernel_size=3, stride=1, padding=1)
            self.relu1 = nn.ReLU(inplace=True)
            self.conv2 = nn.Conv2d(64, 64, kernel_size=3, stride=1, padding=1)
            self.relu2 = nn.ReLU(inplace=True)
            self.conv3 = nn.Conv2d(64, num_classes, kernel_size=3, stride=1,
padding=1)

        def forward(self, x):
            x = self.conv1(x)
            x = self.relu1(x)
            x = self.conv2(x)
            x = self.relu2(x)
            x = self.conv3(x)
            return x

    model = SegmentationModel(num_classes=20)  # 这里假设目标类别数为20

    #定义损失函数和优化器：使用交叉熵损失函数和Adam优化器
    criterion = nn.CrossEntropyLoss()
    optimizer = optim.Adam(model.parameters(), lr=0.001)

    #训练模型：迭代训练模型，计算损失并更新参数
    num_epochs = 10
    device = torch.device("cuda" if torch.cuda.is_available() else "cpu")
    model.to(device)
    for epoch in range(num_epochs):
        model.train()
        for images, labels in train_loader:
            images, labels = images.to(device), labels.to(device)
            optimizer.zero_grad()
            outputs = model(images)
            loss = criterion(outputs, labels)
            loss.backward()
            optimizer.step()
```

```
#测试模型：使用训练好的模型对测试集进行推断，并计算准确率
model.eval()
total_correct = 0
total_samples = 0
with torch.no_grad():
    for images, labels in test_loader:
        images, labels = images.to(device), labels.to(device)
        outputs = model(images)
        _, predicted = torch.max(outputs.data, 1)
        total_samples += labels.size(0)
        total_correct += (predicted == labels).sum().item()

accuracy = total_correct / total_samples
print('准确率: {:.2f}%'.format(100 * accuracy))
```

注意，这只是一个简单的示例，实际的图像分割任务可能需要更复杂和更深层的模型来达到更好的效果。另外，具体的图像分割任务和数据集需要根据实际需求进行调整。

第 8 章

PyTorch文本建模

自然语言处理学科属于计算机与语言学的交叉学科，旨在研究使用计算机技术处理各类文本数据，主要的研究方向有语义分析、机器翻译等，作为深度学习重要框架的PyTorch同样可以在文本数据处理中发挥作用。本章介绍基于PyTorch的文本建模技术及其案例。

8.1 自然语言处理的几个模型

文本预训练对于自然语言处理任务有着巨大的提升和帮助，而预训练模型也越来越多，从最初的Word2Vec模型到Seq2Seq模型和Attention模型，本节深入介绍这些模型。

8.1.1 Word2Vec 模型

Word2Vec模型使用一层神经网络将one-hot（独热编码）形式的词向量映射到分布式形式的词向量，使用了层次Softmax、负采样（Negative Sampling）等技巧进行训练速度上的优化。

在日常生活中使用的自然语言不能够直接被计算机所理解，当我们需要对这些自然语言进行处理时，就需要使用特定的手段对其进行分析或预处理。使用one-hot编码形式对文字进行处理可以得到词向量，但是，对文字进行唯一编号进行分析的方式存在数据稀疏的问题，Word2Vec能够解决这一问题，实现Word Embedding（个人理解为：某文本中词汇的关联关系，例如北京-中国、伦敦-英国）。

Word2Vec模型的主要用途有两点：一是用于其他复杂的神经网络模型的初始化（预处理）；二是把词与词之间的相似度用作某个模型的特征（分析）。

算法流程如下：

（1）将one-hot形式的词向量输入单层神经网络中，其中输入层的神经元节点个数应该和one-hot形式的词向量维数相对应。

（2）通过神经网络中的映射层中的激活函数计算目标单词与其他词汇的关联概率，在计算时使用了负采样的方式来提高其训练速度和正确率。

（3）通过使用随机梯度下降（SGD）优化算法计算损失。

（4）通过反向传播算法对神经元的各个权重和偏置进行更新。

因此，Word2Vec实质上是一种降维操作，即将one-hot形式的词向量转换为Word2Vec形式。

8.1.2　Seq2Seq 模型

Seq2Seq模型在输出长度不确定时采用，这种情况一般是在机器翻译任务中出现，将一句中文翻译成英文，那么这句英文的长度有可能比中文短，也有可能比中文长，所以输出的长度就不确定了。比如，当我们使用机器翻译时：输入（Hello）→输出（你好）。再比如，在人机对话中，我们问机器：“你是谁？”，机器会返回“我是某某”。

Seq2Seq属于Encoder-Decoder结构的一种，常见的Encoder-Decoder结构的基本思想就是利用两个RNN，一个RNN作为Encoder，另一个RNN作为Decoder。Encoder负责将输入序列压缩成指定长度的向量，这个向量就可以看成这个序列的语义，这个过程称为编码，如图8-1所示。获取语义向量最简单的方式就是直接将最后一个输入的隐状态作为语义向量***C***。也可以对最后一个隐含状态做一个变换得到语义向量，还可以将输入序列的所有隐含状态做一个变换得到语义变量。

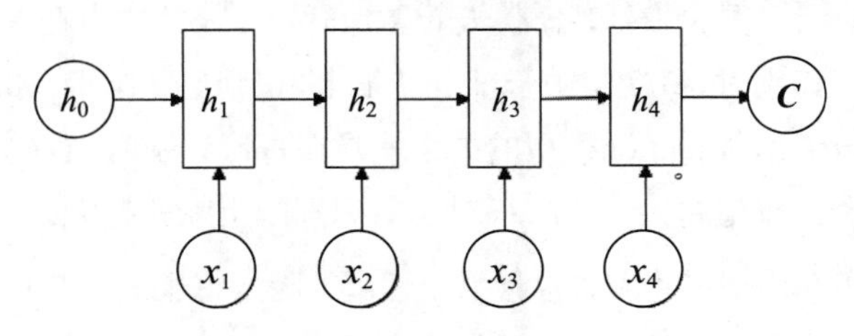

图 8-1　Encoder 编码过程

而Decoder则负责根据语义向量生成指定的序列，这个过程也称为解码，如图8-2所示，最简单的方式是将Encoder得到的语义变量作为初始状态输入Decoder的RNN中，得到输出序列。可以看到上一时刻的输出会作为当前时刻的输入，而且其中语义向量***C***只作为初始状态参与运算，后面的运算都与语义向量***C***无关。

Decoder的处理方式还有一种，就是语义向量***C***参与了序列所有时刻的运算，如图8-3所示，上一时刻的输出仍然作为当前时刻的输入，但语义向量***C***会参与所有时刻的运算。

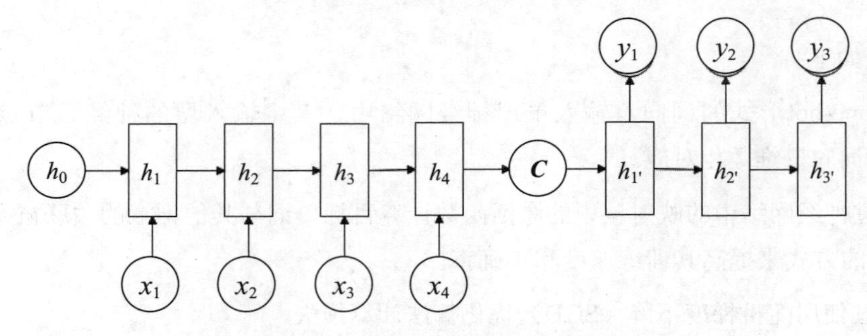

图 8-2 Decoder 解码过程

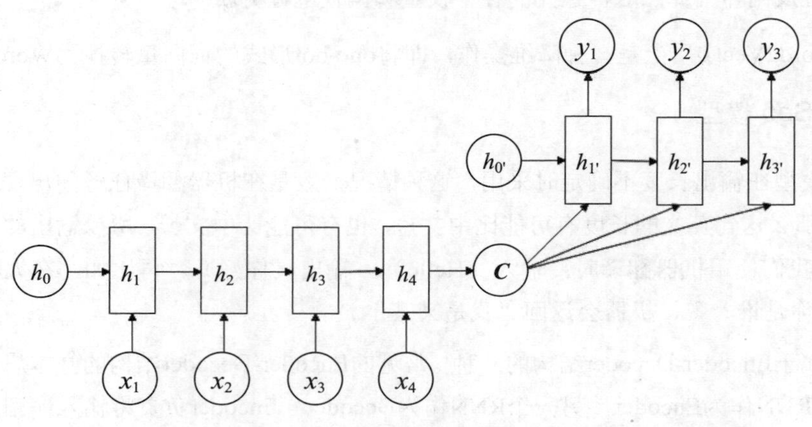

图 8-3 语义向量参与解码

8.1.3 Attention 模型

Attention模型最初应用于图像识别，模仿人看图像时，目光的焦点在不同的物体上移动。当神经网络对图像或语言进行识别时，每次集中于部分特征上，识别更加准确。如何衡量特征的重要性？最直观的方法就是权重，因此，Attention模型的结果就是在每次识别时，首先计算每个特征的权值，然后对特征进行加权求和，权值越大，该特征对当前识别的贡献就越大。

机器翻译中的Attention模型最直观，也最易于理解，因为每生成一个单词，找到源句子中与其对应的单词，翻译才准确。此处就以机器翻译为例讲解Attention模型的基本原理，目前机器翻译领域应用最广泛的模型——Encoder-Decoder结构。

Encoder-Decoder结构包括两部分：Encoder和Decoder，Encoder将输入数据（如图像或文本）编码为一系列特征，Decoder以编码的特征作为输入，将其解码为目标输出。Encoder和Decoder是两个独立的模型，可以采用神经网络，也可以采用其他模型。

Attention在Encoder-Decoder中介于Encoder和Decoder之间，首先根据Encoder和Decoder的特征计算权值，然后对Encoder的特征进行加权求和，作为Decoder的输入，其作用是将Encoder的特征以更好的方式呈献给Decoder。

8.2　动手练习：Word2Vec 提取相似文本

为了更好地理解和应用自然语言处理中的Word2Vec模型，本节通过实际案例介绍基于该模型提取相似文本。

8.2.1　加载数据集

我们将《哈利・波特与魔法石》小说的英文版电子书作为本例的数据集。

《哈利・波特与魔法石》是英国女作家J.K.罗琳创作的长篇小说——《哈利・波特》系列小说的第一部。该作品的英文原版1997年6月26日在英国出版，中文繁体版2000年6月23日出版，中文简体版2000年9月出版。该书讲述了自幼父母双亡的孤儿哈利・波特收到魔法学校霍格沃茨的邀请，前去学习魔法，之后遭遇的一系列历险。该小说情节跌宕起伏，语言风趣幽默，主题反映了现实和人性，发人深省。

读取数据的代码如下：

```
# 以只读模式打开文件'HarryPotter.txt'
with open('HarryPotter.txt', 'r') as f:
    # 读取文件中的每一行，并将其存储在一个列表中
    lines = f.readlines()
    # 对于列表中的每一行，使用split()方法将其分割成单词，并将这些单词存储在一个新的列表中
    raw_dataset = [st.split() for st in lines]
```

为了计算简单，我们只保留在数据集中至少出现5次的词，然后将词映射到整数索引，代码如下：

```
# 使用 collections.Counter 计算单词出现的次数
counter = collections.Counter([tk for st in raw_dataset for tk in st])
# 过滤出现次数大于或等于 5 的单词
counter = dict(filter(lambda x: x[1] >= 5, counter.items()))
# 提取所有出现次数大于或等于 5 的单词
idx_to_token = [tk for tk, _ in counter.items()]
# 建立单词到索引的映射
token_to_idx = {tk: idx for idx, tk in enumerate(idx_to_token)}
# 将原始数据集转换为索引数据集
```

```
    dataset = [[token_to_idx[tk] for tk in st if tk in token_to_idx] for st in raw_dataset]
    # 计算数据集中的总单词数
    num_tokens = sum([len(st) for st in dataset])
```

文本数据中一般会出现一些高频词，如英文中的the、a和in。通常来说，在一个背景窗口中，一个词和较低频词同时出现比和较高频词同时出现对训练词嵌入模型更有益。因此，训练词嵌入模型时可以对词进行二次采样，代码如下：

```
    def discard(idx):
        """
        定义一个名为 discard 的函数，接受一个参数 idx，返回一个随机数
        """
        return random.uniform(0, 1) < 1 - math.sqrt(
            1e-4 / counter[idx_to_token[idx]] * num_tokens)
    # 对数据集进行子采样
    subsampled_dataset = [[tk for tk in st if not discard(tk)] for st in dataset]
```

提取中心词和背景词，将与中心词距离不超过背景窗口大小的词作为它的背景词。下面定义函数提取出所有中心词和它们的背景词。它每次在整数1和max_window_size（最大背景窗口）之间随机均匀采样一个整数作为背景窗口大小，代码如下：

```
    def get_centers_and_contexts(dataset, max_window_size):
        """
        定义一个名为get_centers_and_contexts的函数，它接受两个参数：dataset和max_window_size
        这个函数的目的是从给定的数据集 dataset 中获取中心和上下文
        返回：一个包含中心和上下文的元组 (centers, contexts)
        """
        # 初始化两个空列表，用于存储中心和上下文
        centers = []
        contexts = []
        # 遍历数据集中的每个字符串 st
        for st in dataset:
            # 如果字符串长度小于 2，则跳过
            if len(st) < 2:
                continue
            # 将当前字符串添加到中心列表
            centers.append(st)
            # 对于每个中心
            for center_i in range(len(st)):
                # 生成一个随机的窗口大小，范围为1～max_window_size
                window_size = random.randint(1, max_window_size)
                # 生成一个包含中心索引和周围索引的列表中
```

```
        indices = list(range(max(0, center_i - window_size),
                             min(len(st), center_i + 1 + window_size)))
        # 从列表中移除中心索引
        indices.remove(center_i)
        # 将周围的字符串添加到上下文列表中
        context.append([st[idx] for idx in indices])
    # 返回中心和上下文列表
    return centers, contexts
```

我们假设最大背景窗口大小为5。下面提取数据集中所有的中心词及其背景词：

```
# 存储通过 get_centers_and_contexts 函数获取到的结果
all_centers, all_contexts = get_centers_and_contexts(subsampled_dataset, 5)
```

使用负采样来进行近似训练。对于一对中心词和背景词，我们随机采样K个噪声词（实验中设K=5）。根据Word2Vec论文的建议，噪声词采样概率P(w)设为w词频与总词频之比的0.75次方，代码如下：

```
def get_negatives(all_contexts, sampling_weights, K):
    """
    函数用于获取负样本

    参数:
    all_contexts (列表): 所有上下文的列表
    sampling_weights (列表): 采样权重的列表
    K (整数): 所需的负样本数量

    返回:
    all_negatives(列表): 包含负样本的列表
    """
    all_negatives, neg_candidates, i = [], [], 0
    # 生成一个包含采样权重对应索引的列表
    population = list(range(len(sampling_weights)))
    for contexts in all_contexts:
        # 初始化一个空列表用于存储负样本
        negatives = []
        # 当负样本数量小于上下文数量与 K 的乘积时, 继续循环
        while len(negatives) < len(contexts) * K:
            # 如果 i 等于 neg_candidates 的长度
            if i == len(neg_candidates):
                # i 和 neg_candidates 重新初始化
                i, neg_candidates = 0, random.choices(
                    population, sampling_weights, k=int(1e5))
            # 获取下一个负样本和更新 i
            neg, i = neg_candidates[i], i + 1

            # 如果负样本不在上下文集合中
            if neg not in set(contexts):
```

```
                # 将负样本添加到 negatives 列表中
                negatives.append(neg)
            # 将当前上下文的负样本添加到 all_negatives 列表中
            all_negatives.append(negatives)
        # 返回所有的负样本
        return all_negatives

    # 计算采样权重，这里使用计数器中每个元素的 0.75 次方
    sampling_weights = [counter[w]**0.75 for w in idx_to_token]
    # 调用 get_negatives 函数获取负样本，并将结果存储在 all_negatives 变量中
    all_negatives = get_negatives(all_contexts, sampling_weights, 5)
```

从数据集中提取所有中心词all_centers，以及每个中心词对应的背景词all_contexts和噪声词all_negatives，将通过随机小批量方法来读取它们。

下面实现这个小批量读取函数batchify。它的小批量输入data是一个列表，其中每个元素分别包含中心词center、背景词context和噪声词negative。该函数返回的小批量数据符合我们需要的格式，例如包含掩码变量。代码如下：

```
    def batchify(data):
        """
        对数据进行批处理

        参数:
        data (列表): 包含中心、上下文和负样本的数据

        返回:
        批处理后的数据，包括中心、上下文和负样本、掩码和标签
        """
        # 计算数据中最长的中心和负样本长度
        max_len = max(len(c) + len(n) for _, c, n in data)
        # 初始化列表用于存储批处理后的数据
        centers, contexts_negatives, masks, labels = [], [], [], []
        # 遍历数据中的每个中心、上下文和负样本
        for center, context, negative in data:
            # 获取当前中心、上下文和负样本的长度
            cur_len = len(context) + len(negative)
            # 将中心添加到中心列表中
            centers += [center]
            # 在上下文和负样本后面添加零，使其长度达到最大长度
            contexts_negatives += [context + negative + [0] * (max_len - cur_len)]
            # 创建掩码，长度为最大长度，前 cur_len 个位置为 1，其余位置为 0
            masks += [[1] * cur_len + [0] * (max_len - cur_len)]
            # 创建标签，长度为最大长度，前 len(context) 个位置为 1，其余位置为 0
            labels += [[1] * len(context) + [0] * (max_len - len(context))]
            # 将当前中心、上下文和负样本、掩码和标签转换为 Torch 张量，并进行视图转换
            batch = (torch.tensor(centers).view(-1, 1),
```

```
                torch.tensor(contexts_negatives),
                torch.tensor(masks), torch.tensor(labels))
    # 返回批处理后的数据
    return batch
```

用刚刚定义的batchify函数指定DataLoader实例中小批量的读取方式，然后打印读取的第一个批量中各个变量的形状，代码如下：

```
# 定义一个自定义的数据集类，继承自torch.utils.data.Dataset
class MyDataset(torch.utils.data.Dataset):
    # 类的初始化方法，当创建该类的实例时会自动调用
    def __init__(self, centers, contexts, negatives):
        # 确保传入的centers、contexts和negatives列表长度相等
        assert len(centers) == len(contexts) == len(negatives)
        # 将传入的centers列表赋值给实例属性self.centers
        self.centers = centers
        # 将传入的contexts列表赋值给实例属性self.contexts
        self.contexts = contexts
        # 将传入的negatives列表赋值给实例属性self.negatives
        self.negatives = negatives

    # 用于根据索引获取数据集中的一个样本
    def __getitem__(self, index):
        # 返回一个元组，包含指定索引处的中心词、上下文词列表和负采样词列表
        return (self.centers[index], self.contexts[index],
self.negatives[index])

    # 用于返回数据集的长度，即样本的数量
    def __len__(self):
        # 返回中心词列表的长度
        return len(self.centers)

# 定义批次大小
batch_size = 256
# 根据操作系统平台设置 num_workers
num_workers = 0 if sys.platform.startswith('win32') else -1

# 创建数据集对象
dataset = MyDataset(all_centers, all_contexts, all_negatives)

# 实例化 DataLoader
data_iter = Data.DataLoader(dataset, batch_size, shuffle=True,
                            collate_fn=batchify, num_workers=num_workers)

# 遍历数据迭代器
for batch in data_iter:
    # 遍历批次中的数据
```

```
    for name, data in zip(['centers', 'contexts_negatives', 'masks', 'labels'], 
batch):
        # 打印数据的名称和形状
        print(name, 'shape:', data.shape)
    # 跳出循环
    break
```

8.2.2　搭建网络模型

上一小节已经完成了《哈利·波特与魔法石》数据集的加载，下面开始搭建模型。

首先，设置模型的损失函数，代码如下：

```
# 定义一个名为 SigmoidBinaryCrossEntropyLoss 的神经网络模块
class SigmoidBinaryCrossEntropyLoss(nn.Module):
    def __init__(self):  # 构造函数
        super(SigmoidBinaryCrossEntropyLoss, self).__init__()  # 调用父类构造函数

    def forward(self, inputs, targets, mask=None):  # 前向传播函数，计算损失
        # 将输入、目标和掩码转换为浮点型
        inputs, targets, mask = inputs.float(), targets.float(), mask.float()
        res = nn.functional.binary_cross_entropy_with_logits(inputs, targets,
              reduction="none", weight=mask)  # 使用函数binary_cross_entropy_
with_logits计算二进制交叉熵损失
        res = res.sum(dim=1) / mask.float().sum(dim=1)  # 对每个样本的损失进行求和，
并除以掩码的和
        return res                          # 返回计算得到的损失

loss = SigmoidBinaryCrossEntropyLoss() #创建SigmoidBinaryCrossEntropyLoss的实例

# 定义sigmoid函数
def sigmoid(x):
    return - math.log(1 / (1 + math.exp(-x)))  # 返回 sigmoid 函数的值
```

然后初始化模型参数：

```
# 设置嵌入向量的大小为 200
embed_size = 200

# 创建一个神经网络
net = nn.Sequential(
    # 嵌入层，将输入的索引映射到嵌入向量，嵌入向量的维度为embed_size
    nn.Embedding(num_embeddings=len(idx_to_token), embedding_dim=embed_size),
    # 另一个嵌入层，与上一个嵌入层相同
    nn.Embedding(num_embeddings=len(idx_to_token), embedding_dim=embed_size)
)
```

上述代码定义了一个神经网络net，它由两个连续的嵌入层组成。嵌入层用于将输入的索引idx_to_token映射到嵌入向量，嵌入向量的大小为embed_size。

在这个示例中，嵌入向量的大小被设置为200。然后，通过nn.Sequential来顺序地堆叠两个嵌入层。每个嵌入层都是使用nn.Embedding类创建的，其中num_embeddings参数指定了索引的数量，即idx_to_token 的长度，embedding_dim参数指定了嵌入向量的维度，即embed_size。

这样的结构可能用于自然语言处理任务，其中idx_to_token可能是词汇表到索引的映射，而嵌入层用于将词汇表中的单词或标记映射到低维度的嵌入向量表示。这些嵌入向量可以用于后续的神经网络处理，例如分类、生成等任务。具体的用途和解释将取决于代码的上下文和整体任务需求。

8.2.3　训练网络模型

上一小节已经搭建好模型，本小节将对上述搭建的模型进行训练，从而为后续模型的应用提供基础。

在前向训练计算中，跳字模型的输入包含中心词索引center以及连接的背景词与噪声词索引contexts_and_negatives。其中center变量的形状为（批量大小，1），而contexts_and_negatives变量的形状为（批量大小，max_len）。这两个变量先通过词嵌入层分别由词索引变换为词向量，再通过小批量乘法得到形状为（批量大小，1，max_len）的输出。输出中的每个元素是中心词向量与背景词向量或噪声词向量的内积。

```
# 定义一个名为skip_gram的函数
def skip_gram(center, contexts_and_negatives, embed_v, embed_u):
    """
    该函数用于计算skip-gram模型的预测

    参数:
    center (object): 中心词
    contexts_and_negatives (object): 上下文词和负样本
    embed_v (function): 将输入映射到嵌入向量的函数
    embed_u (function): 将输入映射到嵌入向量的函数

    返回:
    pred (torch.Tensor): 预测结果
    """
    # 使用 embed_v 函数将中心词映射到嵌入向量 v
    v = embed_v(center)
    # 使用 embed_u 函数将上下文词和负样本映射到嵌入向量 u，并对其进行转置
    u = embed_u(contexts_and_negatives).permute(0, 2, 1)
    # 计算 v 和转置后的 u 的批量矩阵乘法
    pred = torch.bmm(v, u)
    # 返回预测结果
    return pred
```

下面定义训练函数。由于填充项的存在，与之前的训练函数相比，损失函数的计算稍有不同，代码如下：

```
def train(net, lr, num_epochs):  # 定义一个名为 train 的函数，用于训练模型
    """
    该函数用于训练神经网络模型

    参数:
    net (nn.Module)：要训练的神经网络模型
    lr (float)：学习率
    num_epochs (int)：训练的轮数

    """
    # 判断是否可以使用 GPU，如果可以，则使用GPU，否则使用CPU
    device = torch.device('cuda' if torch.cuda.is_available() else 'cpu')
    print("在", device, "上训练")
    # 将模型转移到指定的设备上
    net = net.to(device)
    # 使用 Adam 优化器
    optimizer = torch.optim.Adam(net.parameters(), lr=lr)
    # 遍历每个训练轮数
    for epoch in range(num_epochs):
        # 记录每轮训练的开始时间、损失总和以及样本数量
        start, l_sum, n = time.time(), 0.0, 0
        # 遍历每个批次的数据
        for batch in data_iter:
            # 将数据转换到指定的设备上
            center, context_negative, mask, label = [d.to(device) for d in batch]
            # 计算 skip-gram 的预测结果
            pred = skip_gram(center, context_negative, net[0], net[1])
            # 计算损失
            l = loss(pred.view(label.shape), label, mask).mean()
            # 清空梯度
            optimizer.zero_grad()
            # 反向传播计算梯度
            l.backward()
            # 更新参数
            optimizer.step()
            # 累加本轮的损失
            l_sum += l.cpu().item()
            # 增加样本数量
            n += 1
        # 打印每轮训练的结果
        print('epoch %d, loss %.2f, time %.2fs' % (epoch + 1, l_sum / n, time.time()
- start))
    # 调用 train 函数进行训练
  train(net, 0.01, 5)
```

8.2.4　应用网络模型

训练好词嵌入模型之后，可以根据两个词向量的余弦相似度表示词与词之间在语义上的相似度。可以看到，使用训练得到的词嵌入模型时，与词chip语义最接近的词大多与芯片有关，代码如下：

```
# 定义一个函数，用于获取与给定查询令牌相似的令牌
def get_similar_tokens(query_token, k, embed):
    """
    该函数用于根据给定的查询令牌和嵌入矩阵获取k个最相似的令牌

    参数：
    query_token (str)：要查询的令牌
    k (int)：要获取的相似令牌数量
    embed (nn.Embedding)：嵌入矩阵

    """
    # 获取嵌入矩阵的数据
    W = embed.weight.data
    # 获取查询令牌在嵌入矩阵中的索引
    x = W[token_to_idx[query_token]]
    # 计算余弦相似度
    cos = torch.matmul(W, x) / (torch.sum(W * W, dim=1) * torch.sum(x * x) + 
1e-9).sqrt()
    # 获取 k+1 个最相似的令牌的索引和值
    _, topk = torch.topk(cos, k=k+1)
    # 将索引转换为 CPU 数组并保存
    topk = topk.cpu().numpy()
    # 打印出相似令牌的余弦相似度和令牌本身
    for i in topk[1:]:
        print('余弦相似度=%.3f: %s' % (cos[i], (idx_to_token[i])))

# 调用函数获取与'Dursley'相似的 5 个令牌
get_similar_tokens('Dursley', 5, net[0])
```

上述代码定义了一个名为get_similar_tokens的函数，它接受一个查询令牌query_token、要获取的相似令牌数量k以及嵌入矩阵embed作为参数。函数使用嵌入矩阵计算查询令牌与其他令牌之间的余弦相似度，并返回k个最相似的令牌。

在函数内部，首先获取嵌入矩阵的数据W，并通过token_to_idx字典找到查询令牌在嵌入矩阵中的索引x，然后计算查询令牌与所有令牌之间的余弦相似度cos，接下来使用torch.topk函数获取k+1个最相似的令牌的索引和值。最后将索引转换为CPU数组topk，并遍历打印出相似令牌的余弦相似度和令牌本身。

在程序中，调用get_similar_tokens函数，传入'Dursley'作为查询令牌，5作为相似令牌数量，并使用net[0]作为嵌入矩阵。该函数将返回并打印出与'Dursley'最相似的5个令牌。

输出如下：

```
余弦相似度 = 0.265: boys
余弦相似度 = 0.252: fire
余弦相似度 = 0.249: ahead
余弦相似度 = 0.232: underneath
余弦相似度 = 0.220: owls
```

8.3 动手练习：Seq2Seq 实现机器翻译

为了更好地理解和应用自然语言处理中的Seq2Seq模型，本节通过实际案例介绍基于该模型进行机器翻译。

8.3.1 加载数据集

本案例所使用的数据集是由多个英文语句及其对应的中文翻译构成的，且分为训练集和测试集两个文件，具体如图8-4所示。

train.txt

```
1  I like sports.   我喜欢运动。
2  I like sweets.   我喜欢甜食。
3  I like to eat.   我喜欢吃。
4  I like to run.   我喜欢跑步。
5  I love movies.   我爱电影。
6  I love nature.   我爱大自然。
7  I love sports.   我喜欢运动。
8  I miss Boston.   我想念波士顿。
9  I must go now.   我现在必须走了。
10 I need to try.   我需要尝试。
11 I think I can.   我想我可以。
12 I use Twitter.   我用Twitter。
13 I want to cry.   我想哭。
14 I was at home.   我刚才在家。
15 I was so cold.   我很冷。
16 I'll buy this.   我要买这个。
17 I'll call you.   我会打电话给你。
18 I'll eat here.   我会在这里吃饭。
19 I'll take him.   我会去接他的。
20 I'm a teacher.   我是个老师。
21 I'm exhausted.   我累死了。
22 I'm on a diet.   我在节食。
23 I'm on my way.   我这就上路。
24 I'm so stupid.   我真蠢。
```

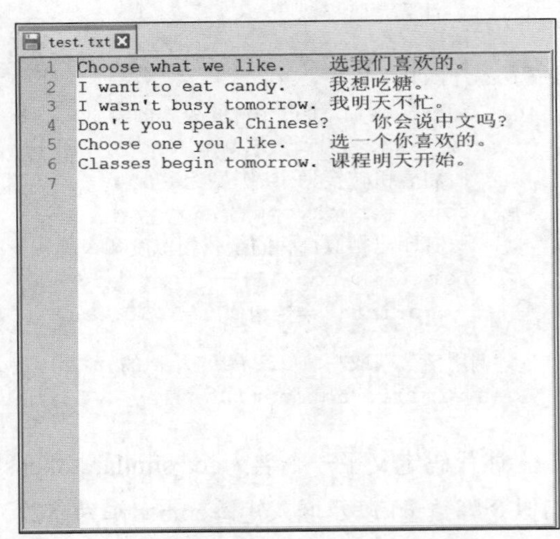

test.txt

```
1 Choose what we like.      选我们喜欢的。
2 I want to eat candy.      我想吃糖。
3 I wasn't busy tomorrow.   我明天不忙。
4 Don't you speak Chinese?      你会说中文吗?
5 Choose one you like.      选一个你喜欢的。
6 Classes begin tomorrow.   课程明天开始。
7
```

图 8-4 案例数据集

首先，导入建模过程中需要使用的Python库，代码如下：

```
#导入相关库
import os
import sys
import math
from collections import Counter
import numpy as np
```

```
import random
import torch
import torch.nn as nn
import torch.nn.functional as F
import nltk
```

定义读取本地数据的函数：

```
def load_data(in_file):  # 定义一个函数用于加载数据
    """
    该函数从指定的文件中加载数据，并将数据分为英文和中文部分

    参数：
    in_file (str)：输入文件的路径

    返回：
    en (list)：英文数据列表
    cn (list)：中文数据列表
    """
    cn = []                          # 初始化中文数据列表
    en = []                          # 初始化英文数据列表
    num_examples = 0                 # 记录数据样本数量
    with open(in_file, 'r', encoding='utf8') as f:    # 以'utf8'编码打开文件
        for line in f:                                # 遍历文件中的每一行
            line = line.strip().split('\t')         # 去除行首尾的空格，并按制表符分割

            # 将英文添加到 en 列表中
            en.append(['BOS'] + nltk.word_tokenize(line[0].lower()) + ['EOS'])
            # 将中文添加到 cn 列表中
            cn.append(['BOS'] + [c for c in line[1]] + ['EOS'])

    return en, cn                                 # 返回英文数据和中文数据

train_file = './data/train.txt'                   # 训练数据文件路径
dev_file = './data/test.txt'                      # 开发数据文件路径
train_en, train_cn = load_data(train_file)        # 加载训练数据
dev_en, dev_cn = load_data(dev_file)              # 加载开发数据
```

这段代码定义了一个名为load_data的函数，用于从文件中加载数据，并将数据分为英文和中文两部分。然后，使用给定的文件路径加载训练数据和开发数据，并分别存储在train_en、train_cn、dev_en和dev_cn变量中。

然后构建单词表函数，代码如下：

```
# 定义常量
UNK_IDX = 0
PAD_IDX = 1

# 构建字典的函数
```

```
def build_dict(sentences, max_words = 50000):
    """
    该函数用于构建单词字典

    参数:
    sentences (list): 句子列表
    max_words (int, 可选): 最大单词数量

    返回:
    word_dict (dict): 单词到索引的映射字典
    total_words (int): 总单词数量
    """
    word_count = Counter()                # 用于统计单词出现次数的计数器
    for sentence in sentences:            # 遍历句子列表中的每个句子
        for word in sentence:             # 遍历句子中的每个单词
            word_count[word] += 1         # 增加单词的计数

    ls = word_count.most_common(max_words)  # 获取出现次数最多的 max_words 个单词
    total_words = len(ls) + 2             # 总单词数量为常见单词数量加 2（包括 UNK 和 PAD）

    # 构建单词到索引的映射字典，索引从 2 开始（1 留给 PAD，0 留给 UNK）
    word_dict = {w[0]: index + 2 for index, w in enumerate(ls)}
    word_dict['UNK'] = UNK_IDX            # 设置 UNK 的索引为 0
    word_dict['PAD'] = PAD_IDX  # 设置 PAD 的索引为 1

    return word_dict, total_words

# 调用函数并创建逆字典
en_dict, en_total_words = build_dict(train_en)
cn_dict, cn_total_words = build_dict(train_cn)
inv_en_dict = {v: k for k, v in en_dict.items()}  # 构建索引到单词的逆映射字典
inv_cn_dict = {v: k for k, v in cn_dict.items()}  # 构建索引到单词的逆映射字典
```

上述代码首先定义了两个常量UNK_IDX和PAD_IDX，分别表示未知词和填充词的索引。然后定义了一个名为build_dict的函数，用于构建单词字典。

在函数内部，首先使用一个计数器word_count来统计输入句子中的单词出现次数。然后获取出现次数最多的max_words个单词，并计算总单词数量。接着根据统计结果构建单词到索引的映射字典word_dict，并设置未知词和填充词的索引。最后返回单词字典和总单词数量。

接下来，通过调用build_dict函数分别构建英文和中文的单词字典，并将结果存储在en_dict和cn_dict中。同时，创建了英文和中文的逆映射字典inv_en_dict和inv_cn_dict，用于将索引转换回单词。

把单词全部转变成数字，设置sort_by_len为True，这是为了使得一个batch中的句子长度差不多，所以按长度排序，代码如下：

```
# 定义一个名为 encode 的函数，用于对输入的英文句子和中文句子进行编码
def encode(en_sentences, cn_sentences, en_dict, cn_dict, sort_by_len=True):
```

```
    """
    该函数将英文句子和中文句子编码为索引序列

    参数：
    en_sentences (list)：英文句子列表
    cn_sentences (list)：中文句子列表
    en_dict (dict)：英文单词到索引的映射字典
    cn_dict (dict)：中文字符到索引的映射字典
    sort_by_len (bool，可选)：是否根据长度对句子进行排序

    返回：
    out_en_sentences (list)：编码后的英文句子列表
    out_cn_sentences (list)：编码后的中文句子列表
    """
    length = len(en_sentences)  # 计算英文句子列表的长度
    # 对每个英文句子进行编码，使用 en_dict 获取单词的索引
    out_en_sentences = [[en_dict.get(w, 0) for w in sent] for sent in en_sentences]
    # 对每个中文句子进行编码，使用 cn_dict 获取字符的索引
    out_cn_sentences = [[cn_dict.get(w, 0) for w in sent] for sent in cn_sentences]

    def len_argsort(seq):  # 定义一个内部函数 len_argsort，用于根据长度对序列进行排序
        # 根据元素长度对序列进行排序
        return sorted(range(len(seq)), key=lambda x: len(seq[x]))

    # 根据长度排序
    if sort_by_len:  # 如果 sort_by_len 为 True
        sorted_index = len_argsort(out_en_sentences)   # 对编码后的英文句子进行排序
        # 根据排序后的索引重新排列英文句子
        out_en_sentences = [out_en_sentences[i] for i in sorted_index]
        # 根据排序后的索引重新排列中文句子
        out_cn_sentences = [out_cn_sentences[i] for i in sorted_index]

    return out_en_sentences, out_cn_sentences       # 返回编码后的英文句子和中文句子

# 调用encode函数对训练数据进行编码
train_en, train_cn = encode(train_en, train_cn, en_dict, cn_dict)
# 调用encode函数对开发数据进行编码
dev_en, dev_cn = encode(dev_en, dev_cn, en_dict, cn_dict)
```

上述代码定义了一个名为encode的函数，它接受英文句子列表、中文句子列表、英文单词到索引的映射字典、中文字符到索引的映射字典以及一个布尔值sort_by_len作为参数。该函数将句子编码为索引序列，并根据句子长度进行排序。

在函数内部，首先计算英文句子列表的长度。然后通过遍历句子列表，使用映射字典将单词或字符转换为索引，并将结果存储在相应的列表中。接下来定义了一个内部函数len_argsort，用于根据长度对序列进行排序。如果sort_by_len为True，则根据句子长度对编码后的英文句子进行排序，并重新排列结果。最后返回编码后的英文句子和中文句子。

最后，通过调用encode函数对训练数据和开发数据进行编码，并将结果分别存储在train_en、train_cn、dev_en和dev_cn变量中。

把全部句子分批，定义相应函数的代码如下：

```
# 定义一个函数，用于获取最小批次
def get_minibatches(n, minibatch_size, shuffle=True):
    """
    该函数将数据分成指定大小的最小批次

    参数:
    n (int): 数据的总数
    minibatch_size (int): 每个最小批次的大小
    shuffle (bool, 可选): 是否打乱数据的顺序

    返回:
    idx_list (list): 包含每个最小批次起始索引的列表
    minibatches (list): 每个最小批次的索引范围列表
    """
    # 创建一个包含数据索引的列表，每个索引之间的间隔为 minibatch_size
    idx_list = np.arange(0, n, minibatch_size)
    if shuffle:                          # 如果需要打乱数据顺序
        np.random.shuffle(idx_list)      # 使用 NumPy 的随机打乱函数
    minibatches = []                     # 创建一个空列表来存储最小批次的索引范围
    for idx in idx_list:                 # 遍历每个索引
        # 获取每个最小批次的索引范围并添加到列表中
        minibatches.append(np.arange(idx, min(idx + minibatch_size, n)))
    return minibatches                   # 返回最小批次的列表

# 定义一个函数，用于准备数据
def prepare_data(seqs):
    """
    该函数将序列数据转换为适合模型输入的格式

    参数:
    seqs (list): 序列数据列表

    返回:
    x (ndarray): 输入数据矩阵，每个序列按长度填充到最大长度
    x_lengths (ndarray): 每个序列的长度
    """
    lengths = [len(seq) for seq in seqs]      # 计算每个序列的长度
    n_samples = len(seqs)                     # 序列的总数
    max_len = np.max(lengths)                 # 找到最长序列的长度

    # 创建一个全零矩阵，形状为 (n_samples, max_len)，数据类型为 int32
    x = np.zeros((n_samples, max_len)).astype('int32')
    x_lengths = np.array(lengths).astype('int32')     # 将序列长度转换为ndarray
```

```
    for idx, seq in enumerate(seqs):              # 遍历每个序列
        x[idx, :lengths[idx]] = seq               # 将序列填充到 x 矩阵中

    return x, x_lengths                           # 返回填充后的 x 矩阵和序列长度

# 定义一个函数，用于生成示例
def gen_examples(en_sentences, cn_sentences, batch_size):
    """
    该函数将输入的句子分成最小批次，并准备数据

    参数:
    en_sentences (list): 英文句子列表
    cn_sentences (list): 中文句子列表
    batch_size (int): 每个批次的大小

    返回:
    all_ex (list): 包含所有批次数据的列表
    """
    minibatches = get_minibatches(len(en_sentences), batch_size)  # 获取最小批次
    all_ex = []                                # 创建一个空列表来存储所有批次的数据

    for minibatch in minibatches:                             # 遍历每个最小批次
        # 获取该批次的英文句子
        mb_en_sentences = [en_sentences[t] for t in minibatch]
        # 获取该批次的中文句子
        mb_cn_sentences = [cn_sentences[t] for t in minibatch]
        mb_x, mb_x_len = prepare_data(mb_en_sentences)        # 准备该批次的输入数据
        mb_y, mb_y_len = prepare_data(mb_cn_sentences)        # 准备该批次的目标数据
        all_ex.append((mb_x, mb_x_len, mb_y, mb_y_len))       # 将该批次的数据添加到
all_ex 列表中

    return all_ex  # 返回所有批次的数据列表

batch_size = 64  # 设定批次大小
train_data = gen_examples(train_en, train_cn, batch_size)  # 生成训练数据的批次
dev_data = gen_examples(dev_en, dev_cn, batch_size)        # 生成开发数据的批次
```

至此，完成了数据集的加载。

8.3.2 搭建网络模型

在完成数据集的加载之后，开始搭建网络模型，具体步骤如下。

定义计算损失的函数，代码如下：

```
# 定义一个名为 LanguageModelCriterion 的神经网络模块
class LanguageModelCriterion(nn.Module):
    def __init__(self):  # 构造函数
        # 调用父类 nn.Module 的构造函数
        super(LanguageModelCriterion, self).__init__()
```

```
    def forward(self, input, target, mask):  # 前向传播方法
        # 将输入转换为连续的形式，并调整其形状
        input = input.contiguous().view(-1, input.size(2))
        # 将目标和掩码转换为连续的形式，并调整其形状
        target = target.contiguous().view(-1, 1)
        mask = mask.contiguous().view(-1, 1)
        # 根据目标在输入中的位置进行索引获取，并乘以掩码
        output = -input.gather(1, target) * mask
        # 对输出进行求和，并除以掩码的总和
        output = torch.sum(output) / torch.sum(mask)

        return output
```

Encoder模型的任务是把输入文字传入Embedding层和GRU层，转换成一些隐藏状态（Hidden States）作为后续的上下文向量（Context Vectors），代码如下：

```
# 定义一个名为 PlainEncoder 的神经网络模块
class PlainEncoder(nn.Module):
    def __init__(self, vocab_size, hidden_size, dropout=0.2):  # 初始化函数
        super(PlainEncoder, self).__init__()  # 调用父类 nn.Module 的初始化函数
        # 嵌入层，将词汇表大小的输入映射到隐藏大小的嵌入向量
        self.embed = nn.Embedding(vocab_size, hidden_size)
        # 循环神经网络（GRU），隐藏大小与嵌入大小相同，批次优先
        self.rnn = nn.GRU(hidden_size, hidden_size, batch_first=True)
        self.dropout = nn.Dropout(dropout)    #创建Dropout层，用于防止过拟合

    def forward(self, x, lengths):              # 前向传播方法
        # 按长度降序对输入进行排序
        sorted_len, sorted_idx = lengths.sort(0, descending=True)
        # 根据排序后的索引重新排列输入
        x_sorted = x[sorted_idx.long()]
        # 对重新排列后的输入进行嵌入并应用到Dropout层
        embedded = self.dropout(self.embed(x_sorted))

        # 将嵌入向量打包成填充的序列
        packed_embedded = nn.utils.rnn.pack_padded_sequence(embedded,
sorted_len.long().cpu().data.numpy(), batch_first=True)
        # 运行循环神经网络
        packed_out, hidden = self.rnn(packed_embedded)
        # 解包填充的序列
        out, _ = nn.utils.rnn.pad_packed_sequence(packed_out, batch_first=True)

        # 按原始顺序重新排列输出和隐藏状态
        _, original_idx = sorted_idx.sort(0, descending=False)

        # 确保输出连续
        out = out[original_idx.long()].contiguous()
```

```
        # 取最后一个时间步的隐藏状态
        hidden = hidden[:, original_idx.long()].contiguous()

        # 返回输出和最后一个时间步的隐藏状态
        return out, hidden[[-1]]
```

Decoder会根据已经翻译的句子内容和上下文向量来决定下一个输出的单词，代码如下：

```
# 定义一个名为 PlainDecoder 的神经网络模块
class PlainDecoder(nn.Module):
    def __init__(self, vocab_size, hidden_size, dropout=0.2):  # 初始化函数
        super(PlainDecoder, self).__init__()  # 调用父类 nn.Module 的初始化函数
        # 嵌入层，将词汇表大小的输入映射到隐藏大小的嵌入向量
        self.embed = nn.Embedding(vocab_size, hidden_size)
        # 循环神经网络（GRU），隐藏大小与嵌入大小相同，批次优先
        self.rnn = nn.GRU(hidden_size, hidden_size, batch_first=True)
        # 全连接层，将隐藏状态映射到词汇表大小的输出
        self.fc = nn.Linear(hidden_size, vocab_size)
        self.dropout = nn.Dropout(dropout)    #创建Dropout层，用于防止过拟合

    def forward(self, y, y_lengths, hid):    # 前向传播方法
        # 按长度降序对输入进行排序
        sorted_len, sorted_idx = y_lengths.sort(0, descending=True)
        # 根据排序后的索引重新排列输入
        y_sorted = y[sorted_idx.long()]
        hid = hid[:, sorted_idx.long()]        # 按排序后的索引重新排列隐藏状态

        # 对重新排列后的输入应用嵌入并添加Dropout层
        y_sorted = self.dropout(self.embed(y_sorted))

        # 将输入打包成填充的序列
        packed_seq = nn.utils.rnn.pack_padded_sequence(y_sorted,
sorted_len.long().cpu().data.numpy(), batch_first=True)
        # 运行循环神经网络并更新隐藏状态
        out, hid = self.rnn(packed_seq, hid)
        # 解包填充的序列
        unpacked, _ = nn.utils.rnn.pad_packed_sequence(out, batch_first=True)

        # 按原始顺序重新排列输出和隐藏状态
        _, original_idx = sorted_idx.sort(0, descending=False)
        output_seq = unpacked[original_idx.long()].contiguous()
        hid = hid[:, original_idx.long()].contiguous()

        # 通过全连接层并应用对数Softmax函数得到输出
        output = F.log_softmax(self.fc(output_seq), -1)

        return output, hid              # 返回输出和更新后的隐藏状态
```

构建Seq2Seq模型把encoder、attention和decoder串到一起：

```
# 定义一个名为 PlainSeq2Seq 的神经网络模块
class PlainSeq2Seq(nn.Module):
    # 初始化函数，接受两个参数：encoder和decoder
    def __init__(self, encoder, decoder):
        super(PlainSeq2Seq, self).__init__()    # 调用父类 nn.Module 的初始化函数
        self.encoder = encoder  # 编码器
        self.decoder = decoder  # 解码器

    # 前向传播方法，处理输入 x、x_lengths、y 和 y_lengths
    def forward(self, x, x_lengths, y, y_lengths):
        # 运行编码器，得到编码器的输出和隐藏状态
        encoder_cut, hid = self.encoder(x, x_lengths)
        # 运行解码器，得到解码器的输出和隐藏状态
        output, hid = self.decoder(y, y_lengths, hid)

        return output, None  # 返回解码器的输出和 None

    # 翻译方法，用于生成翻译结果
    def translate(self, x, x_lengths, y, max_length=10):
        encoder_cut, hid = self.encoder(x, x_lengths)    # 运行编码器
        preds = []                          # 用于存储生成的翻译结果
        batch_size = x.shape[0]             # 批次大小
        attns = []                          # 用于存储注意力权重

        for i in range(max_length):   # 循环生成 max_length 个翻译结果
            output, hid = self.decoder(y=y, y_lengths=torch.ones(batch_size).
long().to(device), hid=hid)                 # 运行解码器

            # 从输出中获取最大值所在的位置作为下一个单词的预测
            y = output.max(2)[1].view(batch_size, 1)
            preds.append(y)                 # 将预测结果添加到 preds 列表中

    # 将预测结果沿着维度 1 拼接成一个张量，并返回
        return torch.cat(preds, 1), None
```

定义模型、损失、优化器：

```
# 辍学率，用于防止过拟合
dropout = 0.2
# 隐藏状态大小
hidden_size = 100
# 实例化一个PlainEncoder对象，设置词汇表大小为 en_total_words，隐藏状态大小为
hidden_size，辍学率为 dropout
encode = PlainEncoder(vocab_size=en_total_words, hidden_size=hidden_size,
dropout=dropout)
# 实例化一个PlainDecoder对象，设置词汇表大小为 cn_total_words，隐藏状态大小为
hidden_size，辍学率为 dropout
decoder = PlainDecoder(vocab_size=cn_total_words, hidden_size=hidden_size,
dropout=dropout)
```

```
# 实例化一个 PlainSeq2Seq 对象，将 encode 和 decoder 作为参数传入
model = PlainSeq2Seq(encode, decoder)
# 将模型移动到指定的设备上（例如 GPU）
model = model.to(device)

# 实例化一个 LanguageModelCriterion 对象，并移动到指定的设备上
loss_fn = LanguageModelCriterion().to(device)
# 使用 Adam 优化器来优化模型的参数
optimizer = torch.optim.Adam(model.parameters())
```

现在我们已经搭建好了网络模型。

8.3.3 训练网络模型

在搭建好网络模型之后，我们还需要对网络模型进行训练。

训练网络模型的代码如下：

```
# 定义训练函数，接受模型和数据作为参数，默认训练轮数为 20
def train(model, data, num_epochs=20):
    for epoch in range(num_epochs):                  # 遍历每个训练轮数
        model.train()                                # 将模型设置为训练模式
        total_num_words = total_loss = 0.            # 初始化总单词数和总损失
        # 遍历数据集
        for it, (mb_x, mb_x_len, mb_y, mb_y_len) in enumerate(data):
            # 将输入数据转换为 Torch 张量并移动到设备上
            mb_x = torch.from_numpy(mb_x).to(device).long()
            mb_x_len = torch.from_numpy(mb_x_len).to(device).long()

            mb_input = torch.from_numpy(mb_y[:, :-1]).to(device).long()
            mb_output = torch.from_numpy(mb_y[:, 1:]).to(device).long()

            mb_y_len = torch.from_numpy(mb_y_len - 1).to(device).long()
            mb_y_len[mb_y_len <= 0] = 1
            # 前向传播
            mb_pred, attn = model(mb_x, mb_x_len, mb_input, mb_y_len)

            mb_out_mask = torch.arange(mb_y_len.max().item(),
device=device)[None, :] < mb_y_len[:, None]
            mb_out_mask = mb_out_mask.float()

            loss = loss_fn(mb_pred, mb_output, mb_out_mask)      # 计算损失

            num_words = torch.sum(mb_y_len).item()               # 计算单词总数
            total_loss += loss.item() * num_words                # 累计总损失
            total_num_words += num_words

            # 更新模型
            optimizer.zero_grad()                                # 清空梯度
```

```
            loss.backward()                                             # 反向传播
            torch.nn.utils.clip_grad_norm_(model.parameters(), 5.) # 裁剪梯度
            optimizer.step()                                            # 更新参数

            if it % 100 == 0:                           # 每 100 次迭代打印信息
                print("Epoch: ", epoch, 'iteration', it, 'loss:', loss.item())
        # 打印当前轮数的训练损失
        print("Iteration ", epoch, "Training Loss ", total_loss / total_num_words)

        if epoch % 5 == 0:                              # 每 5 轮进行评估
            evaluate(model, dev_data)

    torch.save(model.state_dict(), 'model.pt')    # 保存模型参数
```

定义评估模型损失的函数：

```
# 定义评估函数
def evaluate(model, data):
    """
    该函数用于评估模型的性能

    参数:
    model (对象): 要评估的模型
    data (可迭代对象): 评估数据
    """
    model.eval()                                    # 将模型设置为评估模式
    total_num_words = total_loss = 0.               # 初始化总单词数和总损失

    with torch.no_grad():                           # 禁用梯度计算
        # 遍历评估数据
        for it, (mb_x, mb_x_len, mb_y, mb_y_len) in enumerate(data):
            # 将数据转换为 Torch 张量并移动到设备上
            mb_x = torch.from_numpy(mb_x).to(device).long()
            mb_x_len = torch.from_numpy(mb_x_len).to(device).long()

            mb_input = torch.from_numpy(mb_y[:, :-1]).to(device).long()
            mb_output = torch.from_numpy(mb_y[:, 1:]).to(device).long()

            mb_y_len = torch.from_numpy(mb_y_len - 1).to(device).long()
            mb_y_len[mb_y_len <= 0] = 1
            # 进行前向传播
            mb_pred, attn = model(mb_x, mb_x_len, mb_input, mb_y_len)

            mb_out_mask = torch.arange(mb_y_len.max().item(),
device=device)[None, :] < mb_y_len[:, None]
            mb_out_mask = mb_out_mask.float()

            loss = loss_fn(mb_pred, mb_output, mb_out_mask)      # 计算损失

            num_words = torch.sum(mb_y_len).item()               # 计算单词总数
            total_loss += loss.item() * num_words                # 累计总损失
```

```
        total_num_words += num_words

    print("损失评估", total_loss / total_num_words)                    # 打印评估的平均损失
train(model, train_data, num_epochs=10)                                # 调用训练函数
```

8.3.4　应用网络模型

下面应用建立的网络模型，代码如下：

```
# 定义翻译函数
def translate_dev(i):
    """
    该函数用于对开发集的句子进行翻译

    参数:
    i (整数): 开发集句子的索引
    """
    # 将单词列表连接成一个句子
    en_sent = " ".join([inv_en_dict[w] for w in dev_en[i]])
    print("英文句子：", en_sent)
    # 将单词列表连接成一个句子
    cn_sent = " ".join([inv_cn_dict[w] for w in dev_cn[i]])
    print("中文句子：", "".join(cn_sent))

    # 将开发集的英文句子转换为 Torch 张量并移动到设备上
    mb_x = torch.from_numpy(np.array(dev_en[i]).reshape(1, -1)).long().to(device)
    # 将句子长度转换为 Torch 张量并移动到设备上
    mb_x_len = torch.from_numpy(np.array([len(dev_en[i])])).long().to(device)
    # BOS 标记转换为 Torch 张量并移动到设备上
    bos = torch.Tensor([[cn_dict["BOS"]]]).long().to(device)

    # 进行翻译
    translation, attn = model.translate(mb_x, mb_x_len, bos)
    # 将翻译结果转换为 NumPy 数组并重新排列形状
    translation = [inv_cn_dict[i] for i in translation.data.cpu().numpy().
reshape(-1)]
    # 存储翻译结果的列表
    trans = []
    for word in translation:
        # 如果单词不是EOS，则添加到翻译结果列表中
        if word != "EOS":
            trans.append(word)
        # 如果单词是EOS，则跳出循环
        else:
            break
    # 将翻译结果的列表连接成一个句子并打印
```

```
    print("翻译结果：", "".join(trans))

# 导入训练模型
model.load_state_dict(torch.load('model.pt', map_location=device))
for i in range(1, 5):  # 遍历 1～4
    translate_dev(i)
    print()  # 打印一个空行
```

当训练10次时，输出如下：

```
BOS choose what we like . EOS
BOS 选 我 们 喜 欢 的 。 EOS
我们喜欢的时间。

BOS choose one you like . EOS
BOS 选 一 个 你 喜 欢 的 。 EOS
你喜欢的。

BOS i want to eat candy . EOS
BOS 我 想 吃 糖 。 EOS
我想要一杯咖啡。

BOS i was n't busy tomorrow . EOS
BOS 我 明 天 不 忙 。 EOS
我没有任何事。
```

8.4 动手练习：Attention 模型实现文本自动分类

为了更好地理解和应用自然语言处理中的Attention模型，本节通过实际案例介绍基于该模型实现对文本的自动分类。

8.4.1 加载数据集

首先，导入建模过程中需要使用的Python库，代码如下：

```
# 导入相关库
import math
import time
import numpy as np
import torch
import torch.nn.functional as F
import torchtext
```

加载数据，创建词向量，创建迭代器，代码如下：

```
BATCH_SIZE = 128                          # 批次大小
LEARNING_RATE = 1e-3                      # 学习率
EMBEDDING_DIM = 100                       # 嵌入维度
torch.manual_seed(99)                     # 设置随机种子

# 文本字段，使用空格拆分文本并转换为小写
TEXT = torchtext.legacy.data.Field(tokenize=lambda x: x.split(), lower=True)
# 标签字段，数据类型为浮点型
LABEL = torchtext.legacy.data.LabelField(dtype=torch.float)

def get_dataset(corpur_path, text_field, label_field):  # 获取数据集的函数
    """
    该函数从给定的corpus_path 文件中读取数据，并将其转换为 torchtext 数据集

    参数：
    corpural_path (字符串)：数据文件的路径
    text_field (torchtext Field 对象)：文本字段
    label_field (torchtext Field 对象)：标签字段

    返回：
    examples (列表)：数据集示例
    fields (元组)：字段
    """
    fields = [('text', text_field), ('label', label_field)]  # 定义字段
    examples = []                                       # 示例列表
    with open(corpur_path) as f:                        # 打开数据文件
        li = []                                         # 临时列表
        while True:                                     # 循环读取文件
            content = f.readline().replace('\n', '')    # 读取一行并去除换行符
            if not content:                             # 如果没有内容（到达文件末尾）
                if not li:                              # 如果临时列表为空
                    break                               # 跳出循环
                label = li[0][10]         # 获取第一个元素的第 11 个字符作为标签
                text = li[1][6:-7]        # 获取第二个元素的第 7 到倒数第 2 个字符作为文本
                examples.append(torchtext.legacy.data.Example.fromlist([text, 
label], fields))                          # 将文本和标签转换为示例并添加到列表中
                li = []                   # 清空临时列表
            else:                         # 否则（还有内容）
                li.append(content)        # 将内容添加到临时列表中

    return examples, fields               # 返回示例和字段
# 获取训练集示例和字段
train_examples, train_fields = get_dataset("corpurs/trains.txt", TEXT, LABEL)
# 获取开发集示例和字段
dev_examples, dev_fields = get_dataset("corpurs/dev.txt", TEXT, LABEL)
# 获取测试集示例和字段
test_examples, test_fields = get_dataset("corpurs/tests.txt", TEXT, LABEL)

# 构建训练数据集
```

08

```
    train_data = torchtext.legacy.data.Dataset(train_examples, train_fields)
    # 构建开发数据集
    dev_data = torchtext.legacy.data.Dataset(dev_examples, dev_fields)
    # 构建测试数据集
    test_data = torchtext.legacy.data.Dataset(test_examples, test_fields)

    print('训练数据集的长度:', len(train_data))     # 打印训练数据集的长度
    print('开发数据集的长度:', len(dev_data))       # 打印开发数据集的长度
    print('测试数据集的长度:', len(test_data))      # 打印测试数据集的长度

    # 创建词向量
    # 在训练数据上构建词向量
    TEXT.build_vocab(train_data, max_size=5000, vectors='glove.6B.100d')
    LABEL.build_vocab(train_data)                    # 在训练数据上构建标签词汇
    print(len(TEXT.vocab))                           # 打印词向量的数量

    # 创建迭代器
    train_iterator, dev_iterator, test_iterator = torchtext.legacy.data.
BucketIterator.splits((train_data, dev_data, test_data), batch_size=BATCH_SIZE, sort
= False)                                        # 根据数据集创建迭代器
```

至此，成功加载了数据集。下面开始搭建网络模型。

8.4.2　搭建网络模型

编写搭建网络模型的代码如下：

```
    # 定义 BiLSTM_Attention 类，继承自 torch.nn.Module
    class BiLSTM_Attention(torch.nn.Module):
        # 初始化方法
        def __init__(self, vocab_size, embedding_dim, hidden_dim, n_layers):
            """
            初始化 BiLSTM_Attention 类的参数

            参数:
            vocab_size (int): 词汇表大小
            embedding_dim (int): 嵌入维度
            hidden_dim (int): 隐藏层维度
            n_layers (int): LSTM 层的数量
            """
            super(BiLSTM_Attention, self).__init__()          # 调用父类的初始化方法

            self.hidden_dim = hidden_dim                       # 隐藏层维度
            self.n_layers = n_layers                           # LSTM 层的数量
            self.embedding = torch.nn.Embedding(vocab_size, embedding_dim)  # 嵌入层
            self.rnn = torch.nn.LSTM(embedding_dim, hidden_dim, num_layers=n_layers,
bidirectional=True, dropout=0.5)                               # 双向 LSTM
            self.fc = torch.nn.Linear(hidden_dim * 2, 1)       # 全连接层
            self.dropout = torch.nn.Dropout(0.5)               # Dropout层
```

```
        self.w_omega = torch.nn.Parameter(torch.Tensor(hidden_dim * 2, hidden_dim
* 2))  # 注意力权重矩阵
        # 注意力偏差向量
        self.u_omega = torch.nn.Parameter(torch.Tensor(hidden_dim * 2, 1))
        torch.nn.init.uniform_(self.w_omega, -0.1, 0.1)  # 初始化注意力权重矩阵
        torch.nn.init.uniform_(self.u_omega, -0.1, 0.1)  # 初始化注意力偏差向量

    def attention_net(self, x):  # 定义注意力网络
        """
        计算注意力机制的输出

        参数:
        x (torch.Tensor): 输入张量

        返回:
        context (torch.Tensor): 注意力机制的输出
        """
        u = torch.tanh(torch.matmul(x, self.w_omega))  # 计算tanh激活后的注意力得分
        att = torch.matmul(u, self.u_omega)    # 计算注意力得分
        att_score = F.softmax(att, dim=1)      # 在最后一维上进行 Softmax 操作
        scored_x = x * att_score               # 乘以注意力得分
        context = torch.sum(scored_x, dim=1)   # 在第一维上求和
        return context

    def forward(self, x):                      # 前向传播方法
        """
        执行前向传播计算

        参数:
        x (torch.Tensor): 输入张量

        返回:
        logit (torch.Tensor): 输出的对数概率
        """
        embedding = self.dropout(self.embedding(x))   # 应用到Dropout层并进行嵌入
        # 运行 LSTM
        output, (final_hidden_state, final_cell_state) = self.rnn(embedding)
        output = output.permute(1, 0, 2)              # 交换维度

        attn_output = self.attention_net(output)      # 计算注意力机制的输出
        logit = self.fc(attn_output)                  # 全连接层的输出
        return logit
```

应用搭建的网络模型，代码如下：

```
    # 创建一个BiLSTM_Attention实例，参数为词汇表的长度、嵌入维度、隐藏层维度和LSTM层数
    rnn = BiLSTM_Attention(len(TEXT.vocab), EMBEDDING_DIM, hidden_dim=64,
n_layers=2)

    # 预训练的嵌入向量
```

```
pretrained_embedding = TEXT.vocab.vectors
print('预训练嵌入向量：', pretrained_embedding.shape)
# 将预训练的嵌入向量复制到 rnn 的嵌入层权重中
rnn.embedding.weight.data.copy_(pretrained_embedding)
print('嵌入层已初始化。')

# 优化器，使用 Adam 算法
optimizer = optim.Adam(rnn.parameters(), lr=LEARNING_RATE)
# 损失函数，使用BCEWithLogitsLoss
criterion = torch.nn.BCEWithLogitsLoss()
```

至此，网络模型搭建完成。下面开始对网络模型进行训练。

8.4.3　训练网络模型

定义计算模型准确率等函数，代码如下：

```
# 计算准确率
def binary_acc(preds, y):
    """
    计算二分类准确率

    参数:
    preds (torch.Tensor): 预测值
    y (torch.Tensor): 真实值

    返回:
    acc (float): 准确率
    """
    preds = torch.round(torch.sigmoid(preds))     # 将预测值四舍五入到 0 或 1
    correct = torch.eq(preds, y).float()          # 计算预测正确的数量
    acc = correct.sum() / len(correct)            # 计算准确率
    return acc

# 训练模型
def train(rnn, iterator, optimizer, criteon):
    """
    训练模型

    参数:
    rnn (对象): 模型
    iterator (可迭代对象): 数据迭代器
    optimizer (优化器): 优化器
    criteon (损失函数): 损失函数

    返回:
    avg_loss (float): 平均损失
    avg_acc (float): 平均准确率
    """
```

```
    avg_loss = []
    avg_acc = []
    rnn.train()  # 设置模型为训练模式

    for i, batch in enumerate(iterator):
        # 预测
        pred = rnn(batch.text).squeeze()
        # 计算损失
        loss = criteon(pred, batch.label)
        # 计算准确率
        acc = binary_acc(pred, batch.label).item()
        # 记录平均损失和准确率
        avg_loss.append(loss.item())
        avg_acc.append(acc)
        # 梯度清零
        optimizer.zero_grad()
        # 反向传播
        loss.backward()
        # 优化
        optimizer.step()

    # 计算平均准确率
    avg_acc = np.array(avg_acc).mean()
    # 计算平均损失
    avg_loss = np.array(avg_loss).mean()
    return avg_loss, avg_acc
```

定义模型评估函数，代码如下：

```
# 评估函数
def evaluate(rnn, iterator, criteon):
    """
    评估模型的性能

    参数:
    rnn (对象): 模型
    iterator (可迭代对象): 数据迭代器
    criteon (损失函数): 损失函数

    返回:
    avg_loss (float): 平均损失
    avg_acc (float): 平均准确率
    """
    # 平均损失和准确率列表
    avg_loss = []
    avg_acc = []
    # 设置模型为评估模式
    rnn.eval()
```

```
    # 禁用梯度计算
    with torch.no_grad():
        for batch in iterator:
            # 进行预测
            pred = rnn(batch.text).squeeze()
            # 计算损失
            loss = criteon(pred, batch.label)
            # 计算准确率
            acc = binary_acc(pred, batch.label).item()
            # 记录平均损失和准确率
            avg_loss.append(loss.item())
            avg_acc.append(acc)

    # 计算平均损失
    avg_loss = np.array(avg_loss).mean()
    # 计算平均准确率
    avg_acc = np.array(avg_acc).mean()
    # 返回平均损失和准确率
    return avg_loss, avg_acc
```

训练模型的代码如下：

```
# 训练模型，并打印模型的表现
# 定义最佳验证准确率为负无穷
best_valid_acc = float('-inf')

# 遍历 30 个 epoch
for epoch in range(30):
    # 记录训练开始时间
    start_time = time.time()
    # 训练模型
    train_loss, train_acc = train(rnn, train_iterator, optimizer, criteon)
    # 评估模型在验证集上的表现
    dev_loss, dev_acc = evaluate(rnn, dev_iterator, criteon)
    # 记录训练结束时间
    end_time = time.time()
    # 计算 epoch 花费的时间（分钟和秒）
    epoch_mins, epoch_secs = divmod(end_time - start_time, 60)

    # 如果验证准确率优于之前的最佳准确率
    if dev_acc > best_valid_acc:
        # 更新最佳准确率
        best_valid_acc = dev_acc
        # 保存模型状态
        torch.save(rnn.state_dict(), 'wordavg-model.pt')

    # 打印 epoch 信息
    print(f'迭代次数：{epoch+1:02} | 迭代时间：{epoch_mins}m {epoch_secs:.2f}s')
```

```
    # 打印训练集损失和准确率
    print(f'\t训练集损失: {train_loss:.3f} | 训练集准确率: {train_acc*100:.2f}%')
    # 打印验证集损失和准确率
    print(f'\t验证集损失: {dev_loss:.3f} | 验证集准确率: {dev_acc*100:.2f}%')
```

随着模型迭代次数的增加，训练集和验证集上的损失逐渐减小，准确率逐渐增加，输出如下：

```
迭代次数: 01 | 迭代时间: 0.0m 1.94s
	训练集损失: 0.122 | 训练集准确率: 95.67%
	验证集损失: 0.836 | 验证集准确率: 72.66%
迭代次数: 02 | 迭代时间: 0.0m 1.89s
	训练集损失: 0.103 | 训练集准确率: 96.32%
	验证集损失: 0.754 | 验证集准确率: 77.08%
…
迭代次数: 30 | 迭代时间: 0.0m 2.34s
	训练集损失: 0.017 | 训练集准确率: 99.51%
	验证集损失: 1.441 | 验证集准确率: 69.10%
```

8.4.4 应用网络模型

下面用前面创建和保存的模型预测测试集数据，代码如下：

```
# 加载模型的状态字典
rnn.load_state_dict(torch.load("wordavg-model.pt"))
# 评估模型在测试集上的表现
test_loss, test_acc = evaluate(rnn, test_iterator, criteon)
# 打印测试集的损失和准确率
print(f'测试集损失: {test_loss:.3f} | 测试集准确率: {test_acc*100:.2f}%')
```

输出如下：

```
测试集损失: 0.625 |  测试集准确率: 82.22%
```

可以看到，测试集准确率为82.22%。

8.5 上机练习题

练习1：使用PyTorch实现Word2Vec模型。

要求：给出实现步骤和代码示例。

参考以下步骤进行练习。

08

1. 数据准备

01 给定一个包含多个句子的文本语料（corpus），如['I like apple', 'He likes orange', 'She loves banana']。

02 将文本语料转换为词汇列表（corpus_tokens），如[['I', 'like', 'apple'], ['He', 'likes', 'orange'], ['She', 'loves', 'banana']]。

03 构建词表（vocab）并对词汇列表中的每个词进行编号，得到词汇索引（corpus_indices）。

04 构建 skip-gram 训练样本（train_data），即对于每个中心词，选择窗口内的词作为正样本，并随机选择一些非窗口内的词作为负样本。

2. 模型构建

01 定义一个词嵌入矩阵（embeddings），其中每行表示一个词的词向量。

02 定义一个输入层（input_layer）和一个输出层（output_layer)，它们分别是词嵌入矩阵的子集。

03 定义前向传播函数（forward），根据输入词的索引获取其词向量，并通过输入层和输出层的乘积计算输出。

04 定义反向传播函数（backward），利用输出和标签计算损失值，并根据损失值更新模型参数。

3. 定义损失函数

01 使用负采样（negative sampling）来近似计算 Softmax 损失函数。

02 定义一个损失函数（loss），将正样本和负样本的损失值相加并进行取平均操作。

4. 训练模型

01 初始化模型参数。

02 迭代训练数据（train_data），根据前向传播和反向传播函数更新模型参数。

03 可使用优化算法（如 SGD、Adam 等）来自动调整学习率和更新参数。

5. 应用模型

利用训练好的词嵌入矩阵可以计算词语之间的相似度或者进行文本分类等任务。

对于一个给定的词，可以找到与之最相似的其他词。实现代码如下：

```
# 导入相关库
import torch
import torch.nn as nn
import torch.optim as optim
from torch.autograd import Variable
import numpy as np
```

```
# 数据准备
corpus = ['I like apple', 'He likes orange', 'She loves banana']

# 将文本语料转换为词汇列表
corpus_tokens = [sentence.split() for sentence in corpus]

# 构建词表并对词汇列表中的每个词进行编号
vocab = list(set([word for sentence in corpus_tokens for word in sentence]))
word_to_idx = {word: i for i, word in enumerate(vocab)}
corpus_indices = [[word_to_idx[word] for word in sentence] for sentence in
corpus_tokens]

# 定义超参数
embedding_dim = 100
learning_rate = 0.01
window_size = 2
negative_samples = 5

# 定义模型
class SkipGram(nn.Module):
    def __init__(self, vocab_size, embedding_dim):
        super(SkipGram, self).__init__()
        self.vocab_size = vocab_size
        self.embedding_dim = embedding_dim
        self.embedding = nn.Embedding(self.vocab_size, self.embedding_dim)
        self.linear = nn.Linear(self.embedding_dim, self.vocab_size)

    def forward(self, center_word):
        embeds = self.embedding(center_word)
        output = self.linear(embeds)
        return output

# 初始化模型和优化器
vocab_size = len(vocab)
model = SkipGram(vocab_size, embedding_dim)
optimizer = optim.SGD(model.parameters(), lr=learning_rate)

# 定义损失函数
loss_fn = nn.CrossEntropyLoss()

# 训练模型
for i, sentence in enumerate(corpus_indices):
    for j, center_word in enumerate(sentence):
        context_words = sentence[max(0, j - window_size):j] + sentence[j +
1:min(len(sentence), j + window_size + 1)]
        for context_word in context_words:
            # 正样本
            optimizer.zero_grad()
            center_word_var = Variable(torch.LongTensor([center_word]))
            context_word_var = Variable(torch.LongTensor([context_word]))
```

```
            output = model(center_word_var)
            loss = loss_fn(output, context_word_var)
            loss.backward()
            optimizer.step()

            # 负样本
            for _ in range(negative_samples):
                optimizer.zero_grad()
                random_word = np.random.randint(vocab_size)
                while random_word in context_words:  # 确保负样本不是正样本
                    random_word = np.random.randint(vocab_size)
                random_word_var = Variable(torch.LongTensor([random_word]))
                output = model(center_word_var)
                loss = loss_fn(output, random_word_var)
                loss.backward()
                optimizer.step()

# 应用模型
embeddings = model.embedding.weight.data.numpy()

# 计算词语之间的相似度
def similarity(word1, word2):
    idx1 = word_to_idx[word1]
    idx2 = word_to_idx[word2]
    vector1 = embeddings[idx1]
    vector2 = embeddings[idx2]
    dot_product = np.dot(vector1, vector2)
    norm1 = np.linalg.norm(vector1)
    norm2 = np.linalg.norm(vector2)
    cosine_similarity = dot_product / (norm1 * norm2)
    return cosine_similarity

# 找到与给定词最相似的其他词
def find_similar_words(word, k):
    similarities = {}
    for w in vocab:
        if w != word:
            similarities[w] = similarity(word, w)
    similar_words = sorted(similarities, key=lambda x: similarities[x],
reverse=True)[:k]
    return similar_words

# 示例应用
word = 'apple'
top_k = 5
similar_words = find_similar_words(word, top_k)
print(f"The top {top_k} words most similar to '{word}':")
for i, similar_word in enumerate(similar_words):
    print(f"{i+1}. {similar_word}")
```

以上示例代码使用PyTorch实现了Word2Vec模型的Skip-Gram版本。首先通过给定的语料构建了词汇列表和词表，并对词汇进行编号。然后定义了SkipGram类作为模型，并定义了模型的前向传播函数和反向传播函数。接着使用负采样计算损失函数，并利用优化算法进行参数更新。最后使用训练好的词嵌入矩阵计算词语之间的相似度，并找到与给定词最相似的其他词。

注意，在实际应用中，需要根据具体需求进行模型调参和数据预处理，以及对训练模型进行保存和加载等。

练习2：在PyTorch中实现Seq2Vec模型，并给出代码示例。

提示　在本练习中，我们将在PyTorch中通过使用循环神经网络来实现Seq2Vec模型。

参考以下步骤进行练习。

1. 导入必要的库和模块

```
import torch
import torch.nn as nn
```

2. 定义Seq2Vec模型类

```
class Seq2Vec(nn.Module):
    def __init__(self, input_size, hidden_size, output_size):
        super(Seq2Vec, self).__init__()
        self.hidden_size = hidden_size
        self.embedding = nn.Embedding(input_size, hidden_size)
        self.rnn = nn.GRU(hidden_size, hidden_size)
        self.fc = nn.Linear(hidden_size, output_size)

    def forward(self, input_seq):
        embedded = self.embedding(input_seq)
        output, hidden = self.rnn(embedded)
        output = self.fc(hidden[-1])
        return output
```

其中，input_size表示输入序列的词汇表大小，hidden_size表示隐藏层大小，output_size表示输出结果的维度。

3. 创建Seq2Vec模型实例

```
input_size = 10000        # 假设输入序列的词汇表大小为10000
hidden_size = 256         # 隐藏层大小
output_size = 2           # 输出结果的维度（假设为二分类）
model = Seq2Vec(input_size, hidden_size, output_size)
```

08

4. 定义损失函数和优化器

```
criterion = nn.CrossEntropyLoss()
optimizer = torch.optim.Adam(model.parameters(), lr=0.001)
```

5. 训练模型

```
num_epochs = 10
for epoch in range(num_epochs):
    for input_seq, target in train_data:  # 假设train_data包含训练样本和对应的标签
        optimizer.zero_grad()
        output = model(input_seq)
        loss = criterion(output, target)
        loss.backward()
        optimizer.step()
```

以上示例代码中，Seq2Vec模型使用了Embedding层将输入序列转换为词嵌入向量，然后通过RNN（这里使用GRU）编码整个序列，并使用最后一个隐藏状态作为固定长度的向量表示，最后通过全连接层将该隐藏状态映射到输出结果的维度。

注意，上述代码仅提供了Seq2Vec模型的基本实现示例，具体应用场景和任务需要根据实际情况进行适当的修改和调整。

练习3：实现一个简单的Attention模型。

要求：使用PyTorch实现一个简单的Attention模型，并在给定的输入序列上进行测试。

参考以下代码进行练习：

```
import torch
import torch.nn as nn

# 创建注意力模型类
class AttentionModel(nn.Module):
    def __init__(self, input_size, hidden_size):
        super(AttentionModel, self).__init__()
        self.hidden_size = hidden_size

        # 定义编码器和解码器的线性层
        self.encoder = nn.Linear(input_size, hidden_size)
        self.decoder = nn.Linear(hidden_size, 1)

        # 定义Softmax函数作为注意力权重的激活函数
        self.softmax = nn.Softmax(dim=1)

    def forward(self, inputs):
        # 编码器：将输入序列映射到隐藏空间
```

```
        encoded = self.encoder(inputs)

        # 计算注意力权重
        weights = self.decoder(encoded)
        weights = self.softmax(weights)

        # 对输入序列进行加权平均，得到加权后的特征向量
        output = torch.matmul(weights.transpose(1, 2), encoded).squeeze(1)

        return output

# 创建输入序列
input_size = 10
hidden_size = 5
# 输入序列的维度为(batch_size, sequence_length, input_size)
input_sequence = torch.randn(3, 5, input_size)

# 创建Attention模型实例
attention_model = AttentionModel(input_size, hidden_size)

# 在输入序列上进行前向传播
output = attention_model(input_sequence)
print(output.shape)  # 输出特征向量的形状
```

以上代码实现了一个简单的Attention模型。在这个模型中，首先将输入序列映射到隐藏空间，然后通过线性层计算注意力权重，使用Softmax函数作为激活函数，并将注意力权重与编码后的序列进行加权平均来得到最终的输出特征向量。

在PyTorch中，可以使用nn.Linear创建线性层，使用nn.Softmax创建Softmax函数，并使用torch.matmul进行矩阵乘法操作。通过调用模型的forward方法，可以在给定输入序列上进行前向传播并得到输出特征向量。

第 9 章

PyTorch音频建模

随着当前移动平台计算能力的不断提高，出现了越来越多基于音频的各类应用，所涉及的音频处理算法一直是相关研究领域的重点。本章介绍基于PyTorch的音频建模技术及其案例。

9.1 音频处理技术及应用

相比图像数据，音频信号往往可使用相对简单的设备进行采集并且占用更少的存储空间和处理时间，本节介绍音频处理技术及其主要应用。

9.1.1 音频处理技术

2021年4月12日，微软宣布以197亿美元现金收购智能语音领域的巨头公司Nuance。此次收购的核心动机在于Nuance在医疗保健领域所提供的具备强大竞争力的对话式人工智能和基于云的医疗解决方案。Nuance最为人所知的产品是其Dragon语音转录软件，该软件运用深度学习技术，持续提升对用户语音的识别精度。此技术已被授权给众多服务与应用程序，其中尤以苹果公司的Siri语音助手最为知名。

随着嵌入式设备及个人移动计算平台越发普及，以及多媒体数据处理技术的不断进步，现代智能手机及各类嵌入式设备均配备了声音传感器和高效能CPU。这使得针对个人日常应用的音频信息获取与处理变得手到擒来。音频数据已广泛被纳入多种应用之中，这催生了基于音频的多媒体数据检索、环境检测和自适应调整等多样化功能，音频信号的处理既可独立成系统，也可与其他媒体数据处理相结合。

与传统视觉方法相比，声音在存在视线阻碍或光照条件不佳的环境中可发挥无可替代的作用，成为视觉信息的重要补充。音频信号的采集通常只需简易的设备，且占用更少的存储空间和处理时间，这促进了音频技术的广泛应用。为满足音频数据应用的需求，研究人员在音频信号处理领域投入了巨大努力，通过分析这些信号提取语义信息，并在音频摘要、场景感知、音乐风格分类等方面取得了显著进展，提出了多项具有代表性和拥有广泛应用前景的高效方法。

从音频数据中提取环境类别等关键信息是音频信号处理和应用的重要方面，它不仅推动了新型多媒体设备和应用软件的产生，也支持现有设备和应用功能的扩展和完善。例如，手机可以通过分析声音信号判断当前环境类别、自动转换操作模式或提供定制化信息，这在特殊情境下尤为有用。对于听力受损者，辅助设备如助听器可通过整合基于听觉线索的环境识别功能，并设计自动转换特性，极大地增强用户感知周边环境的能力。

改进后的算法能够从音频数据中自动提取关键信息，比如环境类别，模拟人类对声音上下文和语义的理解能力。举例来说，若给定一个包含对话、笑声、音乐和餐具碰撞声的音频片段，场景感知系统可以推断这些声音很可能来自餐厅而非行驶中的车辆。这种推断类似于观察一张含有上述元素及交谈人物的照片，推测场景可能是餐厅的过程。随设备的计算能力和相关算法的进步，基于音频处理和分析的环境感知技术预计将得到更广泛的应用。

自动识别音频样本所属的场景类别涉及两方面的工作：一是对特定场所（如餐馆、汽车站、会议室）的音频场景建模；二是检测场景中出现的对象和事件。音频场景包括多种声音事件或音效，这些是对应场景中特定对象或事件的具有独特属性的短时声音片段，如笑声、鸣笛声、枪炮声等。

经过数十年的研究与发展，信号与音频处理领域出现了大量关于声音信号分析和识别的成果，并提出了各种时域和频域音频特征及其处理模型，如著名的梅尔频率倒谱系数（MFCC）。然而，之前的大部分工作集中于语音和音乐这类结构化声音，而环境声音作为非结构化声音，其宽频谱和多样的信号分解特点使得建模分析更具挑战性。

9.1.2 音视频摘要技术及其应用

音频和视频摘要技术旨在压缩原始素材，提取关键内容，从而方便用户快速了解重点信息。音频摘要通过识别一段长音频中的重要转折点，生成一个在时间上大幅缩短但包含原音频关注点的新版本。类似地，视频摘要相当于长视频的精简版，将视频的关键元素浓缩，以便观众不必观看整个视频也能把握其主要内容。这在分析通常平淡无奇且时长较长的监控录像时尤其有用，因为仅少数时刻包含人们感兴趣的事件。将这些精彩片段制作成摘要，可以方便观众迅速掌握视频的核心内容。

为了更有效地实现视频中图像与声音信息的结合，以检测场景变化，研究者寻求一种能够量化音频中感兴趣程度的方法。参考视频中的兴趣曲线，意图在音频中也构建类似的量化指标。这种基于特征值的方法首先将音频流分割为等长的非重叠小段，并使用梅尔频率倒谱系数（MFCC）来表征每个小段的特征。接着，计算所有特征的平均值，并将原音频段进行均值归零处理，得到特征矩阵X。然后，计算X的协方差矩阵C，并求出其特征值和特征向量，进而映射到特征空间。此外，选取一段无人声、相对安静的背景音，抽取其MFCC特征平均值，用于计算与前述特征矩阵的距离，作为衡量声音兴趣程度的指标。在《生活大爆炸》的音频样本上的实验验证了该方法的有效性，准确标识出了含有笑声的部分，尽管背景音的明确定义仍需进一步研究。

融合音频信息的视频摘要提取算法极具洞察力，因为在许多场合，场景转换或不寻常事件的发生往往伴随着声音变化。例如，在足球或篮球比赛中，进球后常伴有观众欢呼声，这些声音提示可用来捕捉比赛关键时刻并制作成视频摘要。

9.1.3　音频识别及应用

音频识别主要是为了方便检索，旨在从大量的音频文件中找到与目标音频相同情感或相同流派的音频。随着大量多媒体数据的产生，一些研究者将研究集中在多媒体数据的高效使用上，为了改善浏览和检索的有效性，广泛研究流派分类方法。

对于音频轨段，提出了一些方法以区分音频的不同种类和进行音乐的流派分类，对于视频内容，通过探索各种各样的特征实现对电影的流派和电视节目的自动分类。在这些内容分析方法中，利用从音频、视频及文字中提取的各种特征有效地处理多媒体内容的使用和检索问题。

可以将音频分成四大类：语音、音乐、环境音和静音。首先对待处理的音频流提取特征，然后利用K近邻分类算法结合线性谱对一向量量化（Linear Spectral Pairs-Vector Quantization，XSP-VQ）技术：将音频初步划分为语音和非语音两大类。如果是语音类，则要考虑对不同说话者的分割，即需要检测不同说话者说话的分隔点；如果是非语音类，则需要进一步细化分类的方法，即进行音乐、环境音和静音的分类。因此，提出了一种根据音频类型实现对音频流进行分割和分类的方法。首先执行静音检测过程，通过不考虑Hamming能量低于所有帧能量平均值的部分删除音频流中的静音部分；然后提取用于分割的MFCC特征，在这些特征上做基于最小描述长度（Minimum Description Length，MDL）的高斯建模，使用上述模型将音频流分割成子段序列，每个小段内的特征是一致的；最后采用基于阈值的分层分类器将每小段归到不同的音频类，实现音频的分割和分类，阈值分类器考虑的音频类有3种，即语音、音乐及环境音（或噪声）。

关于音乐分类和识别的研究工作有很多，研究音乐视频剪辑的情感内容分析，其目的是在爆炸性增加的多媒体内容中找到吸引或符合使用者当前情绪或情感状态的内容，为了达到这个目的，需要应用有效的索引技术来注解多媒体内容，在后面检索有关内容的过程中使用。一种建立索引的方法是决定倾向（类型和强度），这可以在用户使用多媒体时感应到。通常有两种不同类型的情感模型，一种是类别模型（Categorical Models），另一种是维度模型（Dimensional Models）。类别模型的合理性在于有离散的情感基类型，任何其他的情感类型都能够通过组合情感类型得到，比如

Ekman描述最基本的情感类型有害怕、生气、伤心、高兴、厌恶和惊喜。维度模型描述的是情感的组件，经常使用的是二维空间或三维空间，情感就被表示成空间中的点。

9.1.4　音频监控及应用

由于传统视频监控系统受摄像机镜头和安装角度的限制，监控区域很难做到无死角覆盖，即使通过多角度安装摄像机，也无法保证全覆盖，摄像机图像采集受到诸多环境因素（例如现场照明、强光源干扰等）的影响而无法有效采集现场图像。而音频监控技术由于音频本身的技术特性，基本上不存监控死角，能够更加有效地掌控现场的实时情况。因此，音频监控技术越来越能够有效地弥补视频监控技术的不足。

音频监控经过多年的发展，已经可以做到通过声音的识别来判断说话人的情绪、所处的环境等。而在音频监控环节中，声纹识别提供了重要的技术支撑。声纹识别属于生物识别技术的一种，是一项根据语音波形反映说话人生理和行为特征的语音参数，自动识别说话人身份的技术。这里需要强调的是，和语音识别不同，声纹识别利用的是语音信号中的说话人信息，而不考虑语音中的字词意思，它强调说话人的个性，而语音识别的目的是识别出语音信号中的言语内容，并不考虑说话人是谁，它强调共性。

人们经常借助听觉来判断发音物体的位置。例如，当你独自行走时，突然听到一个响声，你会立刻判断出这个声音是什么声音、对你有无威胁、它来自何方等。确定声音的方向和距离需要比较信息来源，虽然你会很快做出判断和反应，但声音定位过程是听觉系统复杂综合的功能。声音定位依赖于强度差、时间差、频率差、相位差等因素来实现。

同时，声音具有一系列独有的特征，如不受白天和黑夜的影响、不容易遮挡、具有方向性等。在球机上安置拾音器，对声音的方向进行定位，当检测到异常声音时控制球机到相应位置，这样一来，在一定程度上就可以第一时间看到异常声音所处位置的实时视频，为判定事态提供多种信息。

9.1.5　场景感知及应用

场景感知主要是根据给定声音的特点分析其所属的场景。

音频/听觉场景分析是一个处理流程，它旨在从特定场合的复杂声音环境中（例如鸡尾酒会效应）提取个别声源对象及其携带的语义信息。这一分析在感知科学和工程领域均具有重要价值，因此引起了跨越工程学、人工智能、神经科学等多个学科的研究兴趣。早期的听觉场景分析研究主要采用自底向上（Bottom-Up）的方法，通过像共同起始（Common Onsets）或调制（Modulations）这样的简单规则对基础感知信号进行分类。这些方法在很大程度上依赖于音频数据中显著的声音激励元素，并在处理简单、可控的场景分析问题时表现出良好的性能。近年来，有些方法采用了更为复杂的分析处理手段，更深入地建模了说话者的声音特征及其随时间的演变。

在分析复杂的声音场景时，需要考虑自下而上的处理机制与场景中显著刺激之间的复杂相互作用。这些显著的刺激因素包括自上而下、目标导向的注意机制，以及将注意力转移到场景特定部分的能力。显著性是指那些突出或重要的信息。尽管存在一些关于听觉显著性（Auditory Saliency）的模型，但它们大多数直接从视觉显著性模型转换而来。视觉显著性模型之所以成功，是因为它们已经通过眼动追踪数据得到了验证。然而，对于听觉显著性来说，目前还没有类似的验证指标。

Malcolm Slaney等提出了一种以注意力驱动（Attention-driven）的听觉场景分析模型，该模型展示了一个框架，用以探讨在模拟鸡尾酒会背景中两个处理过程之间的相互作用。该模型改进了在多说话者对话环境中对数字的识别能力，其目标是追踪说出最大数字的人。在有效内容检索和管理中，音频语义层面的内容分析是一个关键问题。为此，算法通过建模时间序列中多种声效的统计特性来解决这一问题，并且分为两个阶段：声效建模和语义场景建模或检测。这种分层模型的设计架起了连接低级物理音频特征与高级语义概念之间差距的桥梁。在语义层面上，利用生成式模型（如隐马尔可夫模型）和判别式模型（如支持向量机）来对不同声效的特性及其相互关系进行建模，从而实现检测枪战和追车等场景的目的。

9.2　梅尔频率倒谱系数音频特征

在语音识别（Speech Recognition）和说话者识别（Speaker Recognition）方面，最常用到的语音特征就是梅尔频率倒谱系数（MFCC）。本节介绍梅尔频率倒谱系数及其参数的提取过程。

9.2.1　梅尔频率倒谱系数简介及参数的提取过程

梅尔频率倒谱系数是在音频处理领域广泛使用的一种音频特征，它集中描述了声音的听觉特性。MFCC特征的计算考虑了人耳对不同频率的声波具有不同的听觉灵敏度，具体来说，声音在低频处掩蔽的临界带宽比高频部分小，因此计算MFCC特征时，需要按照临界带宽的大小在从低频到高频的频带内，设置一系列三角滤波器。输入的信号通过滤波器将输出的信号能量作为基本特征，在对该特征进行一些其他的操作后，就可将其看成音频信号的特征用于其他处理。这样得到的特征与输入信号本身的特点无关，而且对输入信号没有特殊要求，同时又考虑到了声音信号在听觉方面的特性，因此得到的音频信号特征与人耳的听觉特点相符，在噪声严重的情况下仍旧可以取得良好的表示能力。

MFCC参数的提取过程如图9-1所示。

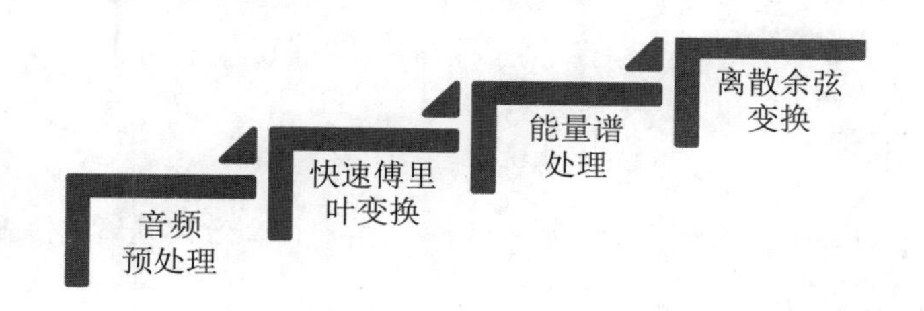

图 9-1 MFCC 参数的提取过程

9.2.2 音频预处理

首先要对声音信号做预处理，包括预加重、分侦、加窗。预加重的过程就是将语音信号通过一个高通滤波器得到新的信号，如语音信号 $s(n)$ 通过高通滤波器 $H(z)=l-a\times(z-l)$ 预加重后得到的信号为 $s_2(n)=s(n)-a\times s(n-l)$，其中，系数$a$介于0.9和1.0之间。预加重的目的是补偿音频信号被隐藏的高频部分，从而凸显高频的共振峰。

预处理过程的第二个步骤是分帧，语音信号分帧的目的是将若干个取样点集合作为一个观测单位，即处理单位，一般认为10～30ms的语音信号是稳定的，比如采样率为44.1kHz的声音信号，取20ms长度为一个帧长，那么一个帧长由44100×0.02=882个取样点组成。通常为了避免相邻两帧之间的变化过大，会在两相邻帧之间设置一段的重叠区域，重叠区域的长度一般是帧长的一半或1/3。

在完成预加重和分帧之后，下一步是对每一帧应用汉明窗。通常，在处理语音信号时，“加窗”意味着一次只处理窗口内的数据。由于实际的语音信号往往很长，无法一次性全部处理，而且这样做也没有必要。我们只需要每次分析一段数据即可。通过构造特定的函数实现这一点，这个函数在处理区间内取非零值，在非处理区间内则为零。汉明窗就是这样一种函数，任何信号与汉明窗相乘后，结果的一部分将是非零值，其余部分则为零。处理完一个窗口内的数据后，需要移动窗口，通常移动的步长是帧长的一半或三分之一以产生重叠。

09

汉明窗函数的形式如下所示：

$$w(n,a)=(1-a)-a\times\cos\left(2\pi\times\frac{n}{N-1}\right)\qquad 0\leqslant n\leqslant N-1$$

其中，N是指处理数据点的个数，即帧长，分帧是靠窗函数截取原音频信号形成的，一般a取值为0.46，故汉明窗函数还可以写成如下形式：

$$w(n)=\begin{cases}0.54-0.46\times\cos\left(2\pi\times\dfrac{n}{N-1}\right) & 0\leqslant n\leqslant N\\ 0 & \text{其他}\end{cases}$$

加汉明窗后的声音信号如下：

$$s(n)=s(n)\times w(n) \qquad n=0,1,\cdots,N-1$$

9.2.3　快速傅里叶变换

快速傅里叶变换（Fast Fourier Transform，FFT）是一种高效计算离散傅里叶变换（DFT）的算法，在音频处理中有着广泛的应用。

比如，我们在前面的音频预处理中得到的是在时域上的数据，但是信号在时域上的变化很难看出其特征，需要将其他转换到频域上，以能量的分布情况代表语音的特性，在上面一步对声音信号加上汉明窗后，为每帧做快速傅里叶变换即可得到声音信号在频谱上的能量分布情况。

FFT是对离散傅里叶变换（Discrete Fourier Transform，DFT）的改进算法，快速算法实现的基本思想是分析原有变换的计算特点以及某些子运算的特殊性，想办法减少乘法和加法操作次数，换一种方式实现原变换的效果。语音信号的离散傅里叶变换如下所示：

$$S_a(k)=\sum_{n=0}^{N-1}s(n)*\mathrm{e}^{-j2\pi k/N} \qquad 0\leqslant k\leqslant N$$

式中，$s(n)$是加窗后的语音信号，N表示傅里叶变换的点数。

FFT是利用分治策略和对称性来减少DFT计算中的冗余步骤，从而提高了计算效率。这种算法特别适合信号处理中的频谱分析，因为它可以快速地从时域信号中提取出频域信息。

9.2.4　能量谱处理

音频预处理后，就需要计算能量谱，即求频谱幅度的平方。其计算方法是，将能量谱输入一组Mel频率的三角带通滤波器组，三角滤波器的中心频率为$f(m)$，$m=l,2,\cdots,M$，$f(m)$的取值随m取值的减小而缩小，随着m取值的增大而变宽，Mel频率代表的是一般人耳对于频率的感受度，其与一般的频率间的关系如下所示，

$$\mathrm{mel}(f)=2595*\lg\left(1+\frac{f}{700}\right)$$

也可以用下面的形式，其中f是一般频率，mel(f)是Mel频率。

$$\mathrm{mel}(f)=1125*\lg\left(1+\frac{f}{700}\right)$$

可以发现人耳对频率的感受度是呈对数变化的，在高频部分人耳对声音的感受越来越粗糙，在低频部分则相对敏感。三角滤波器引入的目的是平滑化频谱，消除谐波的作用，并突出原始信号的共振峰，因此MFCC参数不能呈现原始语音的音调或音高，即提取声音信号的MFCC特征时，不受语音音调的影响。三角滤波器的频率响应定义如下所示，其中

$$\sum_{m=0}^{M-1} H_m(k) = 1$$

$$H_m(k) = \begin{cases} 0 \quad k < f(m-1) \\ \dfrac{2(k - f(m-1))}{(f(m+1) - f(m-1))(f(m) - f(m-1))} & f(m-1) \leqslant k \leqslant f(m) \\ \dfrac{2(f(m+1) - k)}{(f(m+1) - f(m-1))(f(m+1) - f(m))} & f(m) \leqslant k \leqslant f(m-1) \\ 0 \quad k \geqslant f(m+1) \end{cases}$$

再计算每个滤波器的输出能量，并取对数，如下所示。

$$S(m) = ln\left(\sum_{k=0}^{N-1} \left|S_a(k)\right|^2 H_m(k)\right) \qquad 0 \leqslant m < M$$

9.2.5 离散余弦转换

离散余弦转换是一种在数字信号处理中非常有用的工具，它通过将信号转换为频域表示，帮助分析和处理信号，尤其在图像和音频编码领域有着重要的应用。

例如，我们对对数能量做离散余弦转换（DCT），得到的$C(n)$即为M阶的Mel倒谱参数，通常取前12个作为最终的MFCC特征。计算公式如下：

$$C(n) = \sum_{m=0}^{N-1} S(m) \cos\left(\frac{\pi n(m-0.5)}{M}\right) \qquad 0 \leqslant n < M$$

上式得到的倒谱参数只能反映语音信号的静态特性，如果要获得语音信号的动态特性需采用静态特性的差分谱描述，结合动态和静态的特征能更有效地提高对信号的识别性能，计算差分参数的公式如下：

$$d_t = \begin{cases} C_{t+1} - C_t & t < K \\ \dfrac{\sum_{k=1}^{K} k\left(C_{t+k} - C_{t-k}\right)}{\sqrt{2\sum_{k=1}^{K} k^2}} & \text{其他} \\ C_t - C_{t-1} & t \geqslant Q - K \end{cases}$$

其中，Q表示的是倒谱系数的阶数，d_t表示第t个一阶差分，C_t表示第t个倒谱系数，K表示的是一阶导数的时间差，取1或2。

9.3 PyTorch 音频建模技术

随着音频技术的发展，人们对高质量音频的需求越来越强烈，而多声道音频可以满足人们的这种需求。本节介绍基于PyTorch的音频建模技术。

9.3.1 加载音频数据源

加载音频数据，需要安装PyTorch的torchaudio库和soundfile库，在torchaudio中加载文件时，可以选择指定后端以通过torchaudio.set_audio_backend使用sox_io或SoundFile，其中Windows系统中使用SoundFile，Linux/macOS系统中使用sox_io。

导入相关库，代码如下：

```
# 导入相关库
import torch
import torchaudio
import soundfile
import matplotlib.pyplot as plt

torchaudio.set_audio_backend("soundfile")
```

torchaudio支持以WAV和MP3格式加载声音文件。我们称波形为原始音频信号。代码如下：

```
# 定义文件名
filename = "恭喜发财.mp3"
# 加载音频文件并获取波形和采样率
waveform, sample_rate = torchaudio.load(filename)
# 打印波形的形状
print("波形形状:{}".format(waveform.size()))
# 打印波形的采样率
print("波形采样率:{}".format(sample_rate))
# 创建一个图形
plt.figure()
# 绘制波形的时间序列
plt.plot(waveform.t().numpy())
# 显示图形
plt.show()
```

上述代码的主要目的是加载一个音频文件，并将其波形显示出来。

首先，定义了一个文件名filename，它指定了要加载的音频文件。然后，使用torchaudio.load函数加载音频文件，并获取波形数据waveform和采样率sample_rate。

其次，使用print函数打印出波形的形状和采样率。waveform.size表示波形数据的形状，即波形的维度。

然后，使用plt.figure创建一个图形窗口。使用plt.plot函数绘制波形的时间序列，这里使用waveform.t().numpy()来获取波形的时间序列数据。

最后，使用plt.show显示绘制的波形图形。这样，就可以直观地看到音频文件的波形。

输出的原始音频信号的参数如下：

```
波形形状:torch.Size([2, 8935836])
波形采样率:44100
```

输出的原始音频信号如图9-2所示。

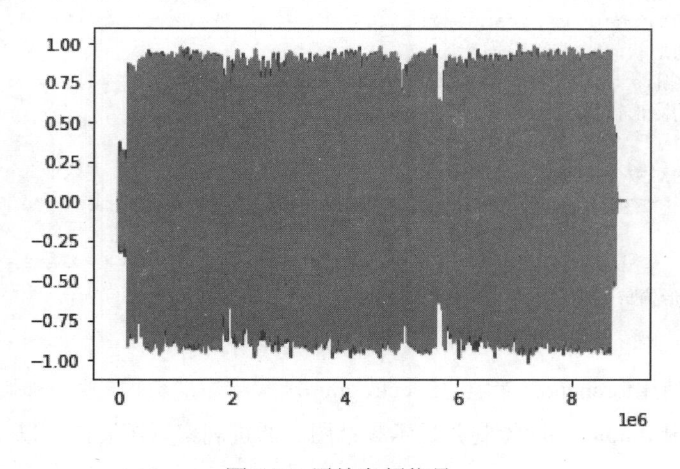

图 9-2　原始音频信号

9.3.2　波形变换的类型

目前，torchaudio库支持的波形转换类型如下。

- 重采样：将波形重采样为其他采样率。
- 频谱图：从波形创建频谱图。
- GriffinLim：使用Griffin-Lim转换从线性比例幅度谱图计算波形。
- ComputeDeltas：计算张量（通常是声谱图）的增量系数。
- ComplexNorm：计算复数张量的范数。
- MelScale：使用转换矩阵将正常STFT转换为Mel频率STFT。
- AmplitudeToDB：将频谱图从功率/振幅标度变为分贝标度。
- MFCC：根据波形创建梅尔频率倒谱系数。
- MelSpectrogram：使用PyTorch中的STFT功能从波形创建MEL频谱图。

- MuLawEncoding：基于mu-law压扩对波形进行编码。
- MuLawDecoding：解码mu-law编码的波形。
- TimeStretch：在不更改给定速率的音高的情况下，及时拉伸频谱图。
- FrequencyMasking：在频域中屏蔽频谱图应用。
- TimeMasking：在时域中屏蔽频谱图应用。

由于所有变换都是nn.Modules或jit.ScriptModules，它们可以用作神经网络的一部分。

9.3.3 绘制波形频谱图

首先，以对数刻度查看频谱图的对数，代码如下：

```
    # 使用 Spectrogram 函数对波形数据进行处理，得到频谱图数据
    specgram = torchaudio.transforms.Spectrogram()(waveform)
    # 打印频谱图的形状，即频谱图的尺寸
    print("频谱图形状:{}".format(specgram.size()))
    # 创建一个新的图形窗口
    plt.figure()
    # 显示频谱图的对数变换结果。specgram.log2()[0,:,:].numpy()表示取频谱图的对数变换结果，
并将其转换为 NumPy 数组；cmap='gray' 用于指定颜色映射为灰度色；aspect="auto" 表示自动调整图
像的纵横比
    plt.imshow(specgram.log2()[0,:,:].numpy(), cmap='gray', aspect="auto")
    #显示绘制的图形窗口
    plt.show()
```

上述代码首先使用torchaudio库中的Spectrogram函数将波形数据转换为频谱图。然后打印出频谱图的形状，并使用Matplotlib库绘制并显示频谱图。通过观察频谱图，可以了解信号在不同频率上的能量分布情况。

运行上述代码，输出如图9-3所示。

以对数刻度查看梅尔频谱图，代码如下：

```
    # 使用 torchaudio.transforms.MelSpectrogram()函数对波形进行梅尔频谱图变换
    specgram = torchaudio.transforms.MelSpectrogram()(waveform)
    # 打印梅尔频谱图的形状
    print("梅尔频谱图形状:{}".format(specgram.size()))
    # 创建一个新的图形
    plt.figure()
    # 显示梅尔频谱图的对数变换结果
    p = plt.imshow(specgram.log2()[0,:,:].detach().numpy(), cmap='viridis',
aspect="auto")
    # 显示图形
    plt.show()
```

这段代码的目的是将波形数据转换为梅尔频谱图，并将其可视化显示出来，以便观察信号在梅尔频率尺度上的能量分布情况。与之前的代码类似，但是使用了MelSpectrogram函数而不是Spectrogram函数来生成梅尔频谱图。梅尔频谱图是一种特殊的频谱表示，它基于梅尔频率尺度，常用于语音处理等领域。

运行上述代码，输出如图9-4所示。

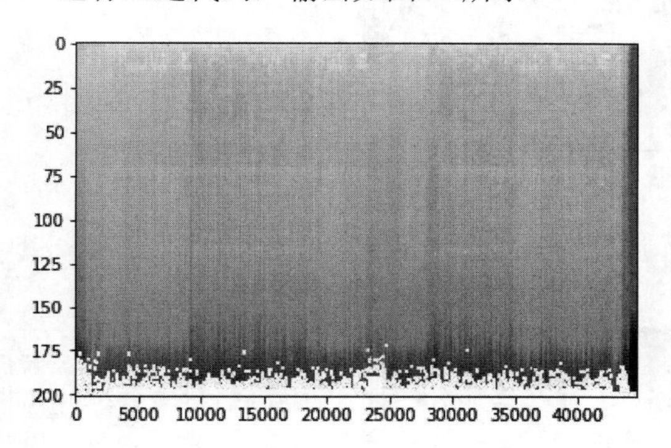

图 9-3　以对数刻度查看频谱图

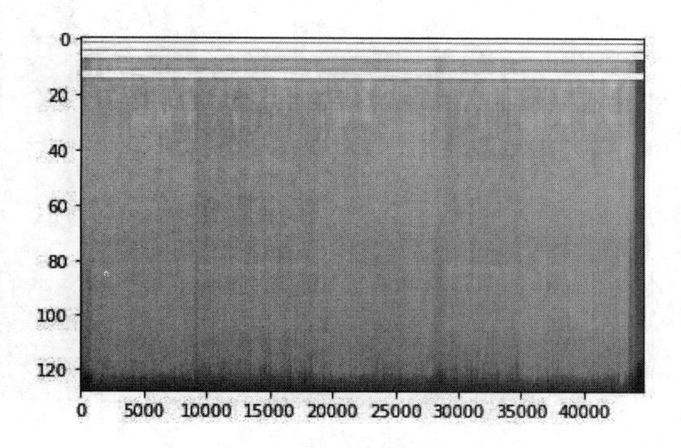

图 9-4　以对数刻度查看梅尔频谱图

我们可以重新采样波形，一次一个通道，代码如下：

```
    # 计算新的采样率，将原始采样率除以15
    new_sample_rate = sample_rate / 15
    #选择要处理的通道，这里设置为 0
    channel = 0
    #使用 Resample 函数对波形进行重新采样。将原始采样率和新的采样率作为参数传递给函数，并将波形数据的指定通道转换为一维张量
    transformed = torchaudio.transforms.Resample(sample_rate, 
new_sample_rate)(waveform[channel, :].view(1, -1))
    # 打印变换后波形的形状，即尺寸信息
    print("变换后波形形状:{}".format(transformed.size()))
    # 创建一个新的图形窗口
    plt.figure()
    #绘制变换后的波形。transformed[0, :] 表示取变换后波形的第一个样本，并将其转换为 NumPy 数组进行绘图
    plt.plot(transformed[0, :].numpy())
    #显示绘制的图形
    plt.show()
```

通过上述代码可以观察到重采样后波形的形状和变化。重采样操作常用于改变波形的采样率，以适应不同的需求或处理。

运行上述代码，输出如图9-5所示。

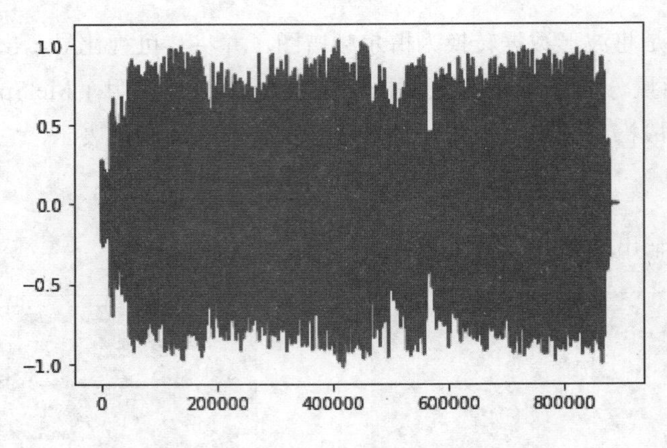

图 9-5　重新采样波形

9.3.4　波形 Mu-Law 编码

下面介绍音频处理时的Mu-Law与反Mu-Law变换。可以基于Mu-Law编码对信号进行编码，但是要做到这一点，需要信号在-1和1之间。由于张量只是一个常规的PyTorch张量，因此我们可以在其上应用标准运算符，代码如下：

```
print("波形最小值:{}\n波形最大值:{}\n波形平均值:{}".format(waveform.min(),
waveform.max(),waveform.mean()))
```

输出如下：

```
波形最小值:-1.0179462432861328
波形最大值:0.9967185854911804
波形平均值:-1.855347363743931e-05
```

由于波形不在-1和1之间，因此我们不需要对其进行归一化，代码如下：

```
# 定义一个名为 normalize 的函数，接受一个张量作为参数
def normalize(tensor):
    """
    对输入的张量进行归一化处理

    参数：
    tensor (Tensor)：需要进行归一化的张量

    返回：
    normalized_tensor (Tensor)：归一化后的张量
    """
    tensor_minusmean = tensor - tensor.mean()  # 从张量中减去其均值
    # 将减去均值后的张量除以其绝对值的最大值
    return tensor_minusmean / tensor_minusmean.abs().max()
```

```
# 对 waveform 进行归一化处理，并将结果存储在 waveform_ 中
waveform_ = normalize(waveform)
```

应用编码波形，代码如下：

```
#使用torchaudio库中的MuLawEncoding变换函数对waveform_进行处理
transformed = torchaudio.transforms.MuLawEncoding()(waveform_)
#打印变换后波形的形状，即尺寸信息
print("变换后波形形状：{}".format(transformed.size()))

#创建一个新的图形对象
plt.figure()
#使用 plot 函数绘制变换后波形的曲线，这里取了第一个样本
plt.plot(transformed[0,:].numpy())
#显示绘制的图形
plt.show()
```

通过上述代码可以观察到经过Mu-Law编码变换后波形的形状和特征。绘制波形图可以帮助用户直观地理解变换后的波形特征。运行上述代码，输出如图9-6所示。

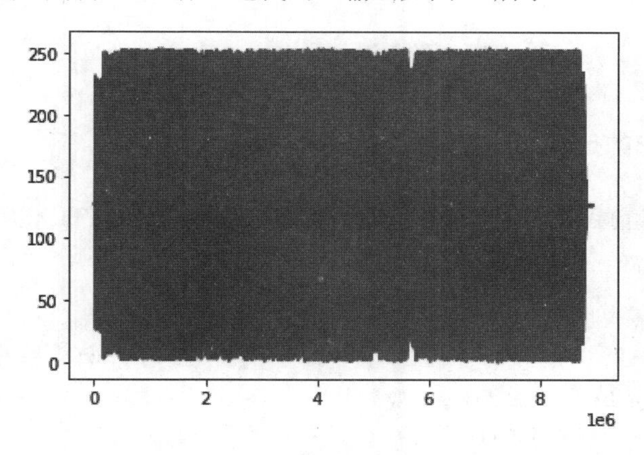

图 9-6　波形 Mu-Law 编码

现在解码，代码如下：

```
#使用torchaudio库中的MuLawDecoding解码函数对变换后的波形 transformed进行解码操作
reconstructed = torchaudio.transforms.MuLawDecoding()(transformed)
#打印解码后新波形的形状，即尺寸信息
print("新波形形状：{}".format(reconstructed.size()))

#创建一个新的图形对象
plt.figure()
#使用 plot 函数绘制解码后的新波形曲线，这里取了第一个样本
plt.plot(reconstructed[0,:].numpy())
#显示绘制的图形
plt.show()
```

通过这段代码可以观察到解码后新波形的形状和特征。Mu-Law编码是Mu-Law编码的逆操作，用于将编码后的波形还原为原始波形的近似。绘制波形图可以帮助用户直观地理解解码后的波形特征。

运行上述代码，输出如图9-7所示。

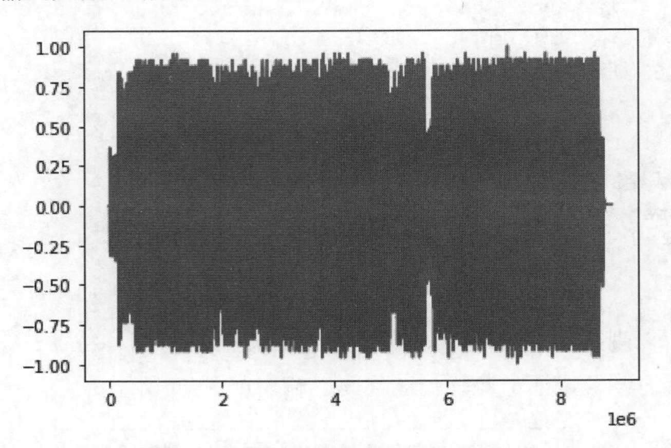

图 9-7　波形 Mu-Law 解码

9.3.5　变换前后波形的比较

为了分析波形变换前后是否存在较大差异，可以将原始波形与归一化和Mu-Law变换后的波形进行比较，代码如下：

```
# 计算原始波形和重构波形之间的差异
err = ((waveform - reconstructed).abs() / waveform.abs()).mean()
# 打印原始信号和重构信号之间的差异，保留两位小数
print("原始信号和重构信号之间的差异：{:.2%}".format(err))
```

上述代码用于评估原始波形和重构波形之间的相似度或差异程度，通过计算差异的均值并以百分比形式显示，可以更直观地了解两者之间的差异情况。

首先，通过abs()函数取两个波形的绝对值，然后相减得到差异值。

其次，将差异值除以原始波形的绝对值，得到一个相对差异的度量。

然后，对这个相对差异值进行均值计算，得到平均差异。

最后，使用格式化字符串打印平均差异，:.2%表示将差异值显示为带有两位小数的百分比形式。

运行上述代码，输出如下：

```
原始信号和重构信号之间的差异：41.18%
```

可以看出，经过归一化和Mu-Law变换后的波形与原始波形存在较大的差异，平均差异达到了41.18%。

9.4 动手练习：音频相似度分析

为了帮助读者更深入地理解和使用音频建模，本节介绍基于PyTorch的音频建模案例。

1. 案例说明

本例通过使用torchaudio库和余弦相似度研究两个音频之间的相似程度，从而根据用户喜欢的音频信号进行音乐等方面的推荐。

2. 操作步骤

01 导入第三方库，代码如下：

```
#导入相关库
import torch
import torchaudio
import soundfile
import matplotlib.pyplot as plt

torchaudio.set_audio_backend("soundfile")
```

02 加载第一个音频数据，代码如下：

```
# 定义音频文件名
filename1 = "教程 1.wav"

# 加载音频文件并获取波形和采样率
waveform1, sample_rate1 = torchaudio.load(filename1)

# 打印波形的大小
print("波形的形状：{}".format(waveform1.size()))   # 音频大小

# 打印波形的采样率
print("波形的采样率：{}".format(sample_rate1))     # 采样率

# 创建一个图形
plt.figure()

# 绘制波形，并将波形的时间轴数据转换为 NumPy 数组
plt.plot(waveform1.t().numpy())

# 显示图形
plt.show()
```

09

运行上述代码，输出如图9-8所示。

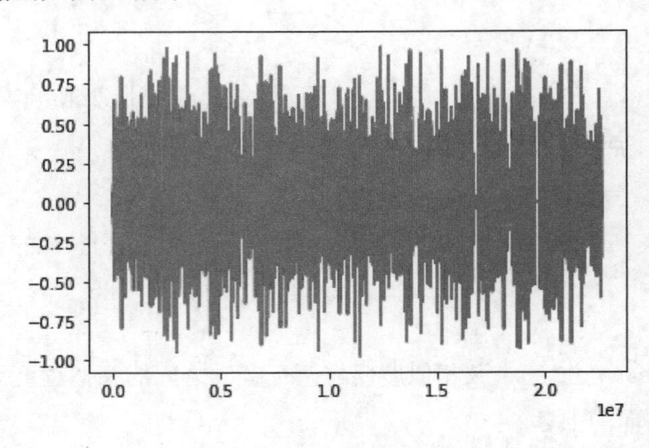

图 9-8　第一个音频频谱图

03 加载第二个音频数据，代码如下：

```
# 定义文件名
filename2 = "教程 2.wav"
# 加载音频文件，获取波形和采样率
waveform2, sample_rate2 = torchaudio.load(filename2)
# 打印波形的形状
print("波形的形状：{}".format(waveform2.size()))   # 音频大小
# 打印波形的采样率
print("波形的采样率：{}".format(sample_rate2))      # 采样率
# 创建一个图形
plt.figure()
# 绘制波形
plt.plot(waveform2.t().numpy())
# 显示图形
plt.show()
```

通过上述代码可以查看加载的音频文件的波形形状和采样率，并通过图形展示波形的变化。这样可以帮助用户对音频数据进行分析和可视化。请确保在运行代码时，将filename2替换为实际存在的音频文件的路径。

运行上述代码，输出如图9-9所示。

04 输出余弦相似度，代码如下：

```
# 计算波形 1 和波形 2 之间的余弦相似度。dim=0 表示在第一个维度上进行相似度计算
similarity = torch.cosine_similarity(waveform1, waveform2, dim=0)

# 打印相似度
print('相似度:', similarity)
```

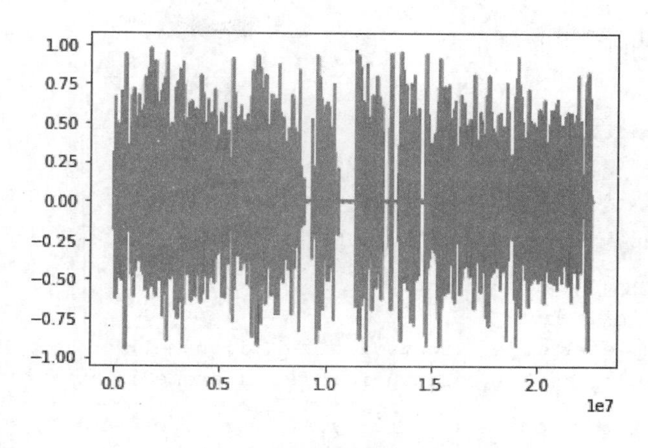

图 9-9　第二个音频频谱图

余弦相似度是一种常用的相似性度量，用于衡量两个向量之间的相似程度。在这个例子中，它用于比较两个波形之间的相似度。计算得到的相似度值将被打印出来，以便查看和分析。

输出的余弦相似度张量如下：

```
similarity tensor([0.0000, 0.0000, 0.0000,  ..., 0.9701, 1.0000, 0.9487])
```

05 输出平均差异值，代码如下：

```
# 计算相似度矩阵的均值
similarity.mean()
```

在上述代码中，已经计算出了两个波形之间的余弦相似度，并将结果存储在similarity中。通过调用similarity.mean()可以计算该相似度矩阵的均值。

均值计算通常用于聚合整个相似度矩阵的信息，得到一个代表整体相似度的单一值。这可以帮助对多个相似度进行比较或评估平均的相似程度。

例如，similarity是一个二维矩阵，表示不同样本之间的相似度，那么使用similarity.mean()可以计算所有元素的平均值。

具体的计算结果和意义取决于similarity的内容和应用场景。均值可以提供一种简单的方式来总结或描述整个相似度矩阵的特征。

输出如下：

```
tensor(-8.0169e-05)
```

3. 案例小结

可以看出，两个音频的平均相似度接近0，即说明两个音频不相似。

案例的完整代码如下：

```
import torch
import torchaudio
import soundfile
import matplotlib.pyplot as plt

torchaudio.set_audio_backend("soundfile")

filename1 = "教程1.wav"
filename2 = "教程2.wav"
waveform1,sample_rate1 = torchaudio.load(filename1)
waveform2,sample_rate2 = torchaudio.load(filename2)

similarity = torch.cosine_similarity(waveform1, waveform2, dim=0)
similarity.mean()
```

9.5　上机练习题

练习：请在PyTorch中实现音频建模。

提示　在PyTorch中实现音频建模的主要步骤和事项如下。

- 数据准备：将音频数据转换为机器学习模型可接受的格式。这可能包括对音频进行预处理、提取特征等。
- 构建模型：选择并构建适合音频建模任务的模型结构。常用的模型结构包括卷积神经网络（CNN）、循环神经网络（RNN）和变换器（Transformer）等。
- 定义损失函数：根据具体的音频建模任务，选择合适的损失函数，如均方误差（MSE）损失、交叉熵损失等。
- 训练模型：使用准备好的数据集将数据输入模型进行训练。可以使用优化器（如Adam、SGD等）来优化模型参数，以使模型能够更好地拟合训练数据。
- 模型评估：使用评估指标（如准确率、F1分数等）对模型进行评估，以了解模型在未见过的数据上的性能。

以下是一个简单的基于PyTorch的音频分类代码示例，参考代码进行练习：

```
# 导入相关库
import torch
import torch.nn as nn
import torch.optim as optim
import torch.utils.data as data
import torchaudio
from torchvision import datasets, transforms
```

```
    # 数据准备
    # 假设数据集已经准备好，可以使用Torchaudio库加载音频文件
    dataset = datasets.DatasetFromFolder('/path/to/dataset',
loader=torchaudio.load)
    dataloader = data.DataLoader(dataset, batch_size=64, shuffle=True)

    # 构建模型
    class AudioModel(nn.Module):
        def __init__(self):
            super(AudioModel, self).__init__()
            self.conv1 = nn.Conv2d(1, 16, kernel_size=3, stride=1, padding=1)
            self.relu = nn.ReLU()
            self.pool = nn.MaxPool2d(kernel_size=2, stride=2)
            self.fc = nn.Linear(16 * 32 * 32, 10)  # 假设输出类别数为10

        def forward(self, x):
            x = self.conv1(x)
            x = self.relu(x)
            x = self.pool(x)
            x = x.view(x.size(0), -1)
            x = self.fc(x)
            return x

    model = AudioModel()

    # 定义损失函数和优化器
    criterion = nn.CrossEntropyLoss()
    optimizer = optim.Adam(model.parameters(), lr=0.001)

    # 训练模型
    num_epochs = 10
    for epoch in range(num_epochs):
        running_loss = 0.0
        for inputs, labels in dataloader:
            optimizer.zero_grad()
            outputs = model(inputs)
            loss = criterion(outputs, labels)
            loss.backward()
            optimizer.step()
            running_loss += loss.item()

        epoch_loss = running_loss / len(dataloader)
        print(f'Epoch {epoch+1}/{num_epochs}, Loss: {epoch_loss}')
```

本练习可根据具体的音频建模任务和数据集特点来进行相应的调整和改进。

第 10 章

PyTorch模型可视化

在训练庞大的深度神经网络时，为了能够更好地理解运算过程，需要使用可视化工具对其过程进行描述。本章讲解PyTorch模型的可视化，包括Visdom、TensorBoard、Pytorchviz、Netron，其中重点介绍Visdom的可视化操作及其案例。

10.1 Visdom

在PyTorch深度学习中，最常用的模型可视化工具是Facebook（中文为脸书，现在已改名为Meta）公司开源的Visdom，本节通过案例详细介绍该模型可视化工具。

10.1.1 Visdom 简介

Visdom可以直接接受来自PyTorch的张量，而不用转换成NumPy中的数组，运行效率很高。此外，Visdom可以直接在内存中获取数据，具有毫秒级刷新，速度很快。

Visdom的安装很简单，直接执行以下命令即可：

```
pip install visdom
```

开启服务，Visdom本质上是一个类似于Jupyter Notebook的Web服务器，在使用之前需要在终端打开服务，代码如下：

```
python -m visdom.server
```

正常执行后，根据提示在浏览器中输入相应的地址即可，默认地址为：

```
http://localhost:8097/
```

如果出现蓝底空白的页面，并且上排有一些条形框，表示安装成功，如图10-1所示。

图10-1 Visdom服务器界面

Visdom目前支持的图形API如下。

- vis.scatter：2D或3D散点图。
- vis.line：线图。
- vis.updateTrace：更新现有的线/散点图。
- vis.stem：茎叶图。
- vis.heatmap：热图地块。
- vis.bar：条形图。
- vis.histogram：直方图。
- vis.boxplot：盒子。
- vis.surf：表面重复。
- vis.contour：等高线图。
- vis.quiver：颤抖的情节。
- vis.mesh：网格图。

这些API的确切输入类型有所不同，尽管大多数API的输入包含一个tensor X（保存数据）和一个可选的tensor Y（保存标签或者时间戳）。所有的绘图函数都接受一个可选参数win，用来将图画到一个特定的窗格上。每个绘图函数也会返回当前绘图的win。还可以指定绘出的图添加到哪个可视化空间的分区上。

Visdom同时支持PyTorch的tensor和NumPy的ndarray两种数据结构，但不支持Python的int、float等类型，因此每次传入时都需先将数据转换成ndarray或tensor。上述操作的参数一般不同，但有两个参数是绝大多数操作都具备的。

- win：用于指定pane的名字，如果不指定，Visdom将自动分配一个新的pane。如果两次操作指定的win名字一样，新的操作将覆盖当前pane的内容，因此建议每次操作都重新指定win。
- opts：选项，接收一个字典，常见的选项包括title、xlabel、ylabel、width等，主要用于设置pane的显示格式。

之前提到过，每次操作都会覆盖之前的数值，但往往我们在训练网络的过程中需要不断更新数值，如损失值等，这时就需要指定参数update='append'来避免覆盖之前的数值。

除使用update参数外，还可以使用vis.updateTrace方法来更新图，updateTrace不仅能在指定窗格上新增一个和已有数据相互独立的痕迹，还能像update='append'一样在同一条痕迹上追加数据。

10.1.2 Visdom 可视化操作

Visdom提供了多种绘图函数，可以用于实现数据的可视化。

1. 散点图plot.scatter()

这个函数用来画2D或3D数据的散点图。它需要输入$N\times2$或$N\times3$的张量X来指定N个点的位置。一个可供选择的长度为N的向量用来保存X中的点对应的标签（1到K）。标签可以通过点的颜色反映出来。

scatter()支持下列选项。

- opts.markersymbol：标记符号(string; default = 'dot')。
- opts.markersize：标记大小(number; default = '10')。
- opts.markercolor：每个标记的颜色(torch.*Tensor; default = nil)。
- opts.legend：包含图例名字的table。
- opts.textlabels：每一个点的文本标签 (list: default = None)。
- opts.layoutopts：图形后端为布局接受的任何附加选项的字典，比如layoutopts={'plotly': {'legend': {'x':0, 'y':0}}}。
- opts.traceopts：将跟踪名称或索引映射到plotly为追踪接受的附加选项的字典，比如traceopts = {'plotly': {'myTrace': {'mode': 'markers'}}}。
- opts.webgl：使用WebGL绘图(布尔值，default= false)。WebGL可以为HTML5 Canvas提供硬件3D加速渲染，这样Web开发人员就可以借助系统显卡在浏览器中更流畅地展示3D场景和模型，还能创建复杂的导航和数据可视化。

- options.markercolor: 是一个包含整数值的Tensor。Tensor的形状可以是N或$N \times 3$、K或$K \times 3$。
- Tensor of size N: 表示每个点的单通道颜色强度。0 = black，255 = red。
- Tensor of size N × 3: 用三通道表示每个点的颜色。0,0,0 = black，255,255,255 = white。
- Tensor of size K and K × 3: 为每个类别指定颜色，不是为每个点指定颜色。

生成普通散点图，代码如下：

```
# 导入相关库
import visdom
import numpy as np

# 创建 Visdom 可视化对象
vis = visdom.Visdom()

#生成一个包含100个随机数的数组Y
Y = np.random.rand(100)

#使用Visdom的scatter函数绘制散点图。传入X轴和Y轴的数据，并设置了一些配置选项，如图例、坐标
轴范围和刻度步长等
old_scatter = vis.scatter(
    X=np.random.rand(100, 2),                # X 轴数据，随机生成100行2列的数据
    Y=(Y[Y > 0] + 1.5).astype(int),          # Y轴数据，对Y轴中大于0的值加1.5并转换为整数
    opts=dict(                                # 配置选项
        legend=['Didnt', 'Update'],           # 图例标签
        xtickmin=-50,                         # X 轴刻度的最小值
        xtickmax=50,                          # X 轴刻度的最大值
        xtickstep=0.5,                        # X 轴刻度的步长
        ytickmin=-50,                         # Y 轴刻度的最小值
        ytickmax=50,                          # Y 轴刻度的最大值
        ytickstep=0.5,                        # Y 轴刻度的步长
        markersymbol='cross-thin-open',       # 标记符号
    ),
)

#使用update_window_opts 函数更新之前绘制的散点图的配置选项。这里更新了图例、坐标轴范围和
刻度步长等
vis.update_window_opts(
    win=old_scatter,                          # 要更新的窗口
    opts=dict(                                # 新的配置选项
        legend=['2019 年', '2020 年'],        # 更新后的图例标签
        xtickmin=0,                           # 更新后的 X 轴刻度的最小值
        xtickmax=1,                           # 更新后的 X 轴刻度的最大值
        xtickstep=0.5,                        # 更新后的 X 轴刻度的步长
        ytickmin=0,                           # 更新后的 Y 轴刻度的最小值
        ytickmax=1,                           # 更新后的 Y 轴刻度的最大值
```

```
        ytickstep=0.5,                          # 更新后的 Y 轴刻度的步长
        markersymbol='cross-thin-open',     # 更新后的标记符号
    ),
)
```

这段代码主要使用Visdom进行数据可视化操作。通过以上代码可以绘制一幅散点图，并根据需要更新其配置选项，以实现数据的可视化展示。Visdom提供了一种方便的方式来实时观察和交互数据。

输出如图10-2所示。

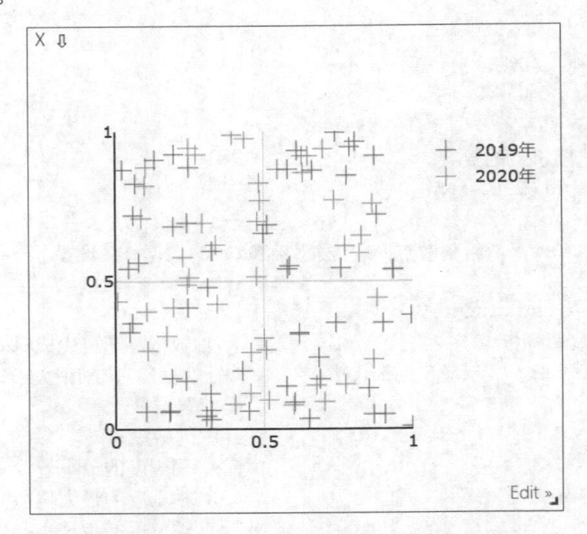

图 10-2　普通散点图

生成带着文本标签的散点图，代码如下：

```
# 导入相关库
import visdom
import numpy as np
# 使用 visdom 库绘制散点图
vis.scatter(
    # 定义X 轴数据，随机生成 6 行 2 列的数据
    X=np.random.rand(6, 2),
    #定义配置选项，这里使用字典来指定一些配置
    opts=dict(
        # 设置每个散点的文本标签，标签内容为'Label %d' % (i + 1)，其中%d 表示数字，i的取值范围为0～5
        textlabels=['Label %d' % (i + 1) for i in range(6)]
    )
)
```

执行这段代码后，将会在Visdom界面中显示一个带有文本标签的散点图。每个散点都会显示对应的文本标签。这样方便对不同的散点进行标识和区分。

输出如图10-3所示。

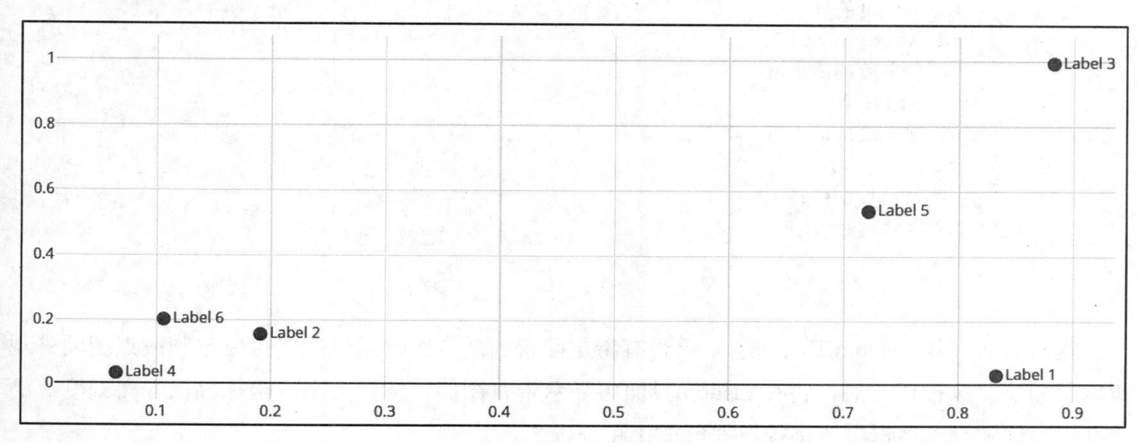

图 10-3　带着文本标签的散点图

生成三维散点图，代码如下：

```
# 导入相关库
import visdom
import numpy as np

#调用 visdom 的 scatter 方法来绘制散点图
vis.scatter(
    # X 轴数据，随机生成 100 行 3 列的数据
    X=np.random.rand(100, 3),
    # Y 轴数据，对 Y 加 1.5 后转换为整数
    Y=(Y + 1.5).astype(int),
    # 配置选项
    opts=dict(
        # 图例标签
        legend=['男性', '女性'],
        # 标记大小
        markersize=5,
        # X 轴刻度的最小值
        xtickmin=0,
        # X 轴刻度的最大值
        xtickmax=2,
        # X 轴标签
        xlabel='数量',
        # X 轴刻度值
        xtickvals=[0, 0.75, 1.6, 2],
```

```
        # Y 轴刻度的最小值
        ytickmin=0,
        # Y 轴刻度的最大值
        ytickmax=2,
        # Y 轴刻度的步长
        ytickstep=0.5,
        # Z 轴刻度的最小值
        ztickmin=0,
        # Z 轴刻度的最大值
        ztickmax=1,
        # Z 轴刻度的步长
        ztickstep=0.5,
    )
)
```

这段代码使用Visdom库绘制了一幅带有特定配置的散点图。通过配置可以定制散点图的外观和显示细节。执行代码后，将在Visdom界面中显示带有图例、标记大小、坐标轴标签和刻度等的散点图。这样可以根据需要进行数据可视化和分析。

输出如图10-4所示。

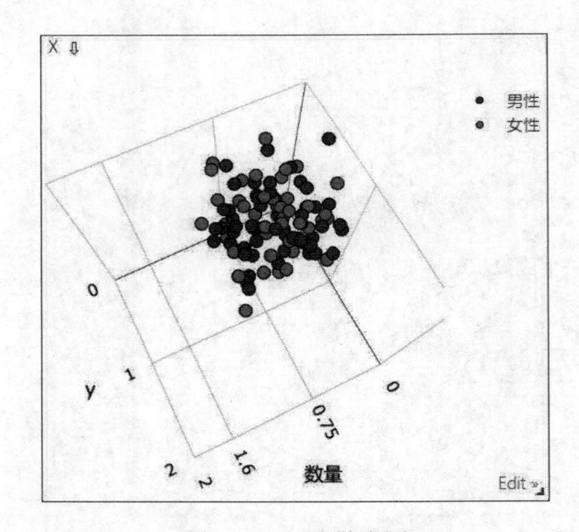

图 10-4　三维散点图

2. 线型图vis.line()

这个函数用来画一条线。它接受一个N或$N \times M$张量Y作为输入，指定连接N个点的M条线的值。它还接受一个可选的X张量，指定相应的X轴值。X可以是一个N张量（在这种情况下，所有的线都有相同的X轴值），或者和Y大小相同。

下面是该函数支持的选项。

- opts.fillarea：填满线下区域(boolean)。
- opts.markers：显示标记(boolean; default = false)。
- opts.markersymbol：标记符号(string; default = 'dot')。
- opts.markersize：标记大小(number; default = '10')。
- opts.linecolor：线颜色(np.array; default = None)。
- opts.dash：每一行的破折号类型(np.array; default = 'solid')，实线、破折号、虚线或破折号中的一个，其大小应与所画线的数目相匹配。
- opts.legend：包含图例名称的表。
- opts.layoutopts：图形后端为布局接受的任何附加选项的字典，比如layoutopts = {'plotly': {'legend': {'x':0, 'y':0}}}。
- opts.traceopts: 将跟踪名称或索引映射到plot.ly为追踪接受的附加选项的字典，比如traceopts = {'plotly': {'myTrace': {'mode': 'markers'}}}。
- opts.webgl：用于指定是否使用WebGL进行绘图。它是一个布尔值，默认为false。当图包含大量点时，使用WebGL可以加快绘图速度。但是需要注意，由于浏览器限制，在一个页面上不允许同时存在多个WebGL上下文，因此应谨慎使用此选项。

下面是一个绘制线型图的例子，代码如下：

```
# 导入相关库
import visdom
import numpy as np

# 生成一个在 -5～5 等间距的数组，包含 100 个元素
Y = np.linspace(-5, 5, 100)

# 使用 Visdom 库的line方法来绘制线型图
vis.line(
    # Y 轴数据，将 Y 的平方和 Y+5 的平方根组合成一个 2 列的矩阵
    Y=np.column_stack((Y * Y, np.sqrt(Y + 5))),
    # X 轴数据，将 Y 自身重复两次组成一个 2 列的矩阵
    X=np.column_stack((Y, Y)),
    # 配置选项，设置不显示标记
    opts=dict(markers=False),
)
```

执行以上代码后，将会在Visdom界面中显示一幅线型图，其中X轴和Y轴的数据分别由上述设置确定。通过这种方式，可以使用Visdom进行数据可视化，并观察线型图的特征。

输出如图10-5所示。

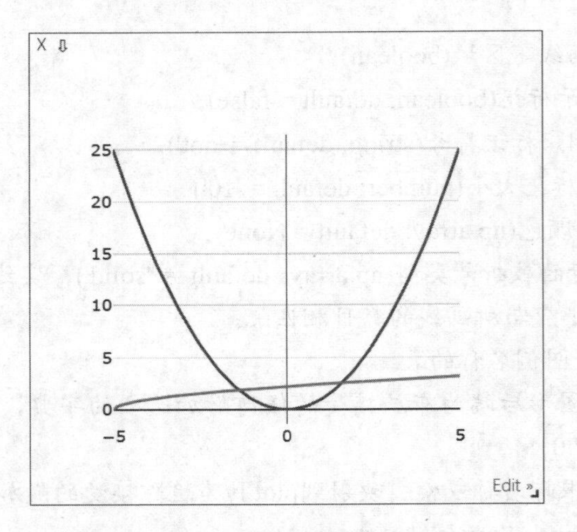

图 10-5 线型图

实现实线、虚线等不同线的代码如下：

```
# 导入相关库
import visdom
import numpy as np

# 创建一个Visdom窗口，并使用vis.line绘制线条
win = vis.line(
    # X 轴数据，将三个在0和10之间的等差数列组合成一个3列的矩阵
    X=np.column_stack((
        np.arange(0, 10),
        np.arange(0, 10),
        np.arange(0, 10),
    )),
    # Y 轴数据，将三个在5和10之间的线性插值数列分别加上5、10后组合成一个3列的矩阵
    Y=np.column_stack((
        np.linspace(5, 10, 10),
        np.linspace(5, 10, 10) + 5,
        np.linspace(5, 10, 10) + 10,
    )),
    # 配置选项
    opts={
        # 线条样式，一个包含'solid'、'dash'、'dashdot'的NumPy数组
        'dash': np.array(['solid', 'dash', 'dashdot']),
        # 线条颜色，一个包含三种颜色值的NumPy数组
        'linecolor': np.array([
            [0, 191, 255],
            [0, 191, 255],
            [255, 0, 0],
        ]),
```

```
        # 窗口标题
        'title': '不同类型的线'
    }
)

# 在之前创建的窗口 win 上继续绘制线条
vis.line(
    # X 轴数据，在0和10之间的等差数列
    X=np.arange(0, 10),
    # Y 轴数据，在5和10之间的线性插值数列加上 15
    Y=np.linspace(5, 10, 10) + 15,
    # 使用之前创建的窗口 win
    win=win,
    # 线条名称
    name='4',
    # 更新方式为插入
    update='insert',
    # 配置选项
    opts={
        # 线条颜色，只包含红色的NumPy数组
        'linecolor': np.array([
            [255, 0, 0],
        ]),
        # 线条样式，只包含点的NumPy数组
        'dash': np.array(['dot']),
    }
)
```

通过上述代码可以在Visdom窗口中绘制多条具有不同样式和颜色的线条，并进行相应的配置。输出如图10-6所示。

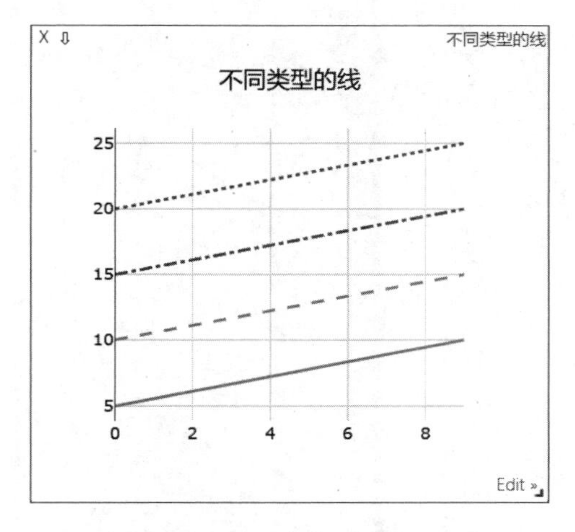

图 10-6　实线和虚线

堆叠区域，代码如下：

```
# 导入相关库
import visdom
import numpy as np
# 生成一个在0和4之间等间距的200个点的数列
Y = np.linspace(0, 4, 200)
# 使用 Visdom 库绘制堆积面积图
win = vis.line(
    # Y 轴数据，将 Y 数列分别进行平方根运算和加 2 运算，并堆叠在一起
    Y=np.column_stack((np.sqrt(Y), np.sqrt(Y) + 2)),
    # X 轴数据，与 Y 数列相同
    X=np.column_stack((Y, Y)),
    # 图表选项
    opts=dict(
        # 填充区域
        fillarea=True,
        # 不显示图例
        showlegend=False,
        # 宽度
        width=380,
        # 高度
        height=330,
        # Y 轴类型为对数
        ytype='log',
        # 图表标题
        title='堆积面积图',
        # 左边距
        marginleft=30,
        # 右边距
        marginright=30,
        # 底部边距
        marginbottom=80,
        # 顶部边距
        margintop=30,
    ),
)
```

输出如图10-7所示。

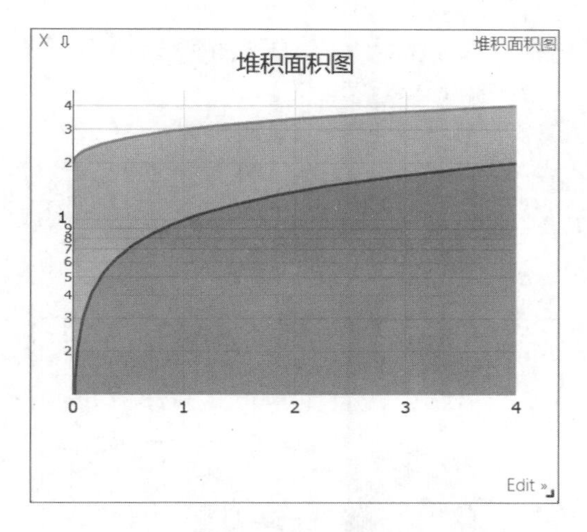

图 10-7　堆叠区域

3. 其他图形

1）茎叶图 vis.stem()

这个函数可绘制一个茎叶图。它接受一个*N*或*N*×*M*张量*X*作为输入，它指定*M*时间序列中*N*个点的值。还可以指定一个包含时间戳的可选*N*或*N*×*M*张量*Y*，如果*Y*是一个*N*张量，那么所有*M*个时间序列都假设有相同的时间戳。

下面是该函数支持的选项。

- opts.colormap：色图（string; default = 'Viridis'）。
- opts.legend：包含图例名称的表。
- opts.layoutopts：图形后端为布局接受的任何附加选项的字典，比如layoutopts={'plotly': {'legend': {'x':0, 'y':0}}}。

以下是绘制一个茎叶图例子的代码：

```
# 导入相关库
import math
import visdom
import numpy as np

# 生成一个在0和2π之间等间距的 70 个点的数列
Y = np.linspace(0, 2 * math.pi, 70)

# 将正弦函数和余弦函数的对应值堆叠在一起
X = np.column_stack((np.sin(Y), np.cos(Y)))

# 使用Visdom库绘制茎叶图
vis.stem(
    # X 轴数据
```

```
    X=X,
    # Y 轴数据
    Y=Y,
    # 图表选项
    opts=dict(legend=['正弦函数', '余弦函数'])
)
```

输出如图10-8所示。

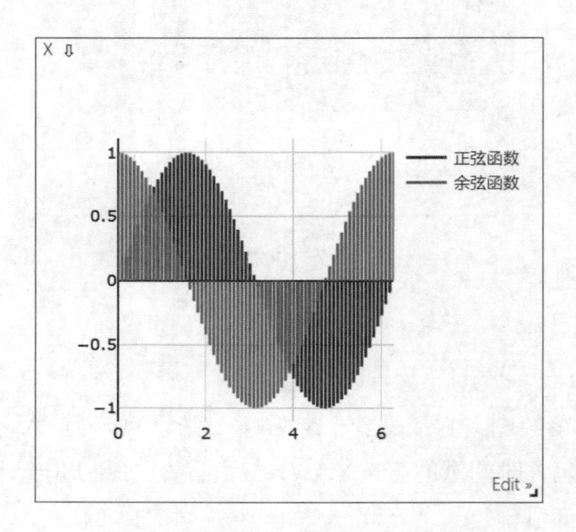

图 10-8　茎叶图

2）热力图 vis.heatmap()

此函数可绘制热力图。它接受一个$N \times M$张量X作为输入，指定了热力图中每个位置的值。下面是该函数支持的选项。

- opts.colormap：色图(string; default = 'Viridis')。
- opts.xmin：修剪的最小值(number; default = X:min())。
- opts.xmax：修剪的最大值(number; default = X:max())。
- opts.columnnames：包含x-axis标签的表。
- opts.rownames：包含y-axis标签的表。
- opts.layoutopts：图形后端为布局接受的任何附加选项的字典，比如layoutopts = {'plotly': {'legend': {'x':0, 'y':0}}}。

以下是实现一个热力图的代码。

```
# 导入相关库
import visdom
import numpy as np

# 使用Visdom库绘制热力图
```

```
vis.heatmap(
    # 矩阵数据
    X=np.outer(np.arange(1, 6), np.arange(1, 11)),
    # 图表选项
    opts=dict(
        # 列名
        columnnames=['a', 'b', 'c', 'd', 'e', 'f', 'g', 'h', 'i', 'j'],
        # 行名
        rownames=['y1', 'y2', 'y3', 'y4', 'y5'],
        # 颜色映射
        colormap='Viridis',
    )
)
```

输出如图10-9所示。

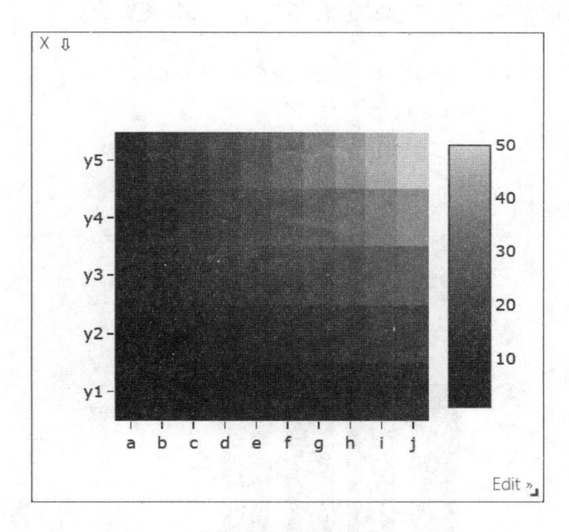

图 10-9　热力图

3）条形图 vis.bar()

此函数用于绘制规则的、堆叠的或分组的条形图。它接受一个N或$N \times M$张量X作为输入，它指定了每个条的高度。如果X包含M列，则对每一行对应的值进行堆叠或分组（取决于opts.stacked的选择方式）。除X外，还可以指定一个（可选的）N张量Y，它包含相应的X轴的值。

以下是该函数目前支持的选项。

- opts.rownames：包含x-axis标签的表。
- opts.stacked：在X中堆叠多个列。
- opts.legend：包含图例名称的表。
- opts.layoutopts：图形后端为布局接受的任何附加选项的字典，比如layoutopts={'plotly': {'legend': {'x':0, 'y':0}}}。

10

以下是实现一个条形图的代码：

```
# 导入相关库
import visdom
import numpy as np

# 使用 Visdom 库绘制条形图
vis.bar(
    # 条形图的数据，这里使用了随机数
    X=np.abs(np.random.rand(4, 3)),
    # 图表选项
    opts=dict(
        # 条形图堆叠
        stacked=True,
        # 图例
        legend=['低价值客户', '一般价值客户', '高价值客户'],
        # 行名
        rownames=['2017', '2018', '2019', '2020']
    )
)
```

输出如图10-10所示。

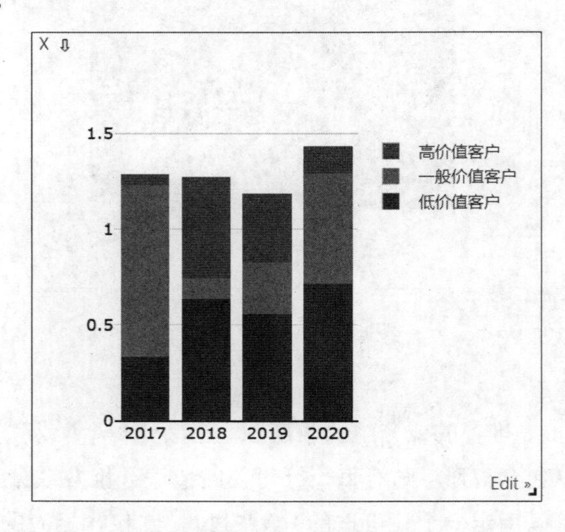

图 10-10　条形图

4）箱形图 vis.boxplot()

此函数用来绘制指定数据的箱形图。它接受一个N或一个$N \times M$张量X作为输入，该张量X指定了N个数据值，用来构造M个箱形图。

以下是该函数目前支持的选项。

- opts.legend：在X中每一列的标签。

- opts.layoutopts：图形后端为布局接受的任何附加选项的字典，比如layoutopts = {'plotly': {'legend': {'x':0, 'y':0}}}。

以下是绘制一个箱形图例子的代码：

```
# 导入相关库
import visdom
import numpy as np

# 生成一个 100 行 2 列的随机数矩阵
X = np.random.rand(100, 2)
# 对第二列的每个元素加 2
X[:, 1] += 2

# 使用 Visdom 库绘制箱形图
vis.boxplot(
    # 要绘制箱形图的数据
    X=X,
    # 图例
    opts=dict(legend=['男性', '女性'])
)
```

输出如图10-11所示。

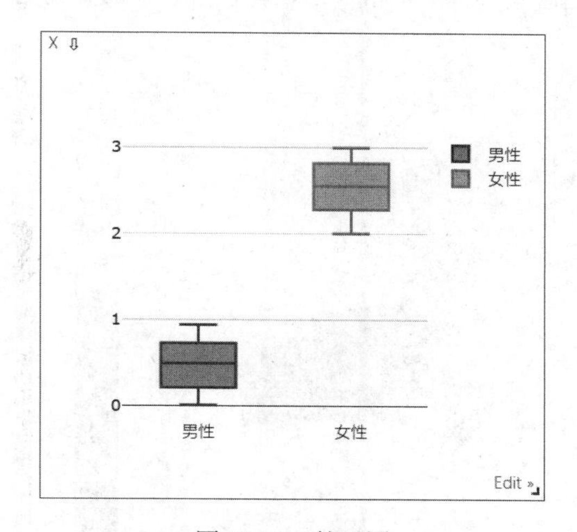

图 10-11　箱形图

5）曲面图 vis.surf()

这个函数可绘制一个曲面图。它接受一个$N \times M$张量X作为输入，该张量X指定了曲面图中每个位置的值。

下面是该函数支持的选项。

- opts.colormap：色图(string; default = 'Viridis')。

- opts.xmin：修剪的最小值(number; default = X:min())。
- opts.xmax：修剪的最大值(number; default = X:max())。
- opts.layoutopts：图形后端为布局接受的任何附加选项的字典，比如layoutopts={'plotly': {'legend': {'x':0, 'y':0}}}。

以下是实现一个曲面图例子的代码：

```
# 导入相关库
import visdom
import numpy as np

# 生成一个 50 行 2 列的随机数矩阵
X = np.random.rand(50, 2)
# 对第二列的每个元素加 1
X[:, 1] += 1

# 使用Visdom库绘制曲面图。X是要绘制的矩阵，opts是一些选项，其中colormap='Viridis'表示使用Viridis颜色映射
vis.surf(X=X, opts=dict(colormap='Viridis'))
```

这段代码通过生成随机数矩阵，并对其中的一部分元素进行操作，然后使用Visdom库绘制出了一幅带有颜色映射的曲面图。这样的图可以用于数据可视化或其他相关的任务。

输出如图10-12所示。

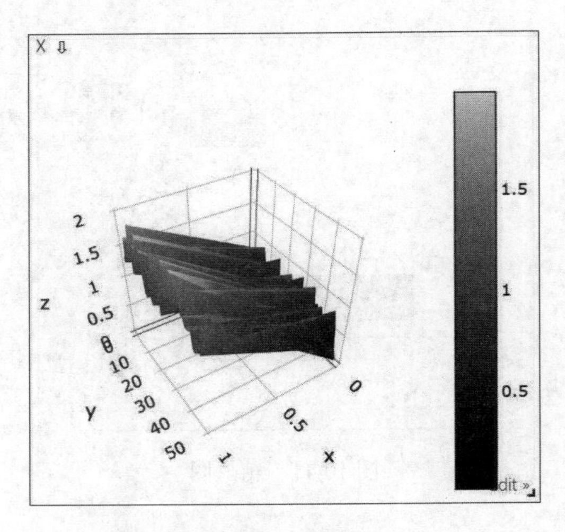

图 10-12　曲面图

6）等高线 vis.contour()

这个函数用来绘制等高线。它接受一个$N \times M$张量X作为输入，该张量X指定等高线图中每个位置的值。

下面是该函数支持的选项。

- opts.colormap：色图(string; default = 'Viridis')。
- opts.xmin：修剪的最小值(number; default = X:min())。
- opts.xmax：修剪的最大值(number; default = X:max())。
- opts.layoutopts：图形后端为布局接受的任何附加选项的字典，比如layoutopts = {'plotly': {'legend': {'x':0, 'y':0}}}。

以下是实现等高线级例子的代码：

```
# 导入相关库
import visdom
import numpy as np

#使用 np.tile 函数将一个从 1 到 80 的一维数组 np.arange(1, 81) 重复 80 次，形成一个 80 行 1 列的二维数组 x
x = np.tile(np.arange(1, 81), (80, 1))
#对 x 进行转置，得到一个 1 行 80 列的数组 y
y = x.transpose()
# 计算数组 X，其值为 e ^ ((x - 40) ** 2 + (y - 40) ** 2) / -20 ** 2
X = np.exp((((x - 40) ** 2) + ((y - 40) ** 2)) / -(20.0 ** 2))
#使用Visdom的contour函数绘制等高线图。X是要绘制的数组，colormap='Viridis'表示使用Viridis颜色映射
vis.contour(X=X, opts=dict(colormap='Viridis'))
```

这段代码通过计算一个二维数组中每个点的指数，使用Visdom绘制出该数组的等高线图。这样可以直观地观察到数据的分布和特征。

输出如图10-13所示。

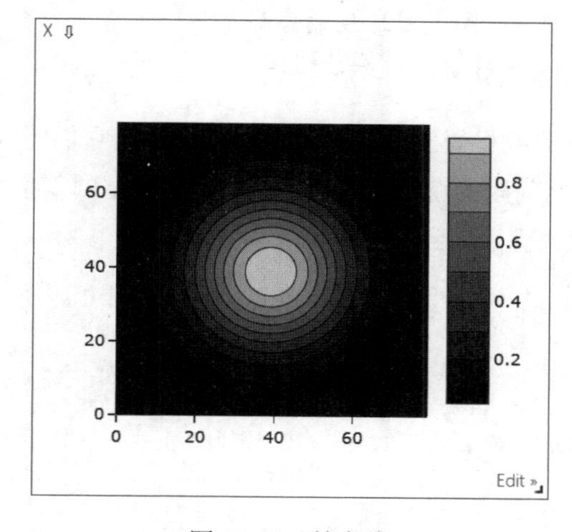

图 10-13　等高线

10.1.3　动手练习：识别手写数字

1. 案例说明

本例通过使用PyTorch的可视化工具Visdom对手写数字数据集进行建模。

2. 实现步骤

01 先导入模型需要的包，代码如下：

```
# 导入相关库
import torch
import torch.nn as nn
import torch.nn.functional as F
import torch.optim as optim
from torchvision import datasets, transforms
from visdom import Visdom
```

02 定义训练参数，代码如下：

```
# 批大小
batch_size = 200
# 学习率
learning_rate = 0.01
# 训练轮数
epochs = 10
```

这段代码定义了三个变量：batch_size（批大小）、learning_rate（学习率）和 epochs（训练轮数）。

- batch_size：表示在每次更新模型参数时使用的样本数量。
- learning_rate：用于调整模型学习速度的参数。
- epochs：指定模型训练的轮数或迭代次数。

这些变量通常在深度学习或机器学习的训练过程中使用，它们的取值会影响模型的训练效果和性能。具体的取值需要根据问题的特点、数据集的大小和模型的复杂程度等因素进行调整。在实际应用中，需要通过实验和调优来找到最适合的参数值。

03 获取训练和测试数据，代码如下：

```
# 获取训练和测试数据
train_loader = torch.utils.data.DataLoader(
    # MNIST数据集，指定训练集，若数据不存在，则自动下载，应用数据转换
    datasets.MNIST('../data', train=True, download=True,
                transform=transforms.Compose([
                    transforms.ToTensor(),
```

```
                        # transforms.Normalize((0.1307,), (0.3081,))
                    ])),
    # 批次大小
    batch_size=batch_size,
    # 每次迭代时打乱数据
    shuffle=True
)

# 定义测试数据加载器
test_loader = torch.utils.data.DataLoader(
    # MNIST 数据集，指定测试集，应用数据转换
    datasets.MNIST('../data', train=False, transform=transforms.Compose([
        transforms.ToTensor(),
        # transforms.Normalize((0.1307,), (0.3081,))
    ])),
    # 批次大小
    batch_size=batch_size,
    # 每次迭代时打乱数据
    shuffle=True
)
```

上述代码使用torch库和MNIST数据集来定义训练数据加载器和测试数据加载器。通过定义训练数据加载器和测试数据加载器，上述代码可以方便地加载和处理MNIST数据集，并用于后续的模型训练和测试。

04 定义多层感知机（全连接网络），代码如下：

```
# 定义一个名为 MLP 的神经网络模块
class MLP(nn.Module):
    def __init__(self):                         # 初始化方法
        super(MLP, self).__init__()             # 继承nn.Module的初始化方法
        self.model = nn.Sequential(             # 创建一个神经网络序列
            nn.Linear(784, 200),                # 全连接层，输入维度为784，输出维度为200
            # 激活函数LeakyReLU，参数inplace=True表示原地更新
            nn.LeakyReLU(inplace=True),
            nn.Linear(200, 200),                # 全连接层，输入维度为200，输出维度为200
            nn.LeakyReLU(inplace=True),         # 激活函数 LeakyReLU
            nn.Linear(200, 10),                 # 全连接层，输入维度为200，输出维度为10
            nn.LeakyReLU(inplace=True)          # 激活函数 LeakyReLU
        )

    def forward(self, x):                       # 前向传播方法
        x = self.model(x)                       # 通过模型进行前向传播
        return x                                # 返回传播后的结果

# 定义训练过程
device = torch.device('cuda:0')                 # 设备选择，这里选择 CUDA 设备 0
```

```
net = MLP().to(device)                  # 创建 MLP 模型并将其移动到指定设备上
# 优化器选择，这里使用随机梯度下降(SGD)，并设置学习率
optimizer = optim.SGD(net.parameters(), lr=learning_rate)
criterion = nn.CrossEntropyLoss().to(device)  # 损失函数选择，这里使用交叉熵损失函数
```

上述代码定义了一个简单的多层感知机（MLP）神经网络，并设置了训练过程中的一些参数。

- MLP类：这个类继承自nn.Module，用于定义神经网络模型。在__init__方法中，通过nn.Sequential创建了一个由多个线性层和激活函数组成的网络结构。
- forward方法：定义了前向传播的过程，将输入数据x通过模型进行传递。
- 训练过程的定义：包括设备选择（使用CUDA设备0），创建并移动模型到设备上，选择优化器（随机梯度下降）和损失函数（交叉熵损失），并将它们也移动到设备上。

这样的设置准备好了模型和相关参数，为后续的训练步骤做好了准备。在训练过程中，模型将根据给定的数据进行学习和优化，以最小化损失函数。

05 定义两个用于可视化训练和测试过程的 Visdom 窗口，即两幅图，代码如下：

```
# 创建 Visdom 可视化对象
viz = Visdom()

# 在窗口'train_loss'中绘制线条，起始点为(0., 0.)，并设置窗口标题为"训练损失"
viz.line([0.], [0.], win='train_loss', opts=dict(title='训练损失'))

# 在窗口 'test' 中绘制线条，起始点为(0.0, 0.0) ，并设置窗口标题为"测试损失和准确率"，同时设置图例为"损失"和"准确率"
viz.line([[0.0, 0.0]], [0.], win='test', opts=dict(title='测试损失和准确率',
legend=['损失', '准确率']))

# 全局步骤计数器
global_step = 0
```

这段代码使用Visdom库进行数据可视化。它创建了一个Visdom对象viz，并使用line方法在不同的窗口中绘制线条。然后，定义了一个全局步骤计数器 global_step，用于跟踪训练过程中的步骤数。这样可以在后续的代码中使用这个全局步骤来更新可视化图表或进行其他与步骤相关的操作。

执行这段代码后，查看Visdom提供的网页，可以发现网页中出现了两个定义的win，即两幅没有数据的图，如图10-14所示。

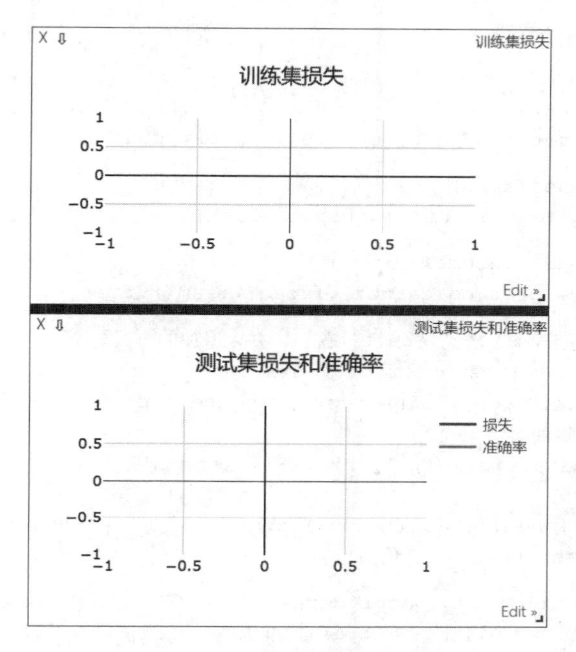

图 10-14　没有显示数据

06 开始训练，并给图送入实时更新的数据，以可视化训练过程，代码如下：

```
# 开始训练，并给图送入实时更新的数据，以可视化训练过程
for epoch in range(epochs):                                  # 遍历训练轮数
    for batch_idx, (data, target) in enumerate(train_loader): # 遍历训练数据批次
        data = data.view(-1, 28 * 28)            # 将数据调整为一维，长度为 28×28
        # 将数据和目标发送到指定设备（如 GPU）
        data, target = data.to(device), target.cuda()

        logits = net(data)                       # 通过网络计算输出
        loss = criteon(logits, target)           # 计算损失

        optimizer.zero_grad()                    # 清空梯度
        loss.backward()                          # 反向传播损失
        optimizer.step()                         # 更新参数

        global_step += 1                         # 全局步骤增加 1
        # 将损失和当前步骤发送到 'train_loss' 窗口，并以追加的方式更新
        viz.line([loss.item()], [global_step], win='train_loss', update='append')

        if batch_idx % 100 == 0:                 # 每隔 100 个批次
            print('训练轮次：{} [{}/{} ({:.0f}%)]\t损失： {:.6f}'.format(
                epoch, batch_idx * len(data), len(train_loader.dataset),
                # 打印训练进度和损失
                100. * batch_idx / len(train_loader), loss.item()))
    test_loss = 0                                            # 测试损失清零
```

```
    correct = 0                                          # 正确预测数量清零
    for data, target in test_loader:                     # 遍历测试数据
        data = data.view(-1, 28 * 28)                    # 将数据调整为一维
        data, target = data.to(device), target.cuda()    # 将数据和目标发送到设备

        logits = net(data)                               # 通过网络计算输出
        test_loss += criteon(logits, target).item()      # 累加测试损失

        pred = logits.argmax(dim=1)                      # 获取预测结果
        correct += pred.eq(target).float().sum().item()  # 统计正确预测数量

    # 将测试损失和准确率发送到 'test' 窗口，并以追加的方式更新
    viz.line([[test_loss, correct / len(test_loader.dataset)]],
           [global_step], win='test', update='append')
    # 可视化当前测试的数字图片
    viz.images(data.view(-1, 1, 28, 28), win='x')
    # 可视化测试结果
    viz.text(str(pred.detach().cpu().numpy()), win='pred',
           opts=dict(title='预测'))

    test_loss /= len(test_loader.dataset)                # 计算平均测试损失
    print('\n 测试集：平均损失： {:.4f}，准确率： {}/{} ({:.0f}%)\n'.format(
        test_loss, correct, len(test_loader.dataset),
        100. * correct / len(test_loader.dataset)))    # 打印测试结果
```

上述代码是一个典型的深度学习训练循环，主要包括以下步骤：

01 遍历训练轮数（epochs）。

02 对于每个训练批次（batch）：

- 将数据转换为合适的形状。
- 将数据和目标发送到指定设备。
- 通过网络计算输出和损失。
- 清空梯度，反向传播损失，更新参数。
- 增加全局步骤，并将损失和当前步骤显示在可视化窗口中。

03 对于测试数据：

- 计算测试损失和正确预测数量。
- 将测试损失和准确率显示在可视化窗口中。
- 可视化测试数据和预测结果。

04 计算并打印平均测试损失和准确率。

这段代码的目的是在训练过程中进行数据处理、模型训练和结果可视化。通过迭代训练数据

和测试数据，不断更新模型参数，以提高模型的性能。同时，使用Visdom进行数据可视化，帮助观察和分析训练过程。

执行成功后，在Visdom网页可以看到实时更新的训练过程的数据变化，每一个epoch测试数据更新一次，如图10-15所示。

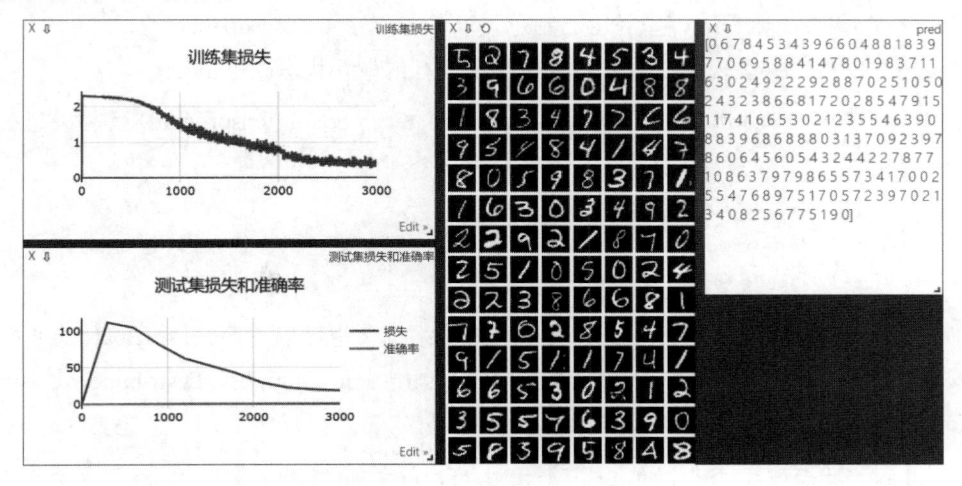

图 10-15　实时更新的训练图

3. 案例小结

本例使用Visdom对手写数字数据集的识别过程进行了可视化建模。

10.2　TensorBoard

TensorBoard是TensorFlow的一个附加工具，可以记录训练过程的数字、图像等内容，以方便研究人员观察神经网络训练过程。本节通过案例介绍该模型可视化工具。

10.2.1　TensorBoard 简介

TensorBoard既是一个强大的可视化工具，也是一个Web应用程序套件。

对于PyTorch等神经网络训练框架来说，目前还没有像TensorBoard一样功能全面的工具，一些已有的工具功能有限或使用起来比较困难。

TensorBoard提供了机器学习实验所需的可视化功能和工具：

- 跟踪和可视化损失及准确率等指标。
- 可视化模型图（操作和层）。

- 查看权重、偏差或其他张量随时间变化的直方图。
- 将嵌入投射到较低的维度空间。
- 显示图片、文字和音频数据。
- 剖析TensorFlow程序。

TensorBoard和TensorFLow程序运行在不同的进程中，TensorBoard会自动读取最新的TensorFlow日志文件，并呈现当前TensorFLow程序运行的最新状态。

如果要使用TensorBoard，首先需要安装tensorflow、tensorboard、tensorboardX等相关第三方库，代码如下：

```
pip install tensorflow
pip install tensorboard
pip install tensorboardX
```

其中，TensorBoardX可使TensorFlow外的其他神经网络框架也可以使用TensorBoard的便捷功能。TensorBoard目前支持7种可视化，包括Scalars、Images、Audio、Graphs、Distributions、Histograms和Embeddings。其中可视化的主要功能如下。

- Scalars：展示训练过程中的准确率、损失值、权重/偏置的变化情况。
- Images：展示训练过程中记录的图像。
- Audio：展示训练过程中记录的音频。
- Graphs：展示模型的数据流图，以及训练在各个设备上消耗的内存和时间。
- Distributions：展示训练过程中记录的数据的分布图。
- Histograms：展示训练过程中记录的数据的柱状图。
- Embeddings：展示词向量后的投影分布。

下面使用TensorBoard创建可视化实例。需要创建一个SummaryWriter的实例，SummaryWriter类用于将模型的指标、损失、图像等数据记录到TensorBoard中，以便进行可视化和分析。通过使用SummaryWriter，可以方便地在训练过程中监控模型的性能，并对不同的超参数和模型结构进行比较和评估。

在实际应用中，可以创建SummaryWriter对象，并使用其方法来记录各种数据，例如add_scalar、add_graph、add_image 等。然后，通过运行TensorBoard服务器来查看和可视化这些记录的数据。这样可以帮助开发者更好地理解和优化模型的训练过程。

SummaryWriter类参数如下：

```
torch.utils.tensorboard.writer.SummaryWriter(
    log_dir=None,
    comment='',
```

```
    purge_step=None,
    max_queue=10,
    flush_secs=120,
    filename_suffix='')
```

导入SummaryWriter类，代码如下：

```
# 从 tensorboardX 模块导入SummaryWriter类
from tensorboardX import SummaryWriter
```

以下是三种初始化SummaryWriter的方法。

- 方法1：提供一个路径，例如./runs/test1，将使用该路径来保存日志，代码如下：

```
writer1 = SummaryWriter('./runs/test1')
```

- 方法2：无参数，默认将使用“runs/日期时间”路径来保存日志，代码如下：

```
writer2 = SummaryWriter()
```

- 方法3：提供一个comment参数，将使用“./runs/日期时间-comment”路径来保存日志，代码如下：

```
writer3 = SummaryWriter(comment='test2')
```

运行上述代码后，将会在run文件夹下生成3个文件，如图10-16所示。

名称	修改日期	类型	大小
Apr21_10-35-39_LAPTOP-94O3IOF5	2021/4/21 10:35	文件夹	
Apr21_10-35-40_LAPTOP-94O3IOF5test2	2021/4/21 10:35	文件夹	
test1	2021/4/21 10:35	文件夹	

图 10-16 生成的 3 个文件

一般每次实验都需要新建一个路径不同的SummaryWriter，也叫一个run。接下来，我们就可以调用SummaryWriter实例的各种add_something方法向日志中写入不同类型的数据了。

启动TensorBoard，TensorBoard通过运行一个本地服务器来监听6006端口，代码如下：

```
tensorboard --logdir=D:/动手学PyTorch深度学习建模与应用/ch09/runs/
```

然后在浏览器发出请求时分析训练中记录的数据，绘制训练过程中的图像。

10.2.2 TensorBoard 基础操作

1. 可视化数值

使用add_scalar方法记录数字常量，一般会使用add_scalar方法来记录训练过程的loss、accuracy、learning rate等数值的变化，直观地监控训练过程。代码如下：

```
add_scalar(tag, scalar_value, global_step=None, walltime=None)
```

【代码说明】

- tag (string)：数据名称，不同名称的数据使用不同的曲线展示。
- scalar_value (float)：数字常量值。
- global_step (int, optional)：训练的步长。
- walltime (float, optional)：记录发生的时间，默认为time.time()。

注意，这里的scalar_value一定是float类型，如果是PyTorch scalar tensor，则需要调用.item()方法获取其数值。

示例代码如下：

```
# 导入SummaryWriter类
from tensorboardX import SummaryWriter

# 创建一个 SummaryWriter 对象，指定日志保存的路径为 'runs/scalar'
writer = SummaryWriter('runs/scalar')

for i in range(10):  # 遍历0～9的整数
    # 使用 add_scalar 方法记录数据，'指数' 为标量的名称，3 ** i 为标量的值，global_step 为全局步骤
    writer.add_scalar('指数', 3 ** i, global_step=i)
```

输出如图10-17所示。

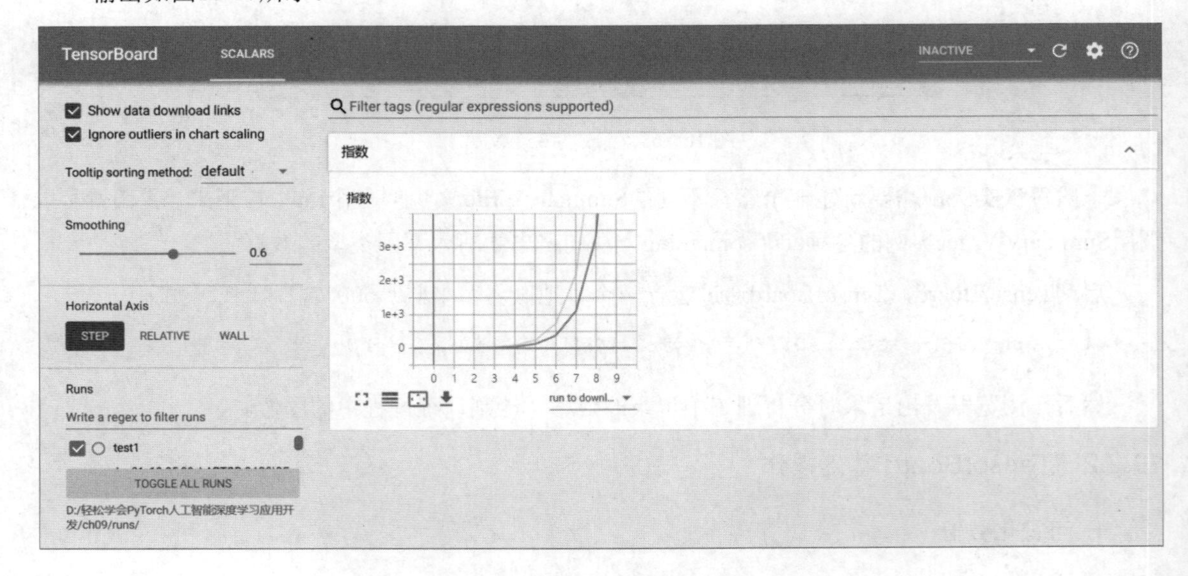

图 10-17　可视化数值

2. 可视化图片

使用add_image方法来记录单个图像数据。注意，该方法需要pillow库的支持。通常会使用add_image来实时观察生成式模型的生成结果，或者可视化分割和目标检测的结果，以帮助调试模型。代码如下：

```
add_image(tag, img_tensor, global_step=None, walltime=None, dataformats='CHW')
```

【代码说明】

- tag (string)：数据名称。
- img_tensor (torch.Tensor / numpy.array)：图像数据。
- global_step (int, optional)：训练的step。
- walltime (float, optional)：记录发生的时间，默认为time.time()。
- dataformats (string, optional)：图像数据的格式，默认为'CHW'，即Channel x Height x Width，还可以是'CHW'、'HWC'或'HW'等。

示例代码如下：

```
# 导入相关库
from tensorboardX import SummaryWriter
import cv2 as cv

# 创建一个 SummaryWriter 对象，指定日志保存的路径为 'runs/image'
writer = SummaryWriter('runs/image')

for i in range(1, 4): # 遍历 1 到 3 的整数
    # 添加图像到 SummaryWriter
    writer.add_image('countdown', cv.cvtColor(cv.imread
('./image/{}.jpg'.format(i)), cv.COLOR_BGR2RGB), global_step=i, dataformats='HWC')
```

'countdown'为图像的名称，将图像从BGR格式转换为RGB格式后添加，global_step为全局步骤，dataformats指定图像的格式为HWC。

调用这个方法一定要保证数据的格式正确，像PyTorch Tensor的格式就是默认的'CHW'。可以拖动滑动条来查看不同global_step下的图片，输出如图10-18所示。

3. 可视化统计图

使用add_histogram方法来记录一组数据的直方图。通过观察数据、训练参数和特征的直方图，我们可以了解它们大致的分布情况，从而辅助神经网络的训练过程。代码如下：

```
add_histogram(tag, values, global_step=None, bins='tensorflow', walltime=None,
max_bins=None)
```

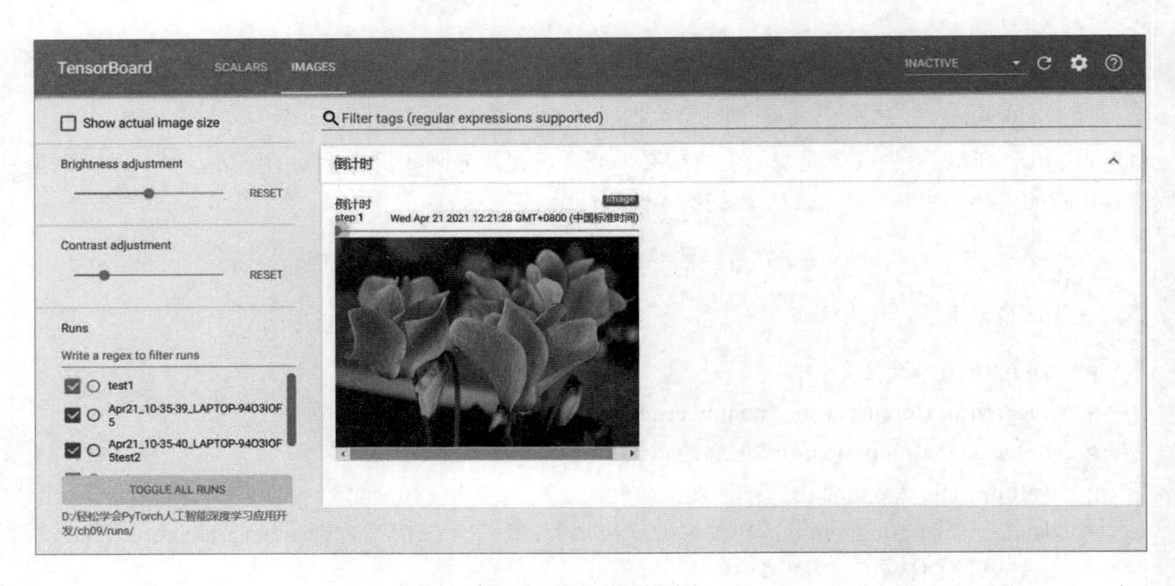

图 10-18　可视化图片

【代码说明】

- tag (string)：数据名称。
- values (torch.Tensor, numpy.array, or string/blobname)：用来构建直方图的数据。
- global_step (int, optional)：训练的step。
- bins (string, optional)：取值有'tensorflow'、'auto'、'fd'等，该参数决定了分桶的方式。
- walltime (float, optional)：记录发生的时间，默认为 time.time()。
- max_bins (int, optional)：最大分桶数。

示例代码如下：

```
# 导入相关库
from tensorboardX import SummaryWriter
import numpy as np

# 创建一个SummaryWriter对象，指定日志保存的路径为'runs/embedding_example'
writer = SummaryWriter('runs/embedding_example')

# 向SummaryWriter中添加正态分布的直方图数据，global_step 分别为 1、50、100
writer.add_histogram('正态分布中心化', np.random.normal(0, 1, 1000),
global_step=1)
writer.add_histogram('正态分布中心化', np.random.normal(0, 2, 1000),
global_step=50)
writer.add_histogram('正态分布中心化', np.random.normal(0, 3, 1000),
global_step=100)
```

使用NumPy从不同方差的正态分布中进行采样。打开浏览器可视化界面后，我们发现多出了"DISTRIBUTIONS"和"HISTOGRAMS"两栏，它们都是用来观察数据分布的。在"HISTOGRAMS"中，同一数据集不同步骤（step）的直方图可以选择上下错位排布（OFFSET），或重叠排布（OVERLAY）。图10-19左图和右图分别为"DISTRIBUTIONS"界面和"HISTOGRAMS"界面。

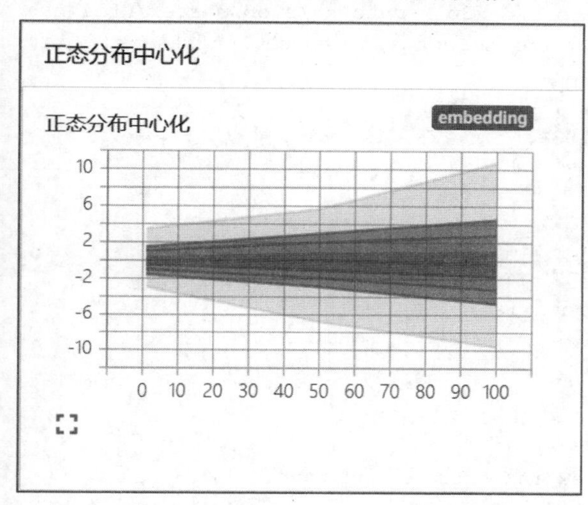

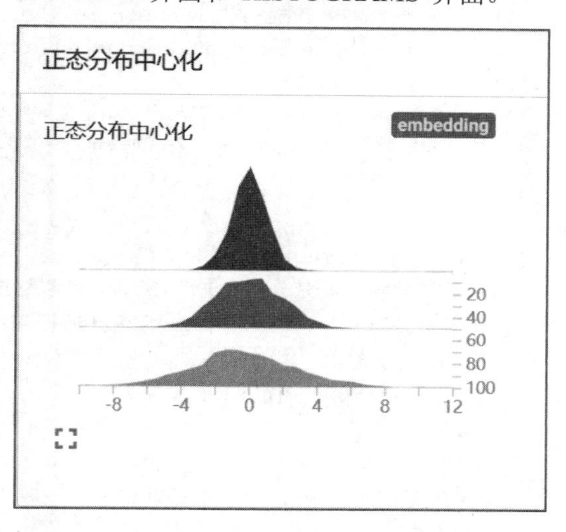

图 10-19 可视化统计图

4. 可视化网络图

使用add_graph方法来可视化一个神经网络。该方法可以可视化神经网络模型，代码如下：

```
add_graph(model, input_to_model=None, verbose=False, **kwargs)
```

【代码说明】

- model (torch.nn.Module)：待可视化的网络模型。
- input_to_model (torch.Tensor or list of torch.Tensor, optional)：待输入神经网络的变量或一组变量。

TensorboardX给出了一个官方样例，大家可以尝试，代码如下：

```
# 导入相关库
import torch
import numpy as np
from torchvision import models,transforms
from PIL import Image
from tensorboardX import SummaryWriter

vgg16 = models.vgg16()          # 这里下载预训练好的模型
print(vgg16)                    # 打印这个模型
```

```
transform_2 = transforms.Compose([
    transforms.Resize(224),
    transforms.CenterCrop(224),
    transforms.ToTensor(),
    # convert RGB to BGR
    # from <https://github.com/mrzhu-cool/pix2pix-pytorch/blob/master/util.py>
    transforms.Lambda(lambda x: torch.index_select(x, 0, torch.LongTensor([2, 1,
0]))),
    transforms.Lambda(lambda x: x*255),
    transforms.Normalize(mean = [103.939, 116.779, 123.68],
                         std = [ 1, 1, 1 ]),
])

cat_img = Image.open('./1.jpg')
# 因为PyTorch是分批次进行训练的，所以这里建立一个批次为1的数据集
vgg16_input=transform_2(cat_img)[np.newaxis]
print(vgg16_input.shape)

#开始前向传播，打印输出值
raw_score = vgg16(vgg16_input)
raw_score_numpy = raw_score.data.numpy()
print(raw_score_numpy.shape, np.argmax(raw_score_numpy.ravel()))

#将结构图在TensorBoard中展示
with SummaryWriter(log_dir='./runs/graph', comment='vgg16') as writer:
    writer.add_graph(vgg16, (vgg16_input,))
```

输出如图10-20所示。

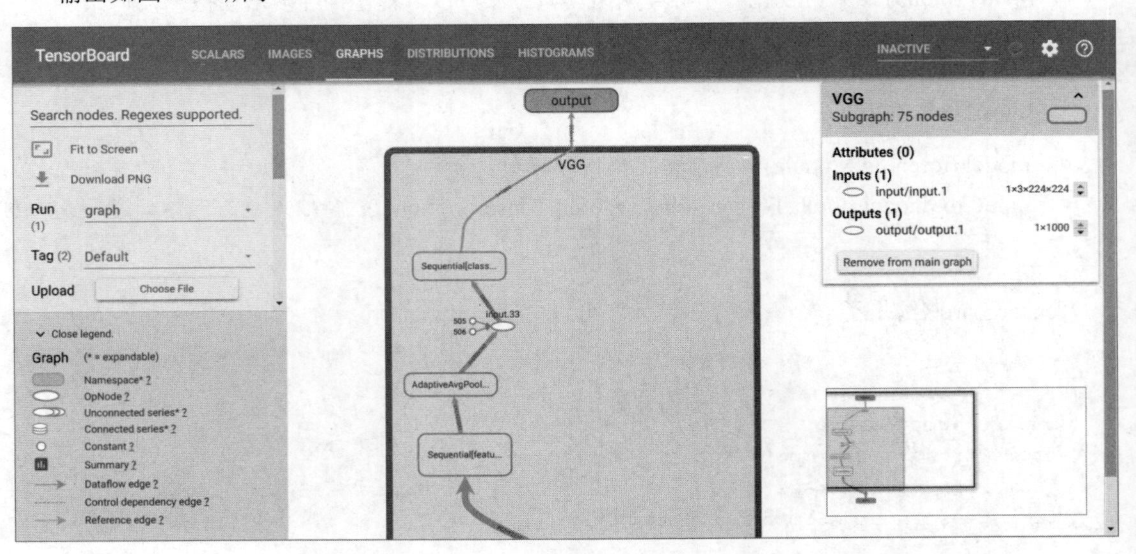

图 10-20　可视化网络图

5. 可视化向量

使用add_embedding方法在二维或三维空间可视化Embedding向量。代码如下：

```
 add_embedding(mat, metadata=None, label_img=None, global_step=None,
tag='default', metadata_header=None)
```

【代码说明】

- mat (torch.Tensor or numpy.array)：一个矩阵，每行代表特征空间的一个数据点。
- metadata (list or torch.Tensor or numpy.array, optional)：一个一维列表，矩阵中每行数据的标签，大小应和矩阵行数相同。
- label_img (torch.Tensor, optional)：一个形如$N \times C \times H \times W$的张量，对应矩阵每一行数据显示出的图像，N应和矩阵行数相同。
- global_step (int, optional)：训练的步长。
- tag (string, optional)：数据名称，不同名称的数据将分别展示。

add_embedding是一个很实用的方法，不仅可以将高维特征使用PCA、T-SNE等方法降维至二维平面或三维空间显示，还可观察每一个数据点在降维前的特征空间的K近邻情况。下面取MNIST训练集中的100个数据，将图像展成一维向量直接作为Embedding，使用TensorBoardX可视化出来。

示例代码如下：

```
# 导入相关库
import torchvision
from tensorboardX import SummaryWriter

# 创建一个 SummaryWriter 对象，指定日志保存的路径为'runs/vector'
writer = SummaryWriter('runs/vector')

# 从 torchvision 中加载 MNIST 数据集，下载选项设置为 False
mnist = torchvision.datasets.MNIST('./', download=False)

# 添加嵌入向量
writer.add_embedding(
    # 将 MNIST 数据集的图像数据转换为嵌入向量，并取前30个样本
    mnist.data.reshape((-1, 28 * 28))[:30,:],
    metadata=mnist.targets[:30],  # 对应的标签
    # 图像数据，用于显示每个嵌入向量对应的图像
    label_img = mnist.data[:30,:,:].reshape((-1, 1, 28, 28)).float() / 255,
    global_step=0  # 全局步骤
)
```

这段代码的主要目的是将MNIST数据集的一部分图像数据转换为嵌入向量，并将这些嵌入向量以及相关的元数据和图像添加到SummaryWriter中。

这样，通过SummaryWriter可以将嵌入向量以及相关的信息记录下来，然后使用TensorBoard等工具进行可视化和分析。这种方式常用于可视化和监控模型学习到的特征表示。

可以发现，虽然还没有做任何特征提取的工作，但MNIST的数据已经呈现出聚类的效果，相同数字之间的距离更近一些（有没有想到KNN分类器）。我们还可以单击左下方的T-SNE，用T-SNE的方法进行可视化。使用add_embedding方法时需要注意以下几点：

（1）mat是二维的（$M\times N$），metadata是一维的（N），label_img是四维的（$N\times C\times H\times W$）。

（2）label_img记得归一化为0～1的float值。

采用PCA降维后，在三维空间的可视化结果如图10-21所示。

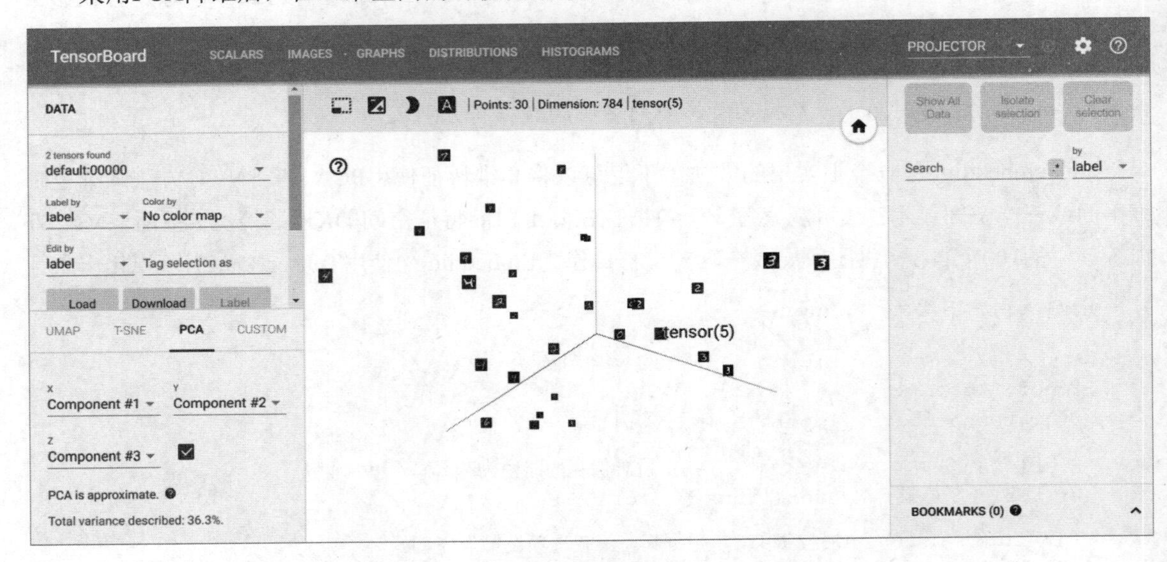

图 10-21　可视化向量

6. 可视化P-R曲线

使用add_pr_curve方法来绘制P-R曲线。代码如下：

```
    add_pr_curve(classes[class_index],tensorboard_preds,tensorboard_probs,global_
step=global_step)
```

【代码说明】

- tensorboard_preds(float)：模型的预测值。
- tensorboard_probs(float)：模型预测值的概率。
- global_step (int, optional)：训练的step。

P-R曲线就是精确率（Precision）和召回率（Recall）曲线，以召回率作为横坐标轴，精确率作为纵坐标轴。首先解释一下精确率和召回率。

把正例正确地分类为正例，表示为TP（True Positive），把正例错误地分类为负例，表示为FN（False Negative）。把负例正确地分类为负例，表示为TN（True Negative），把负例错误地分类为正例，表示为FP（False Positive）。

精确率和召回率可以从混淆矩阵中计算而来，Precision = TP/(TP + FP), Recall = TP/(TP +FN)。那么P-R曲线是怎么得来的呢？

使用算法对样本进行分类时，一般都有置信度，即表示该样本是正样本的概率，比如99%的概率认为样本A是正例，1%的概率认为样本B是正例。通过选择合适的阈值，比如50%，对样本进行划分，概率大于50%的就认为是正例，小于50%的就认为是负例。

我们可以通过置信度对所有样本进行排序，再为样本逐个选择阈值，将该样本之前的样本视为正例，该样本之后的样本视为负例。对于每个作为划分阈值的样本，都可以计算对应的精确度和召回率，从而绘制出曲线。

示例代码如下：

```
# 导入相关库
import numpy as np
from torch.utils.tensorboard import SummaryWriter

# 设置随机数种子，以便每次运行代码时得到相同的随机数序列
np.random.seed(20200910)

# 生成100个随机整数，范围为2到上限，并将其存储在labels变量中
labels = np.random.randint(2, size=100)

# 生成100个随机浮点数，范围为0～1，并将其存储在predictions变量中
predictions = np.random.rand(100)

# 创建SummaryWriter对象，用于记录和可视化数据
writer = SummaryWriter()

# 添加P-R曲线，用于评估二分类问题的性能
writer.add_pr_curve('P-R 曲线', labels, predictions, 0)

# 关闭 SummaryWriter，释放相关资源
writer.close()
```

通过这段代码可以生成随机的标签和预测值，并将P-R曲线添加到SummaryWriter中，以便后续在TensorBoard等工具中进行可视化分析。

可视化效果如图10-22所示。

图 10-22　可视化 P-R 曲线

10.2.3　动手练习：可视化模型参数

1. 案例说明

本例通过TensorBoard对深度学习模型中的准确率（Accuracy）和损失（Loss）之间的关系进行可视化探索。

2. 实现步骤

01 首先导入相关的第三方包，代码如下：

```
# 导入相关库
import numpy as np
from torch.utils.tensorboard import SummaryWriter
```

02 将损失（Loss）写到 Loss_Accuracy 路径下面，代码如下：

```
# 设置随机数种子，确保每次运行代码时得到的随机数序列是相同的。这样可以使结果具有可重复性
np.random.seed(10)

# 创建SummaryWriter对象，指定日志保存路径为'runs/Loss_Accuracy'，用于将模型的相关信息（如损失、准确率等）记录到指定的路径，以便后续使用TensorBoard等工具进行可视化和分析
writer = SummaryWriter('runs/Loss_Accuracy')
```

这段代码的主要作用是设置随机数种子和创建SummaryWriter对象。

03 然后将损失（Loss）写到 writer 中，其中 add_scalars()函数可以将不同的变量添加到同一个图，代码如下：

```
for n_iter in range(100):  # 遍历 100 次迭代
    # 在 SummaryWriter 中添加标量数据，标签为'Loss/train'，值为随机数，索引为 n_iter
    writer.add_scalar('Loss/train', np.random.random(), n_iter)
    # 在 SummaryWriter 中添加标量数据，标签为'Loss/test'，值为随机数，索引为 n_iter
    writer.add_scalar('Loss/test', np.random.random(), n_iter)
    # 在 SummaryWriter 中添加标量数据,标签为'Accuracy/train',值为随机数,索引为 n_iter
    writer.add_scalar('Accuracy/train', np.random.random(), n_iter)
    # 在 SummaryWriter 中添加标量数据,标签为'Accuracy/test',值为随机数,索引为 n_iter
    writer.add_scalar('Accuracy/test', np.random.random(), n_iter)
```

在上述代码中，使用循环迭代了100次。在每次迭代中，通过writer.add_scalar方法向SummaryWriter中添加了4个标量数据，分别对应Loss/train、Loss/test、Accuracy/train和Accuracy/test。每个标量的值都是通过np.random.random()生成的随机数，并指定了对应的索引n_iter。

这样的操作可以将随机生成的标量数据添加到SummaryWriter中，以便后续使用TensorBoard等工具进行可视化分析。这些标量数据可以用于监测训练过程中的损失和准确率等指标。请注意，这里的随机数生成只是为了演示，在实际应用中，这些值可能会根据具体的训练过程和模型输出进行更新。

3. 案例小结

本例探索了深度学习中损失和准确率之间的关系。

该模型在测试集和训练集上的损失曲线如图10-23所示。

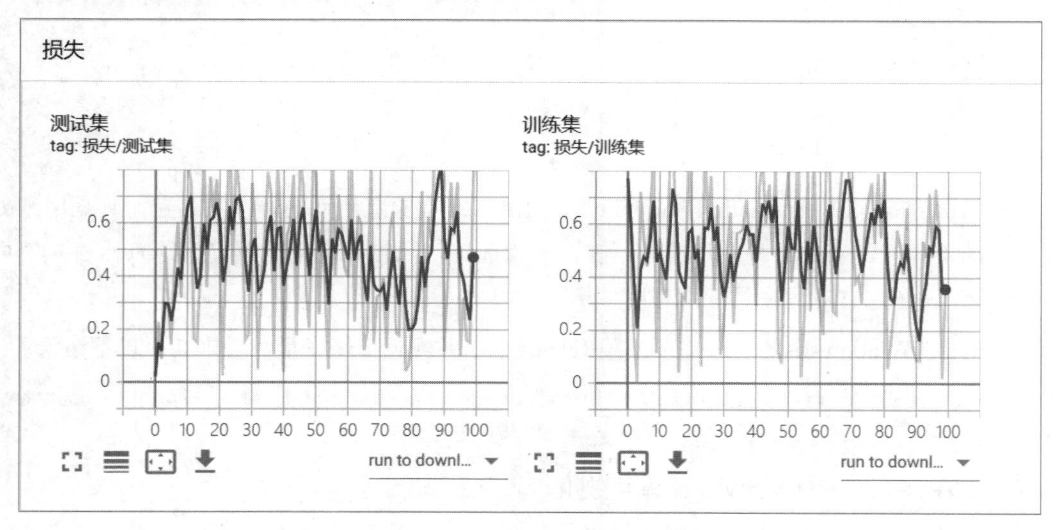

图 10-23　损失曲线

该模型在测试集和训练集上的准确率曲线如图10-24所示。

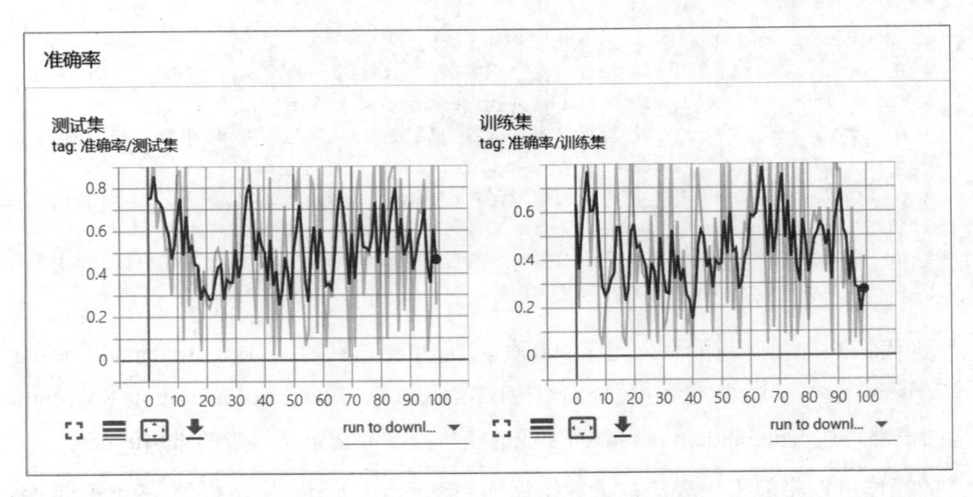

图 10-24　准确率曲线

10.3　Pytorchviz

Pytorchviz是一个程序包，用于创建PyTorch执行图和轨迹的可视化。本节通过案例介绍该模型可视化工具。

10.3.1　Pytorchviz 简介

在可视化之前，首先安装graphviz和torchviz第三方库，代码如下：

```
pip install graphviz
pip install tochviz
```

Graphviz（Graph Visualization Software）是由AT&T实验室启动的开源工具包，它是用来处理DOT语言的工具，DOT是一种图形描述语言，非常简单，只需要简单了解一下DOT语言，就可以用Graphviz绘图了，它对程序员特别有用。

Graphviz在Windows中的安装需要下载Release包，并配置环境变量，否则会报以下错误：

```
graphviz.backend.ExecutableNotFound: failed to execute ['dot', '-Tpng', '-O', 'tmp'],
make sure the Graphviz executables are on your systems' PATH
```

10.3.2　动手练习：Pytorchviz 建模可视化

1. 案例说明

本例使用Pytorchviz工具可视化PyTorch模型。

2. 实现步骤

01 导入第三方库，代码如下：

```
# 导入相关库
import torch
from torch import nn
from torchviz import make_dot, make_dot_from_trace
```

02 随机生成数据集，代码如下：

```
# 生成一个形状为(1, 8)的随机张量 x
x = torch.randn(1,8)
```

03 设置网络模型，代码如下：

```
# 创建一个顺序模型
model = nn.Sequential()
# 在模型中添加一个线性层，输入维度为 8，输出维度为 16
model.add_module('W0', nn.Linear(8, 16))
# 添加 tanh 激活函数
model.add_module('tanh', nn.Tanh())
# 添加一个线性层，输入维度为 16，输出维度为 1
model.add_module('W1', nn.Linear(16, 1))
```

04 可视化网络结构，代码如下：

```
# 使用 make_dot 函数将模型对 x 的计算过程生成图
vis_graph = make_dot(model(x), params=dict(model.named_parameters()))
# 查看生成的图
vis_graph.view()

# 选择 onnx 导出模式
with torch.onnx.select_model_mode_for_export(model, False):
    # 使用 jit.trace 记录模型的计算过程
    trace= torch.jit.trace(model, (x,))
# 查看记录的计算过程
torch.trace
```


上述4个步骤的代码主要涉及深度学习模型的构建、可视化和导出。

首先，通过torch.randn(1, 8)生成了一个形状为(1, 8)的随机张量x。

其次，创建了一个nn.Sequential模型，并通过add_module方法向模型中添加了三个模块：一个线性层W0、tanh激活函数和另一个线性层W1。

然后，使用make_dot函数将模型对输入x的计算过程生成图形表示，并通过vis_graph.view()查看生成的图。

接着，通过torch.onnx.select_model_mode_for_export选择onnx导出模式，并使用torch.jit.trace记录模型的计算过程。

最后，通过 torch.trace 查看记录的计算过程。

这样的操作可以帮助读者理解模型的结构和计算过程，以及进行模型的可视化和导出等相关操作。具体的应用场景可能包括模型的调试、分析和转换为其他格式等。

3. 案例小结

本例通过Pytorchviz工具可视化PyTorch模型。

运行上述代码，会在当前目录下保存一个Digraph.gv.pdf文件，并在浏览器中默认打开，如图10-25所示。

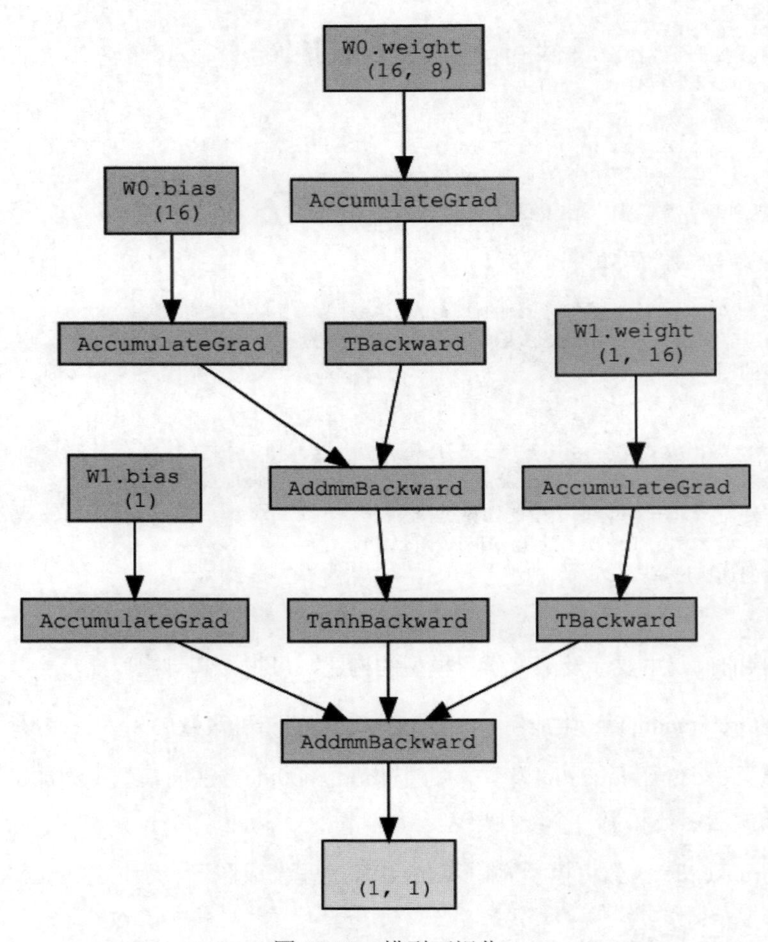

图 10-25　模型可视化

10.4　Netron

Netron是一个支持PyTorch的可视化工具，它的开发者是微软的Lutz Roeder，操作简单快捷，就像保存文件、打开文件一样，简单高效。本节通过案例介绍模型可视化工具Netron。

10.4.1　Netron 简介

Netron支持各种平台，在Linux、macOS、Window上都可以像普通软件一样安装使用。

在复现别人的模型的时候，有时我们要知道一个模型的输入和输出名，可是有时作者并没有告诉我们，要我们自己去查，有了这个工具，就可以清晰地看到网络的输入和输出名，以及具体的网络结构。相比TensorBoard，Netron更加轻量化，而且支持各种框架。Netron最为强大的功能在于它所支持的框架十分广泛，除PyTorch外，Netron还支持ONNX、Keras、CoreML、Caffe2、MXNet、TensorFlowLite、Caffe、Torch、CNTK、PaddlePaddle、Darknet、scikit-learn、TensorFlow.js、TensorFlow等。

Netron强大的原因在于：

（1）所支持的平台广泛。当前主流的深度学习框架，Netron都能很好地支持。

（2）操作简单快捷。不需要写一行代码，只需要下载软件安装，然后打开需要可视化的文件，一步操作即可，当然也可以通过代码实现。

（3）保存快捷。对于可视化的结果，就像保存普通的文件一样，一步到位，保存在自己的计算机上即可。

在使用Netron之前，可以通过以下命令安装Netron：

```
pip install netron
```

由于Netron不支持默认的PyTorch模型格式(.pth)，因此需要保存为onnx。

10.4.2　动手练习：Netron 建模可视化

1. 案例说明

本例通过Netron工具可视化PyTorch模型，使用CIFAR10数据集。

2. 实现步骤

01 导入相关第三方库，代码如下：

```
# 导入相关库
```

10

```
import math
import netron
import torch
import torch.onnx
import torch.nn as nn
from torch.autograd import Variable
```

02 初始化参数配置，代码如下：

```
defaultcfg = {
    # 键 11 对应的值是一个列表，包含多个元素
    11 : [64, 'M', 128, 'M', 256, 256, 'M', 512, 512, 'M', 512, 512],
    # 键 13 对应的值也是一个列表
    13 : [64, 64, 'M', 128, 128, 'M', 256, 256, 'M', 512, 512, 'M', 512, 512],
    # 键 16 对应的值是一个更长的列表
    16 : [64, 64, 'M', 128, 128, 'M', 256, 256, 256, 'M', 512, 512, 512, 'M', 512,
512, 512],
    # 键 19 对应的值是一个更长的列表
    19 : [64, 64, 'M', 128, 128, 'M', 256, 256, 256, 256, 'M', 512, 512, 512, 512,
'M', 512, 512, 512, 512],
}
```

在上述代码中定义了一个名为defaultcfg的字典。字典中的每个键都对应一个值，值的形式是一个列表。这些列表中的元素可能表示一些参数或配置信息，其中M可能是一个特殊的占位符。

这样的字典结构可以用于存储不同情况或配置下的参数值。例如，根据键的值（如11、13、16、19等）可以获取到相应的参数列表。

具体的含义和用途需要根据代码的上下文和相关的文档来确定。这些参数可能与某种模型、算法或配置有关，用于在不同的场景中进行设置或调整。

03 设置网络结构，代码如下：

```
# 定义一个名为 vgg 的神经网络模块
class vgg(nn.Module):
    # 初始化函数
    def __init__(self, dataset='cifar10', depth=19, init_weights=True, cfg=None):
        """
        :param dataset: 数据集的名称，默认为 'cifar10'
        :param depth: vgg 网络的深度，默认为 19
        :param init_weights: 是否初始化权重，默认为 True
        :param cfg: 配置参数，如果为 None，则使用默认配置
        """
        super(vgg, self).__init__()  # 继承 nn.Module
        if cfg is None:
            cfg = defaultcfg[depth]              # 如果 cfg 为 None，使用默认的配置
```

```
        self.feature = self.make_layers(cfg, True)     # 生成特征提取部分
        if dataset == 'cifar10':                       # 根据数据集设置类别数量
            num_classes = 10
        elif dataset == 'cifar100':
            num_classes = 100
        self.classifier = nn.Linear(cfg[-1], num_classes) # 生成分类器
        if init_weights:
            self._initialize_weights()                    # 如果需要，则初始化权重

    def make_layers(self, cfg, batch_norm=False):         # 生成网络层的函数
        """
        :param cfg: 网络层配置
        :param batch_norm: 是否使用批量归一化
        :return: 生成的网络层
        """
        layers = []                       # 存储网络层的列表
        in_channels = 3                   # 输入通道数
        for v in cfg:
            if v == 'M':                  # 如果 v 为 'M'，则加最大池化层
                layers += [nn.MaxPool2d(kernel_size=2, stride=2)]
            else:
                conv2d = nn.Conv2d(in_channels, v, kernel_size=3, padding=1,
bias=False)                               # 添加卷积层
                if batch_norm:            # 如果需要，则添加批量归一化和 ReLU 激活函数
                    layers += [conv2d, nn.BatchNorm2d(v), nn.ReLU(inplace=True)]
                else:
                    layers += [conv2d, nn.ReLU(inplace=True)]
                in_channels = v           # 更新输入通道数
        return nn.Sequential(*layers)     # 将网络层组合成顺序结构

    def forward(self, x):                 # 前向传播函数
        """
        :param x: 输入数据
        :return: 输出数据
        """
        x = self.feature(x)               # 进行特征提取
        x = nn.AvgPool2d(2)(x)            # 平均池化
        x = x.view(x.size(0), -1)         # 展平
        y = self.classifier(x)            # 分类
        return y

    def _initialize_weights(self):        # 权重初始化函数
        for m in self.modules():          # 遍历模块
            if isinstance(m, nn.Conv2d):  # 如果是卷积层
                # 计算卷积核的数量
                n = m.kernel_size[0] * m.kernel_size[1] * m.out_channels
                m.weight.data.normal_(0, math.sqrt(2. / n))   # 初始化权重为正态分布
```

```
            if m.bias is not None:                    # 如果有偏置
                m.bias.data.zero_()                   # 初始化偏置为 0
        elif isinstance(m, nn.BatchNorm2d):           # 如果是批量归一化层
            m.weight.data.fill_(0.5)                  # 初始化权重为 0.5
            m.bias.data.zero_()                       # 初始化偏置为 0
        elif isinstance(m, nn.Linear):                # 如果是全连接层
            m.weight.data.normal_(0, 0.01)            # 初始化权重为正态分布
            m.bias.data.zero_()                       # 初始化偏置为 0
```

04 输出可视化结果，代码如下：

```
# 如果当前模块作为主模块运行
if __name__ == '__main__':
    net = vgg()  # 创建 vgg 网络实例
    # 定义输入数据，类型为 torch.FloatTensor，形状为 (16, 3, 40, 40)
    x = Variable(torch.FloatTensor(16, 3, 40, 40))
    y = net(x)                                 # 通过网络进行前向传播
    print(y.data.shape)                        # 打印输出数据的形状
    onnx_path = "onnx_model_name.onnx"         # 设定 ONNX 模型的保存路径
    torch.onnx.export(net, x, onnx_path) # 将网络导出为 ONNX 模型并保存到指定路径
    netron.start(onnx_path)                    # 启动 Netron 可视化工具并加载 ONNX 模型
```

3. 案例小结

本例使用Netron工具对CIFAR10数据集进行了可视化建模。

运行上述模型代码，输出如下：

```
torch.Size([16, 10])
Serving 'onnx_model_name.onnx' at http://localhost:8080
```

在浏览器中打开链接：http://localhost:8080，弹出如图10-26所示的初始页面。

图 10-26　初始页面

单击Accept按钮，输出如图10-27所示。

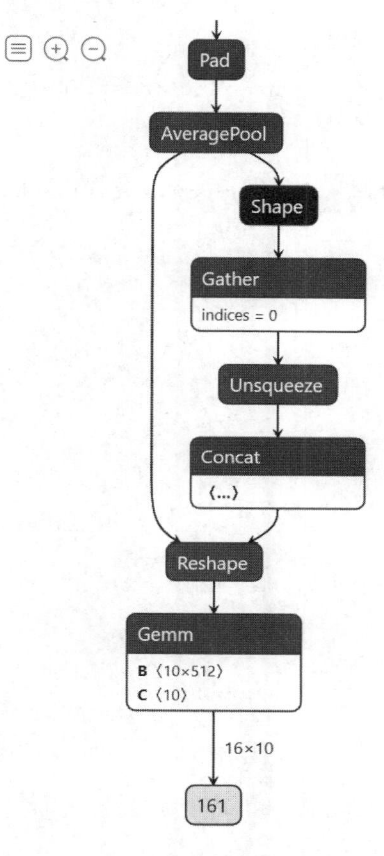

图 10-27　模型可视化

10.5　上机练习题

练习：请搭建Visdom可视化环境，并详细阐述其主要的可视化步骤。

参考以下步骤进行练习。

01 安装 Visdom。

在终端中运行以下命令，安装 Visdom：

```
pip install visdom
```

02 启动 Visdom 服务器。

在终端中运行以下命令，启动 Visdom 服务器：

```
python -m visdom.server
```

成功运行后，会显示类似以下的信息：

```
INFO:root:Starting server at http://localhost:8097
```

03 编写 Python 脚本。

在 Python 脚本中导入 Visdom 库，并进行相关可视化操作。以下是一个简单的示例脚本：

```
# 导入相关库
import visdom

# 连接Visdom服务器
vis = visdom.Visdom()

# 创建一个散点图并更新数据
x = [1, 2, 3, 4, 5]
y = [2, 4, 6, 8, 10]
scatter = vis.scatter(
    X=x,
    Y=y,
    opts=dict(title='散点图', xlabel='X轴', ylabel='Y轴')
)

# 更新散点图数据
x = [1, 2, 3, 4, 5]
y = [3, 6, 9, 12, 15]
vis.updateTrace(
    X=x,
    Y=y,
    win=scatter,
    opts=dict(title='散点图更新', xlabel='X轴', ylabel='Y轴')
)
```

04 运行 Python 脚本。

在终端中运行 Python 脚本，观察 Visdom 界面中的可视化效果。可以打开浏览器，输入"http://localhost:8097"访问 Visdom 服务器的 Web 界面。

05 观察和调整可视化结果。

在 Visdom 界面中，可以通过调整参数、添加标签等来改变可视化效果。例如，可以修改散点图的标题、坐标轴名称等。

过程总结：Visdom是一个强大的可视化工具，支持多种数据类型的可视化，包括散点图、折线图、柱状图、图片等。通过搭建Visdom可视化环境，我们可以方便地进行数据可视化，并通过调整参数来观察数据的变化。

第 11 章 从深度学习到大语言模型

深度学习技术的快速发展催生了大语言模型的兴起，如ChatGPT、ChatGLM等，以其强大的自然语言处理能力和广泛的应用前景，成为人工智能领域的热门话题。大语言模型的出现不仅推动了自然语言处理技术的进步，也为人们提供了更便捷、高效的信息处理方式。本章介绍大语言模型的原理与应用。

11.1 大语言模型的原理

大语言模型（Large Language Models，LLM）也称大规模语言模型或大型语言模型，是一种由包含数百亿以上参数的深度神经网络构建的语言模型，使用自监督学习方法通过大量无标注文本进行训练。本节介绍大语言模型的原理，包括Transformer模型、注意力机制等。

11.1.1 大语言模型简介

自2018年以来，Google、OpenAI、Meta、百度、华为等公司和研究机构相继发布了包括BERT、GPT等在内的多种模型，并在几乎所有自然语言处理任务中都表现出色。2019年，大模型呈现爆发式的增长，特别是2022年11月ChatGPT（Chat Generative Pre-trained Transformer）发布后，更是引起了全世界的广泛关注。

GPT（Generative Pre-trained Transformer）是一种大语言模型，是生成式人工智能的重要框架。第一个GPT于2018年由美国人工智能公司OpenAI 推出。GPT模型是基于Transformer架构的人工神经网络，在未标记文本的大型数据集上进行预训练，能够生成新颖的类人内容。

大语言模型的应用领域非常广泛，涵盖机器翻译、摘要生成、对话系统、文本自动生成等诸多领域。在机器翻译中，大语言模型可以根据源语言的输入生成符合目标语言习惯和语法规则的翻译结果。在摘要生成中，大语言模型能够从长篇文本中提取关键信息，生成简洁内容。在对话系统中，大语言模型可以对用户的输入进行理解，并生成自然流畅的回复。在文本自动生成中，大语言模型能够根据给定的主题或要求生成具有灵活性和多样性的文本段落。

然而，大语言模型的使用也存在一些挑战和问题。首先，虽然大语言模型能够生成高度连贯和自然的文本，但没有自我意识和理解能力。因此，在应用大语言模型时需要注意对生成文本的审查和修改，以确保其准确性和可靠性。其次，大语言模型的大规模训练数据集也使得其模型庞大而复杂，对计算资源要求较高，导致训练和部署成本相对较高。

大语言模型的发展历程可以追溯到早期的统计语言模型和基于规则的语言模型。随着深度学习技术的发展，神经网络语言模型开始受到关注。大型语言模型的发展经历了以下几个关键阶段。

（1）早期的神经网络语言模型：早期的神经网络语言模型受限于计算资源和数据量，往往规模较小，效果有限。

（2）迁移学习和预训练模型：随着迁移学习和预训练模型的兴起，研究者开始利用大规模语料库对语言模型进行预训练，为各种自然语言处理任务提供了更好的基础。

（3）GPT系列模型：OpenAI推出了一系列基于Transformer架构的大型语言模型，如GPT、GPT-2和GPT-3，这些模型在自然语言生成和理解方面取得了显著的进展。

（4）模型规模的不断扩大：随着计算资源的增加，研究者们开始尝试构建规模更大的语言模型，如GPT-4.0，以进一步提升模型的性能和效果。

总之，大语言模型的发展经历了从传统统计模型到基于神经网络的模型，再到迁移学习和预训练模型的演进，最终实现了规模更大、效果更好的模型。

11.1.2　Transformer 架构

自然语言处理（Natural Language Processing，NLP）技术的发展是一个逐步迭代和优化的过程。在Transformer架构出现之前，该领域经历了从依赖人工规则和知识库到使用统计学和深度学习模型的转变。Transformer的出现标志着自然语言处理进入一个新时代，特别是随着BERT和GPT等模型的推出，大幅提升了自然语言的理解和生成能力。

现在，基于Transformer架构的应用正在经历一个前所未有的爆发期。Transformer架构是一种基于注意力机制的深度学习模型，由谷歌的研究人员在2017年提出，被广泛应用于自然语言处理任务，如机器翻译、文本分类、情感分析等。

我们目前广泛使用的ChatGPT或ChatGPT这样的聊天模型就是基于Transformer架构开发的。ChatGPT的后端是基于GPT模型的，GPT模型通过在大规模文本数据上进行无监督预训练来学习语言的统计特征和语义。它使用自回归的方式，即基于前面已经生成的词来预测下一个词，来学习词之间的语义和语法关系，以及句子和文本的整体上下文信息。而GPT模型本身是构建在Transformer架构上的，因此，要全面了解生成式大模型，必须了解Transformer架构。

1. Transformer架构简介

Transformer架构由编码器（Encoder）和解码器（Decoder）组成，其中编码器用于学习输入序列的表示，解码器用于生成输出序列。GPT主要采用了Transformer的解码器部分，用于构建语言模型，其架构如图11-1所示。

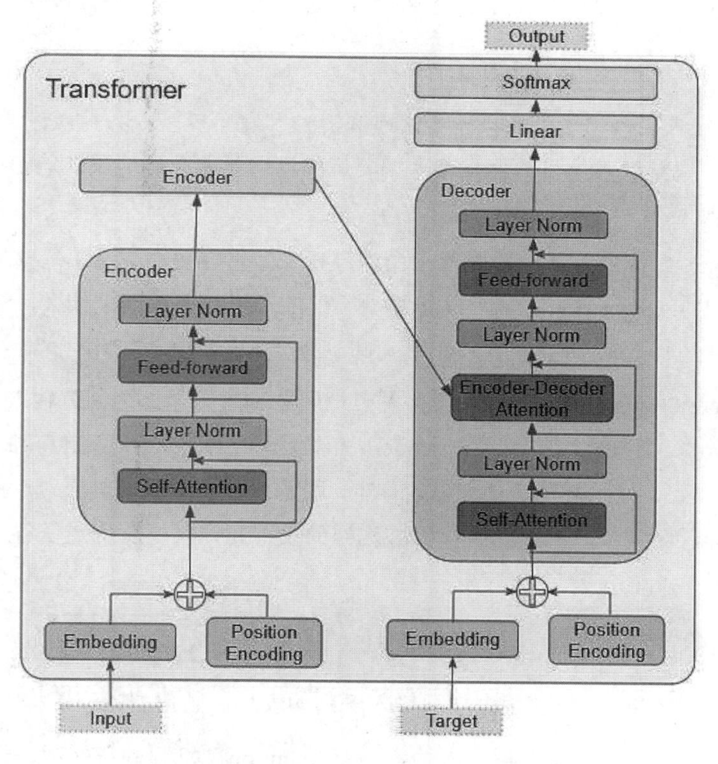

图 11-1　Transformer 架构

对于一条输入的文本数据，在Transformer这个复杂的架构中是如何流动和处理的，下面介绍一下这个过程。

在Transformer模型中，首先对输入文本进行处理以得到合适的文本表示，为什么要进行这样的转换呢？

考虑这样一个场景：当你输入“AI+编程 同心协力”这句话时，计算机能直接理解吗？或者说，当你与ChatGPT互动时，它是否真的“听到”了你说的每一个词或字？

ChatGPT并不直接处理自然语言。它需要将我们的输入转换为它能理解的数据形式。简而言之，它会把每个词或每个字符编码成一个特定的向量形式。

这个编码过程的具体步骤如下。

- 词嵌入（Word Embedding）：文本中的每个单词都被转换为一个高维向量，这个转换通常是通过预训练的词嵌入模型（如Word2Vec、GloVe等）完成的。
- 位置嵌入（Positional Embedding）：标准的Transformer模型没有内置序列顺序感知能力，因此需要添加位置信息。这是通过位置嵌入完成的，它与词嵌入具有相同的维度，并且与词嵌入相加。

例如，考虑句子“AI+编程 同心协力”。

如果没有位置嵌入，该句子可能会被错误地解析为“编AI+程，同力协心”等，这会破坏句子原有的顺序和语义。位置嵌入的目的就是确保编码后的词向量能准确地反映句子中词语的顺序，从而保留整个句子的原意。

相加（Addition）：词嵌入和位置嵌入相加，得到一个包含文本信息和位置信息的新的嵌入表示。最终得到输入的Transformer表示x，这样模型不仅能知道每个单词是什么，还能知道它在序列中的位置。通过这样的一个处理过程，模型就可以认识“AI+编程 同心协力”这样的一个输入。

对于Transformer的输入处理部分，从架构图上编码器和解码器部分都有输入，这个怎么理解？这是因为在Transformer模型中，编码器（Encoder）和解码器（Decoder）各自有独立的输入。通常，在有监督学习的场景下，编码器负责处理输入样本，而解码器负责处理与之对应的标签，这些标签在进入解码器之前同样需要经过适当的预处理，这样的设置允许模型在特定任务上进行有针对性的训练。

2. Encoder（编码器部分）

Transformer的编码器部分的作用是学习输入序列的表示，其数据处理流程如下：

01 输入数据（比如一段文字）会被送入注意力（Attention）机制进行处理，这里会给数据中的每个元素打个分数，以决定哪些更重要，在“注意力机制”（Attention）这个步骤之后，会有一些新的数据生成。

02 执行 Add 操作，在注意力机制中产生的新数据会和最开始输入的原始数据合在一起，这个合并其实就是简单的加法。Add 表示残差连接，这一操作的主要目的是确保数据经过注意力处理后的效果至少不逊于直接输入的原始数据。

03 数据会经过一个简单的数学处理，叫作层归一化（Norm），这主要是为了让数据更稳定，便于后续处理。

04 数据将进入一个双层的前馈神经网络。这里的目标是将经过注意力处理的数据映射到其原始的维度，以便于后续处理。因为编码器会被多次堆叠，所以需要确保数据的维度在进入下一个编码器前是一致的，也就是把经过前面所有处理的数据变回原来的形状和大小。

05 为了准备数据进入下一个编码器（如果有的话），数据会再次经过 Add 和 Norm 操作，输出一个经过精细计算和重构的词向量表示。

这样的设计确保了模型在多个编码器层之间能够有效地传递和处理信息，同时也为更复杂的计算和解码阶段做好了准备。

简单来说，Transformer编码器就是通过这些步骤来理解和处理输入的数据的，然后输出一种新的、更容易理解的数据形式。

3. Decoder（解码器部分）

Transformer的解码器部分的作用是生成输出序列，其数据处理流程如下：

01 进入一个有遮罩（Masked）的注意力（Attention）机制，这个遮罩的作用是确保解码器只能关注到它之前已经生成的词，而不能看到未来的词。

02 这一层输出的信息会与来自 Encoder 部分的输出进行融合。具体来说，这两部分的信息会再次经过注意力机制的处理，从而综合考虑编码与解码的内容。

03 解码器的操作与编码器部分大致相同。数据会经过层归一化、前馈神经网络，再次进行层归一化，最终输出一个词向量表示。

04 输出的词向量首先会通过一个线性层（Linear），这一步的目的是将向量映射到预先定义的词典大小，从而准备进行词预测。

05 使用 Softmax 函数计算每个词的生成概率。最终，选取概率最高的词作为该时刻的输出。

这样，Decoder不仅考虑了之前解码生成的词，还综合了Encoder的上下文信息，从而可以更准确地预测下一个词。

11.1.3　注意力机制

注意力机制到底在注意什么？对于我们来说，当开始做某一件事时，通常会集中注意力在某些关键信息上，而忽视其他不太相关的信息。

对于计算机来说，Transformer是如何解析上下文信息，理解不同语义之间的关系的呢？

图11-2通常用来展示如何通过注意力机制确定代词it指代的是哪个名词。

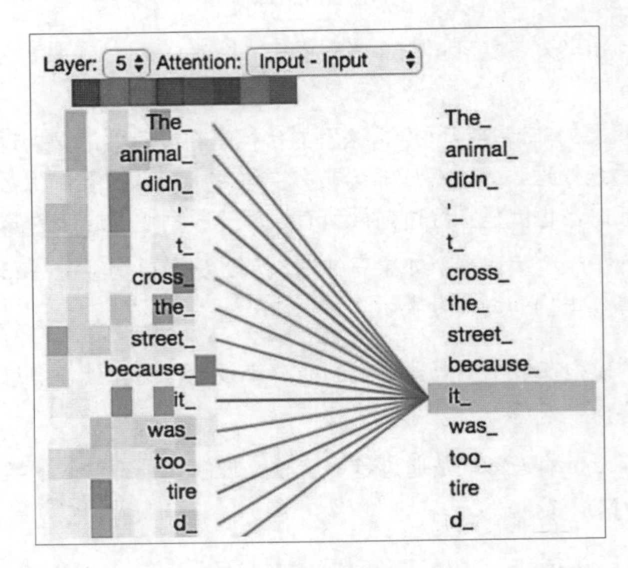

图 11-2　注意力机制案例

原始句子：The Animal didn't cross the street because it was too tired。

译为：因为动物太累了所以没有过马路。

it指代的是The Animal，然而，如果改变句子中的一个词，将tired替换为narrow，得到的新句子是The Animal didn't cross the street because it was too narrow（由于街道太窄，动物没有过马路），在这个新的句子中，it指the street。

因此，模型需要能够理解当输入的句子改变时，句子中的词义也可能会随之改变。这种灵活性和准确性在Transformer模型中得到了体现，而之前的模型都无法达到这一目标。

Attention机制的工作原理可以这样形象化地描述：

模型把每个词编码成一个向量，然后把这些向量送入模型中。在这里，每个词都会像发送一条“询问”一样，去问其他词：“咱们之间的关系紧密吗？”，如果关系紧密，模型就会采取一种行动，反之则会采取另一种行动。

不仅每个词都会发出这样的“询问”，而且也会回应其他词的“询问”。通过这样的一问一答互动，模型能够识别出每两个词之间的紧密关系。一旦这种关系被确定，模型就会把与该词关系更紧密的词的信息“吸收”进来，与其进行更多的信息融合。这样，比如在翻译任务中，模型就能准确地识别it应该翻译为animal，因为它的向量已经融合了与animal这个词紧密相关的信息。

所以，注意力机制的核心就是要做重构词向量这样一件事。对于上面形象化的描述中，可以抽取出注意力机制的三要素：

- Q：即Query，可以理解为某个单词像其他单词发出询问。
- K：即Key，可以理解为某个单词回答其他单词的提问。
- V：即Value，可以理解为某个单词的实际值，表示根据两个词之间的亲密关系，决定提取出多少信息出来融入自身。

在Transformer模型中，Q、K和V是通过输入向量表示Transformer(x)与相应的权重矩阵$\boldsymbol{W}_q$、$\boldsymbol{W}_k$、$\boldsymbol{W}_v$进行矩阵运算得到的。

这些权重矩阵最初是通过数学方法进行初始化的，然后在模型多轮训练的过程中逐渐更新和优化。目标是使得传入的数据与这些权重矩阵相乘后，能够得到最优化的$\boldsymbol{Q}$、$\boldsymbol{K}$和$\boldsymbol{V}$矩阵。以$\boldsymbol{Q}$为例，其第一个元素是通过输入向量$\boldsymbol{x}$的第一行与权重矩阵$\boldsymbol{W}_q$的第一列进行点乘和求和运算得到的。

因此，在$\boldsymbol{Q}$矩阵中的第一行实际上有这样的意义：它包含第一个词（与输入$\boldsymbol{x}$的第一行对应）在查询其他词时所需的关键信息。同样地，$\boldsymbol{K}$和$\boldsymbol{V}$矩阵的计算逻辑与此相似。

在$\boldsymbol{K}$矩阵的第一行中存储的是第一个词在回应其他词的查询时所需的信息。而$\boldsymbol{V}$矩阵的第一行所包含的是第一个词自身携带的信息。在通过$\boldsymbol{Q}$和$\boldsymbol{K}$确定了与其他词的关系后，这些存储在$\boldsymbol{V}$中的信息被用来重构该词的词向量。

当得到了$\boldsymbol{Q}$、$\boldsymbol{K}$和$\boldsymbol{V}$之后，Attention做了如下操作：

$$\text{Attention}\left(\boldsymbol{Q},\boldsymbol{K},\boldsymbol{V}\right)=\text{Softmax}\left(\frac{\boldsymbol{Q}\boldsymbol{K}^{\mathrm{T}}}{\sqrt{d_k}}\right)*\boldsymbol{V}$$

这个公式就涉及一问一答的过程，它表现出来的计算过程如图11-3所示。

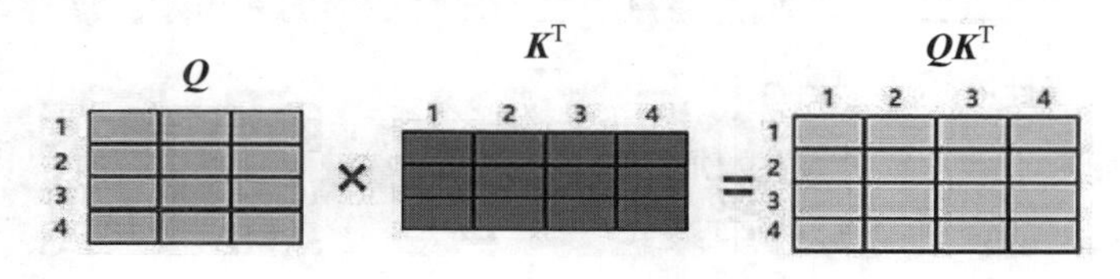

图 11-3　计算词的紧密程度

计算过程同样是矩阵相乘再相加，所以得到的$\boldsymbol{Q}\boldsymbol{K}^{\mathrm{T}}$矩阵就表达了词与词之间关系的紧密程度，为什么这样就能衡量词之间的紧密程度呢？

在计算矩阵乘法的时候，向量对应元素的乘积，这种计算方式在数学上叫向量的内积。向量的内积在向量的几何含义上表达的是：内积越大，两个向量就更趋向于平行的关系，也就表示两个向量更加相似，当内积为0时，两个向量就会呈现垂直的关系，表示两个向量毫不相关。

对于Attention机制中这种$\boldsymbol{Q}$和$\boldsymbol{K}$一问一答的形式，问的就是两个词之间的紧密程度，所以可以通过内积的方式来衡量两个词之间的相似性。

在这个过程中，可能都注意到了，它对自己也进行了提问，并且自己也给出了回答，为什么要这样做呢？

例如The Animal didn't cross the street because it was too tired（因为动物太累了，所以没有过马路），it正常来说作为代词，指代“它”，但在这个句子中，我们希望它指代是The Animal，所以它不把自己在这个句子中的重要性表现出来，不对自己的信息进行重构的话，它可能就没有办法改变自己原有的意思，也就无法从原本的意思“它”改为指代The Animal。

也就是因为这种操作，所以在Transformer中的注意力机制被叫作Self-Attention（自注意力机制）。当衡量句子之间的紧密关系的结果出来之后，那么如何重构V呢。转化成计算过程如图11-4所示。

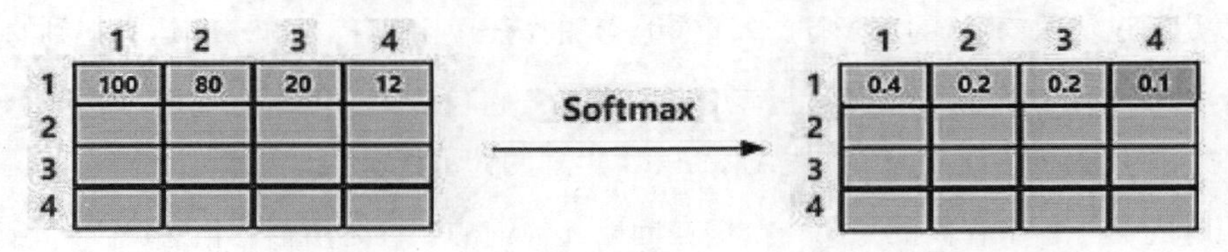

图 11-4　归一化处理

在计算得到QK^T矩阵后，假设第一行的数据分别为100, 80, 20, 12，那么接下来的问题就变成如何量化地决定哪些词贡献了多少信息。

为解决这一问题，应用Softmax函数对每一行进行归一化处理，这样做能够确保该行中所有元素的和为1。

假如经过Softmax处理后，第一行变成了某种分数形式，例如0.4, 0.2, 0.2, 0.1，那么这意味着将用第一个词40%的信息、第二个词20%的信息等来构建目标词的新表示。这样，Softmax操作实质上是在量化地衡量各个词的信息贡献度。

公式中除以d_k是为了避免在计算向量的内积时，因为向量矩阵过大，计算出来的数值比较大，而非单纯的因为词之间的紧密程度这一问题。

当得到了每个词之间的信息贡献度概率之后，重构V的过程转换成计算过程，如图11-5所示。

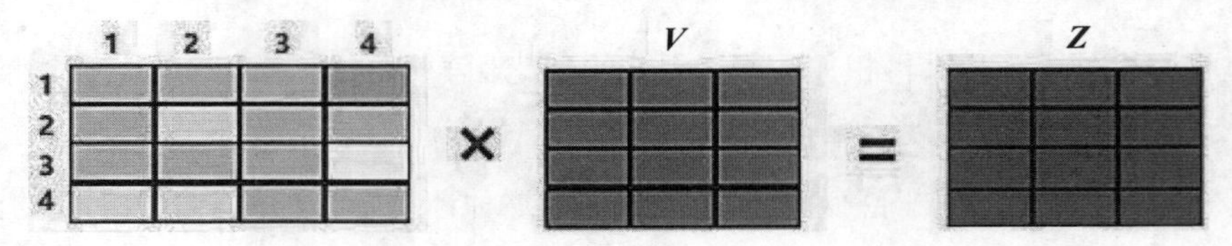

图 11-5　自注意力机制

也就是说，从每个词中都会拿出部分信息，最终得到Z，通过这种计算形式得到的Z矩阵，每个位置就包含所有与之有关系的信息。这就是Transformer中自注意力机制中的计算过程。

11.2 主要的大语言模型

本节介绍主要的大语言模型，包括ChatGPT、文心一言和ChatGLM。

11.2.1 ChatGPT 及其 API 调用

ChatGPT是一款革命性的在线聊天机器人系统，旨在通过神经网络系统和自然语言处理来实现实时聊天机器人。该系统的最大特色是，它能够根据输入的文本或者语音产生符合用户连贯性的回答，有助于提高人机交互，改善用户体验，为用户提供精准且及时的咨询服务。

1. ChatGPT简介

多年来，计算机科学家一直致力于让机器理解和使用类人语言，基于人工智能的最新聊天机器人ChatGPT将NLP推向了一个新的高度。

OpenAI于2018年6月在题为*Improving Language Understanding by Generative Pre-Training*的论文中提出了第一个GPT模型GPT-1。从这篇论文中得出的关键结论是，Transformer架构与无监督预训练的结合产生了可喜的结果。GPT-1以无监督预训练加有监督微调的方式，针对特定任务进行训练，以实现“强大的自然语言理解”。

2019年2月，OpenAI发表了第二篇论文*Language Models are Unsupervised Multitask Learners*，其中介绍了由GPT-1演变的GPT-2。尽管GPT-2大了一个数量级，但它们在其他方面非常相似。两者之间只有一个区别：GPT-2可以完成多任务处理。OpenAI成功地证明了半监督语言模型可以在“无须特定任务训练”的情况下，在多项任务上表现出色。该模型在零样本任务转移设置中取得了显著效果。

随后，2020年5月，OpenAI发表*Language Models are Few-Shot Learners*，展示了GPT-3。GPT-3比GPT-2大100倍，它拥有1750亿个参数。然而，它与其他GPT并没有本质不同，基本原则大体一致。尽管GPT模型之间的相似性很高，但GPT-3的性能仍超出了所有可能的预期。

2022年11月底，围绕ChatGPT机器人，OpenAI进行了两次更新。2022年11月29日，OpenAI发布了一个命名为text-davinci-003（文本-达·芬奇-003）的新模式。在2022年11月30日发布了它的第二个新功能“对话”模式，它是基于GPT-3.5的对话机器人。它以对话方式进行交互，既能够做到回答问题，也能承认错误、质疑不正确的前提以及拒绝不恰当的请求。

OpenAI在2023年3月14日发布了新的聊天机器人模型ChatGPT-4.0，该模型基于强大的GPT-4自然语言生成技术。GPT-4在GPT-3.5的基础上进行了大幅改进和扩展，使用了更多的数据和计算资源进行训练，能够在各种专业和学术的基准测试中达到接近人类水平的性能。

2. 如何调用ChatGPT API

作为一名程序员，在开发过程中时常需要使用ChatGPT来完成一些任务，总是使用网页交互模式在Web端访问ChatGPT是很麻烦的，这时候就需要我们使用代码来调用ChatGPT模型，以实现在本地和Web端一样的效果。

Python调用ChatGPT的主要步骤如下：

01 获取 API Key，使用我们注册的 ChatGPT 账号和密码登录 OpenAI 官网，获得 API Key，每一个账号在注册成功之后都会有自己专属的 API Key。

02 安装 OpenAI 第三方库，可以使用命令 pip install openai 进行安装。

03 编写 Python 调用程序，并在 Python 开发环境中调用 ChatGPT 模型。

调用ChatGPT API的示例如下。

1）智能搜索

ChatGPT可以帮助企业实现智能搜索，从而提高客户的搜索体验。

根据自己提的问题，ChatGPT回答，代码如下：

```
import openai
openai.api_key = "填入自己的API密钥"
def askChatGPT(question):
    prompt = question
    model_engine = "text-davinci-003"

    completions = openai.Completion.create(
        engine=model_engine,
        prompt=prompt,
        max_tokens=2048,
        n=1,
        stop=None,
        temperature=0.5,
    )

    message = completions.choices[0].text
    print(message)
askChatGPT("2022年上海市常住人口总数")
```

很快就会回复：

```
2022年上海市常住人口总数为2475.89万人。
```

2）语言翻译

ChatGPT可以帮助企业实现中英及多语种之间的翻译，更好地服务国际客户。

如果要将中文翻译为德文，代码如下：

```
askChatGPT("翻译德文：人工智能是一个以计算机科学为基础的交叉学科。")
```

得到的回复如下：

```
    (Künstliche Intelligenz ist ein interdisziplinäres Fachgebiet, das auf der Informatik basiert.3) 自动写作
```

ChatGPT可以帮助企业自动生成高质量的文章，节省写作时间，提高文章内容质量。

如果我要写个小故事，可以修改问题，代码如下：

```
askChatGPT("以＂我放弃了我爱的职业＂开头，写一个故事，要求不少于500字")
```

通过ChatGPT，得到的回复如下：

当我还是一个年轻的大学生时，我就对音乐产生了浓厚的兴趣。我喜欢弹吉他、唱歌，还有创作音乐。我对音乐充满了热情，我觉得这是我一生的事业。因此，我选择了音乐专业作为我的大学主修课程。

在大学期间，我努力学习音乐理论和技巧，参加了许多音乐比赛和演出。我还加入了一支乐队，我们一起排练，一起创作音乐，一起在各种场合演出。我觉得我找到了自己的位置，我对音乐的热爱让我感到非常幸福和满足。

毕业后，我决定投身音乐行业。我找到了一份在一家音乐制作公司的工作，虽然起薪不高，但我对音乐的热爱让我觉得一切都是值得的。我在公司里学到了很多关于音乐制作和市场营销的知识，我也有机会和一些知名音乐人合作。

然而，随着时间的推移，我开始感到音乐行业的竞争压力和工作的压力。我发现自己不再像大学时那样对音乐充满了激情，而是觉得工作变得越来越枯燥和无聊。我开始怀疑自己是否还适合在音乐行业工作。

一天，我偶然听到了一家跨国公司正在招聘一名市场营销经理，他们对我的音乐背景和市场营销经验都很感兴趣。我开始考虑这个机会，我觉得这或许是我需要的改变。最终，我决定放弃了我爱的音乐行业，转而投身到了这家跨国公司。

在新的工作岗位上，我发现自己对市场营销也有着浓厚的兴趣。我喜欢分析市场数据，制定营销策略，和团队一起合作。我发现自己在这个领域也能够取得不错的成绩，公司也对我的工作给予了认可和肯定。

虽然我放弃了我爱的音乐行业，但我并没有后悔。我发现自己在市场营销领域也能够找到自己的位置，我对新的工作充满了热情和动力。我相信，只要我们找到了适合自己的事业，就能够取得成功和幸福。

3）自动编程

以前用户必须掌握Python语言的基础语法，了解Python环境的使用，才能编写程序进行API调用或利用爬虫搜集数据。而有了ChatGPT后，用户可以通过自然语言对话的形式给出要求，人工智能会直接给出源代码，并复制到实验环境，从而获取所需的数据。

例如，我们要了解“帕累托法则”，并用Python解释这个问题，代码如下：

```
askChatGPT("用Python解释帕累托法则")
```

得到的回复如下：

帕累托法则是一种经济学原理，用来描述资源分配中的不平等现象。在Python中，我们可以使用以下代码来解释帕累托法则：

11

````
```python
def pareto_principle(data):
    sorted_data = sorted(data, reverse=True)        # 对数据进行排序
    total = sum(data)                               # 计算总和
    cum_percentage = 0                              # 累积百分比
    pareto_index = 0                                # 帕累托指数

    for i, value in enumerate(sorted_data):
        percentage = value / total * 100            # 计算百分比
        cum_percentage += percentage                # 更新累积百分比
        if cum_percentage > 80:                 # 当累积百分比超过80%时，记录下当前索引
            pareto_index = i + 1
            break

    pareto_data = sorted_data[:pareto_index]                  # 获取帕累托数据
    pareto_percentage = sum(pareto_data) / total * 100    # 计算帕累托百分比

    return pareto_data, pareto_percentage

# 示例数据
data = [20, 30, 40, 50, 60, 70, 80, 90, 100]

# 调用函数并输出结果
pareto_data, pareto_percentage = pareto_principle(data)
print("帕累托数据：", pareto_data)
print("帕累托百分比：", pareto_percentage)
```
````

在这段代码中，我们定义了一个函数pareto_principle来计算帕累托法则的结果。首先对数据进行排序，然后计算累积百分比，当累积百分比超过80%时，记录下当前索引并获取帕累托数据，最后计算帕累托百分比并返回结果。最后，使用示例数据调用函数并输出结果。

11.2.2　文心一言及其插件开发

百度通过大模型与国产深度学习框架融合发展，打造了自主创新的AI底座，大幅降低了AI开发和应用的门槛，满足真实场景中的应用需求，真正发挥大模型驱动AI规模化应用的产业价值。百度文心大模型的一大特色是“知识增强”，即引入知识图谱，将数据与知识融合，提升了学习效率及可解释性。

1. 文心一言简介

文心一言（英文名：ERNIE Bot）是百度全新一代知识增强大语言模型，文心大模型家族的新成员，能够与人对话互动、回答问题、协助创作，高效、便捷地帮助人们获取信息、知识和灵感，其官网如图11-6所示。

图 11-6　文心一言

百度文心一言定位于人工智能基座型的赋能平台，致力推动实现金融、能源、媒体、政务等行业的智能化变革。在商业文案创作场景中，文心一言顺利完成了给公司起名、宣传文案的创作任务。在内容创作生成中，文心一言既能理解人类的意图，又能较为清晰地表达，这是基于庞大数据规模而发生的“智能涌现”。

文心一言大模型的训练数据包括万亿级的网页数据、十亿级的搜索数据和图片数据、百亿级的语音日均调用数据等，让文心一言在中文语言的处理上更加得心应手。文心一言的功能非常丰富，主要说明如下：

- 智能聊天：文心一言可以像ChatGPT一样进行自然语言处理和生成，实现与用户的智能对话。
- 个性化图片生成：根据用户的喜好和兴趣进行个性化图片生成，提供更加符合用户需求的内容。
- 文艺歌词生成：ERNIE Bot可以生成各种优美的句子和格言，让用户可以在社交媒体上分享或用作文艺歌词。
- 文字处理：文心一言在中文语言处理方面更加优秀，处理中文文本的效率更高。
- 实用功能：百度开放文心平台后，社区作者们会提供更多的实用功能，例如QQ群助手、弹幕过滤器、AI辅助写作等，可以满足用户的多种需求。
- 语音识别：进行语音识别，实现听故事画图等功能，提高用户的使用体验。
- 语义理解：进行语义理解，理解用户的意图，用户甚至可以和它玩猜词接龙游戏。
- 多语言支持：支持多种语言，可以满足不同用户的需求。

据悉，自2023年2月百度官宣文心一言以来，已有超过650家企业宣布接入文心一言生态。目前已接入的企业，涉及影视、媒体、软件信息服务、金融等多个领域。这对于双方来说都是好事，因为大家可以共享很多数据和资源。作为合作伙伴，我们需要百度的技术及相关产品，百度也需要我们的数据以及在行业中的应用。

作为新手用户，如何更好地使用文心一言？文心一言是百度研发的人工智能模型，任何人都可以通过“指令中心”和文心一言进行互动，对文心一言提出问题或要求，文心一言能高效地帮助用户获取信息、知识和灵感。此外，文心一言中的“指令中心”提供了丰富的可以直接使用的指令。

用户上手之后，通常能用文心一言提高工作、生活、学习的效率，比如写报告、做计划、生成图片、写代码等，建议新用户充分探索文心一言在生活中的使用场景，同时逐渐学习如何更好地写出高质量的指令，感兴趣的用户可以单击页面右上方的“指令中心”按钮进行探索和学习。

2. 文心一言插件开发

文心一言插件能够帮助文心一言获取实时资讯、专业知识，或使用第三方服务或工具，实现更强大的功能体验。跟ChatGPT不同的是，在同一个应用中，文心一言能够直接生成图片。

1）文心一言插件是什么

如果说文心一言是一个智能中枢大脑，插件就是文心一言的耳、目和手。插件将文心一言的AI能力与外部应用相结合，既能丰富大模型的能力和应用场景，也能利用大模型的生成能力完成此前无法实现的任务。

百度文心一言插件的主要作用如下。

- 增强信息：这类插件可以帮助用户获取更具时效性和专业性的信息，例如文心一言接入的百度搜索插件使文心一言能够搜索全网的实时信息；此外，还有帮助用户检索专业领域信息的插件，如找房、找车、找法条、找股票等。
- 增强交互：这类插件可以帮助文心一言理解PDF、图片、语音等多模态的输入，帮助文心一言生成思维导图、视频等多模态的输出。例如，支持用户上传文档，并基于文档进行问答等。
- 增强服务：这类插件可以帮助用户自动化执行一些常见的任务，例如订机票、发邮件、管理日程、创建调查问卷等；也可以利用模型能力大大提升现有服务的体验，例如可以请模型基于用户的简历和ID信息生成面试问题，结合TTS/ASR，为用户打造一场真实而独特的模拟面试。

2）插件工作原理简介

文心一言插件是一种基于人工智能技术的文本生成工具，它的工作原理可以简单地概括为以下几个步骤。

- 插件注册：开发者将插件的manifest文件注册到文心一言插件库中，校验通过后文心一言即可使用插件处理用户的问题。

- 插件触发：当解析调度模块触发时，它将利用生成的API与插件服务进行通信。这个过程中，插件服务会负责处理所有相关任务，并在完成后返回JSON格式的数据。这些数据随后由专门的汇总结果模块进行整理和汇总，以便于提供一致且准确的响应。
- 插件解析：文心一言插件系统的触发调度模块将识别用户query，并根据manifest文件中的插件API接口和参数的自然语言描述来选择使用哪个插件，以及生成调用插件的API。

例如，用户在平台上选择天气插件，输入："今天北京的天气怎么样？"。模型首先会根据用户意图调用天气插件，并且解析query中的时间（今天）和地点（北京）信息，然后以JSON结构输入开发者提供的天气API接口中，获得接口返回的天气信息，经过大模型进行语言润色后，生成面向用户的回答。

3）如何成为插件开发者

如果我们希望成为文心一言插件开发者，可以参考《申请插件开发者权限》，根据页面提示填写相关信息，申请相关权限，如图11-7所示。

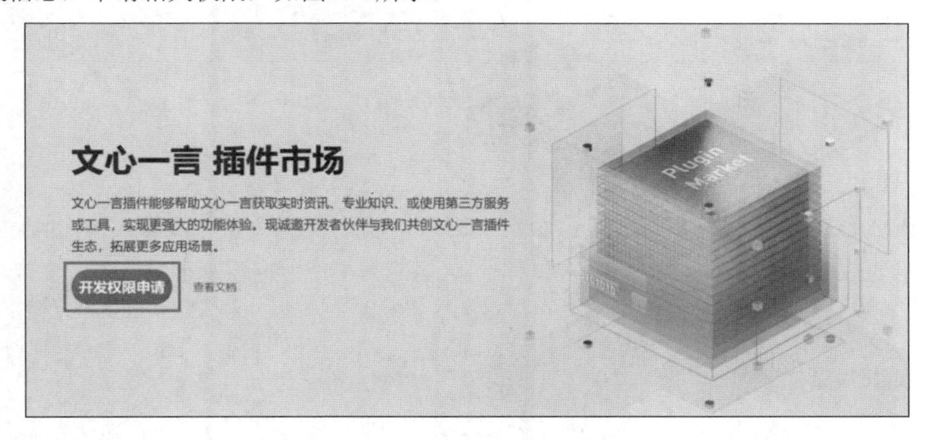

图 11-7　开发权限申请

在提交申请后，届时会以短信或邮件的方式给申请者反馈，需耐心等待。

文心一言插件商城集合了众多高质量插件，覆盖办公提效、多模态内容理解生成、专业信息查询等许多实用场景，用户只需通过简单的指令，即可实现PPT生成、音视频提取、思维导图制作等多场景多模态下的需求，实现"指令即服务"的便捷体验。

文心一言的主要插件如下。

- 览卷文档：原ChatFile，可基于文档完成摘要、问答、创作等任务。上传文件，即可让它帮你阅读PDF、Word摘要内容，而且可以识别英文内容。
- 说图解画：基于图片进行文字创作、回答问题，帮你写文案、想故事。这个插件功能可以上传图片，让AI描述图片，回答你的问题，依照你上传的图片，帮你写文章、想故事。

- E言易图：使用Apache Echarts提供数据洞察和图表制作，目前支持柱状图、折线图、饼图、雷达图、散点图、漏斗图、思维导图。

文心一言的插件商城如图11-8所示。

图 11-8　插件商城

11.2.3　ChatGLM 及其本地部署

ChatGLM是基于清华技术成果转化而研发的智谱AI，支持中英双语的对话机器人。基于GLM130B千亿基础模型训练，具备多领域知识、代码能力、常识推理及运用能力，支持与用户通过自然语言对话进行交互，处理多种自然语言任务。

1. ChatGLM简介

2023年3月，智谱AI公司开源了中英双语对话模型ChatGLM-6B，它是通用语言模型（General Language Model，GLM）系列模型的新成员，支持在单张消费级显卡上进行推理使用。这是继此前开源GLM-130B千亿基座模型之后，智谱AI公司再次推出的大模型方向的研究成果。与此同时，基于千亿基座模型的ChatGLM也同期推出。

ChatGLM-6B是一个开源的、支持中英双语问答的对话语言模型，并针对中文进行了优化。该模型基于GLM架构，具有62亿参数。结合模型量化技术，用户可以在消费级的显卡上进行本地部署。

最新一代的基座大模型GLM-4的整体性能相比上一代大幅提升，GLM-4可以支持更长的上下文，同时推理速度更快，大大降低推理成本。此外，GLM-4大幅提升了智能体能力，可以实现自主根据用户意图，自动理解、规划复杂指令，自由调用网页浏览器、代码解释器和多模态文生图大模型来完成复杂的任务。具体来说，GLM-4可以支持128k的上下文窗口长度，单次提示词可以处理的文本可以达到300页。你可以通过向模型提供问题或对话的上下文，从模型中获得回答或对话的继续。GLM-4模型具备广泛的知识和理解能力，可以回答各种领域的问题。

作为一个开发者，你可以利用ChatGLM构建各种应用程序，包括但不限于智能客服、聊天机器人、虚拟助手、文本摘要、自动翻译等。

- 智能客服：你可以将ChatGLM3-6B嵌入公司的网站或应用程序中，作为智能客服系统的一部分。用户可以提出问题，模型会根据其输入提供相关的回答和解决方案。
- 聊天机器人：你可以创建一个聊天机器人应用，让用户可以与机器人进行对话。机器人可以提供各种服务，如天气查询、新闻摘要、旅游建议等。
- 虚拟助手：ChatGLM3-6B可以作为一个虚拟助手，帮助用户执行各种任务。例如，用户可以通过语音命令向助手发送电子邮件、提醒日程安排、查找信息等。
- 文本摘要：你可以使用ChatGLM3-6B构建一个文本摘要工具，让用户输入一段长文本，模型会生成相应的摘要，帮助用户快速了解文本的内容。
- 自动翻译：ChatGLM3-6B可以用于构建自动翻译系统。用户可以输入需要翻译的句子或文本，模型会将其翻译成目标语言。

这些只是ChatGLM应用的一些示例，你可以根据具体需求开发更多的应用，利用模型的强大能力来满足用户的需求。

2. 部署本地ChatGLM2-6B

ChatGLM使用了预训练的语言模型，并通过微调来生成有逻辑和连贯性的对话回复，它是一个开源项目，可以通过GitHub上的ChatGLM仓库进行查看和使用。下面了解一下其本地部署的硬件环境和软件环境。

硬件环境：

- CPU：i7-9700F。
- 内存：DDR4 32GB。
- 显卡：2070S 8GB。

软件环境：

- Ubuntu 22.04 TLS。

下面具体介绍在本地部署ChatGLM2-6B的步骤。

1）安装环境

在正式开始安装之前，首先需要了解一下要安装哪些东西，主要分为以下三大块。

11

- 英伟达显卡驱动：Linux系统默认不会安装相关显卡驱动，需要自己安装。
- CUDA（Compute Unified Device Architecture）：NVIDIA公司开发的一组编程语言扩展、库和工具，让开发者能够编写内核函数，可以在GPU上并行计算。
- CuDNN（CUDA Deep Neural Network library）：NVIDIA公司开发的深度学习开发者提供的加速库，可以帮助开发者更快地实现深度神经网络的训练推理过程。

先看一下自己的显卡到底有没有驱动，命令如下：

```
nvidia-smi
```

结果如图11-9所示。

```
root@koala9527-MS-7B23:~# nvidia-smi
找不到命令 “nvidia-smi”，但可以通过以下软件包安装它：
apt install nvidia-utils-390           # version 390.157-0ubuntu0.22.04.2, or
apt install nvidia-utils-418-server    # version 418.226.00-0ubuntu5~0.22.04.1
apt install nvidia-utils-450-server    # version 450.248.02-0ubuntu0.22.04.1
apt install nvidia-utils-470           # version 470.223.02-0ubuntu0.22.04.1
apt install nvidia-utils-470-server    # version 470.223.02-0ubuntu0.22.04.1
apt install nvidia-utils-525           # version 525.147.05-0ubuntu0.22.04.1
apt install nvidia-utils-525-server    # version 525.147.05-0ubuntu0.22.04.1
apt install nvidia-utils-535           # version 535.129.03-0ubuntu0.22.04.1
```

图 11-9　查看显卡驱动

报错了，说明没有，刚安装的系统当然没有。再看一下有没有CUDA驱动，命令如下：

```
nvcc -V
```

结果如图11-10所示。

```
root@koala9527-MS-7B23:~# nvcc -V
找不到命令 “nvcc”，但可以通过以下软件包安装它：
apt install nvidia-cuda-toolkit
root@koala9527-MS-7B23:~#
```

图 11-10　查看 CUDA 驱动

可以看出，也没有安装相关驱动。接下来开始安装相关驱动。

（1）安装NVIDIA驱动。

先更新一下软件源，命令如下：

```
sudo apt-get update
```

查看显卡硬件支持的驱动类型，命令如下：

```
ubuntu-drivers devices
```

结果如图11-11所示。

```
root@koala9527-MS-7B23:~# ubuntu-drivers devices
== /sys/devices/pci0000:00/0000:00:01.0/0000:01:00.0 ==
modalias : pci:v000010DEd00001E84sv000010DEsd00001E84bc03sc00i00
vendor   : NVIDIA Corporation
model    : TU104 [GeForce RTX 2070 SUPER]
driver   : nvidia-driver-535 - distro non-free recommended
driver   : nvidia-driver-535-server-open - distro non-free
driver   : nvidia-driver-535-open - distro non-free
driver   : nvidia-driver-525-server - distro non-free
driver   : nvidia-driver-470-server - distro non-free
driver   : nvidia-driver-470 - distro non-free
driver   : nvidia-driver-535-server - distro non-free
driver   : nvidia-driver-525-open - distro non-free
driver   : nvidia-driver-525 - distro non-free
driver   : nvidia-driver-450-server - distro non-free
```

图 11-11　查看驱动类型

安装一个推荐的驱动，如图11-12所示。

```
root@koala9527-MS-7B23:~# ubuntu-drivers devices
== /sys/devices/pci0000:00/0000:00:01.0/0000:01:00.0 ==
modalias : pci:v000010DEd00001E84sv000010DEsd00001E84bc03sc00i00
vendor   : NVIDIA Corporation
model    : TU104 [GeForce RTX 2070 SUPER]
driver   : nvidia-driver-525 - distro non-free
driver   : nvidia-driver-525-open - distro non-free
driver   : nvidia-driver-535-server - distro non-free
driver   : nvidia-driver-535-server-open - distro non-free
driver   : nvidia-driver-470-server - distro non-free
driver   : nvidia-driver-470 - distro non-free
driver   : nvidia-driver-535-open - distro non-free
driver   : nvidia-driver-450-server - distro non-free
driver   : nvidia-driver-535 - distro non-free recommended
driver   : nvidia-driver-525-server - distro non-free
```

图 11-12　推荐的驱动

可以自动安装推荐的版本，命令如下：

```
sudo ubuntu-drivers autoinstall
```

报错了，需要修改DNS，命令如下：

```
sudo vim /etc/systemd/resolved.conf
```

重启服务，命令如下：

```
systemctl restart systemd-resolved
systemctl enable systemd-resolved
```

如果再报错，可以输入apt-get update命令安装和更新软件。然后重启系统（命令为sudo reboot），之后查看驱动，如图11-13所示。

显示安装成功，提示CUDA Version: 12.2，表示这个显卡最高可以支持CUDA 12.2版本。

```
root@koala9527-MS-7B23:~# nvidia-smi
Fri Nov 24 14:54:08 2023
+---------------------------------------------------------------------------------------+
| NVIDIA-SMI 535.129.03             Driver Version: 535.129.03   CUDA Version: 12.2     |
|-----------------------------------------+----------------------+----------------------+
| GPU  Name                 Persistence-M | Bus-Id        Disp.A | Volatile Uncorr. ECC |
| Fan  Temp   Perf          Pwr:Usage/Cap |         Memory-Usage | GPU-Util  Compute M. |
|                                         |                      |               MIG M. |
|=========================================+======================+======================|
|   0  NVIDIA GeForce RTX 2070 ...    Off | 00000000:01:00.0  On |                  N/A |
| 34%   36C    P8              7W / 215W  |    586MiB /  8192MiB |      0%      Default |
|                                         |                      |                  N/A |
+-----------------------------------------+----------------------+----------------------+

+---------------------------------------------------------------------------------------+
| Processes:                                                                            |
|  GPU   GI   CI        PID   Type   Process name                            GPU Memory |
|        ID   ID                                                             Usage      |
```

图 11-13　查看驱动

（2）安装CUDA。

先安装CUDA Toolkit，下载地址为https://developer.nvidia.com/cuda-toolkit-archive，下载页面如图11-14所示。

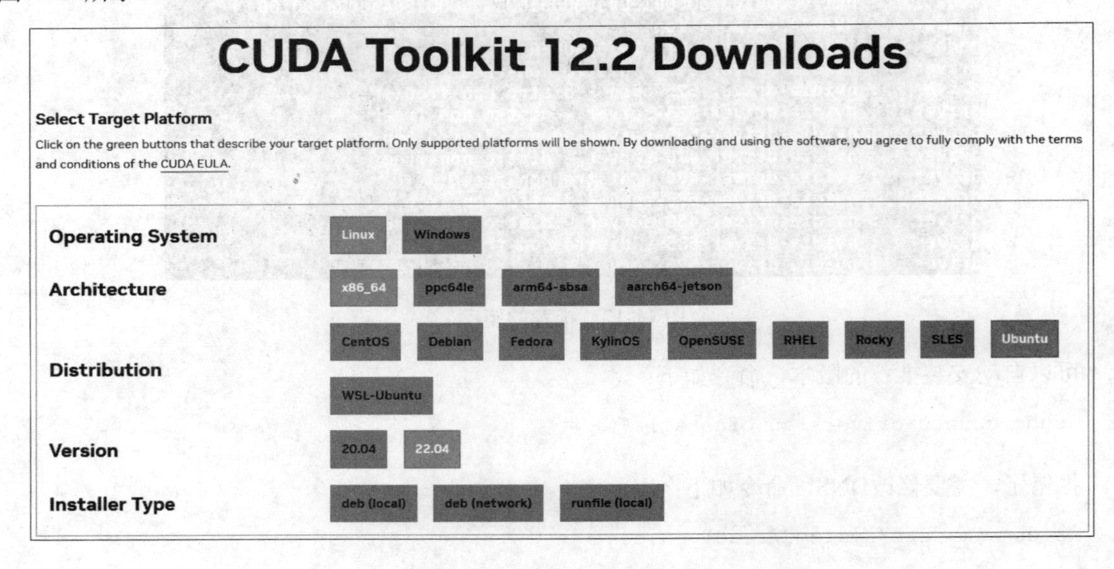

图 11-14　下载 CUDA Toolkit

根据官方网站提示在线安装，命令如下：

```
  wget https://developer.download.nvidia.com/compute/cuda/12.2.0/
local_installers /cuda_12.2.0_ 535.54.03_linux.run
  sudo sh cuda_12.2.0_535.54.03_linux.run
```

提示报错：

```
  Failed to verify gcc version. See log at /var/log/cuda-installer.log for details.
```

先加忽略试试看，命令如下：

```
sudo sh cuda_12.2.0_535.54.03_linux.run --override
```

然后输入accept，如图11-15所示。

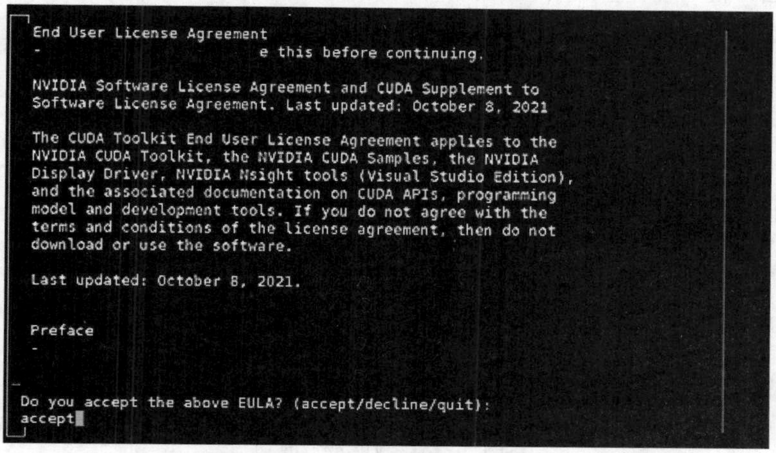

图 11-15　安装许可协议

安装CUDA相关的选项即可，选择Install后按Enter键，如图11-16所示。

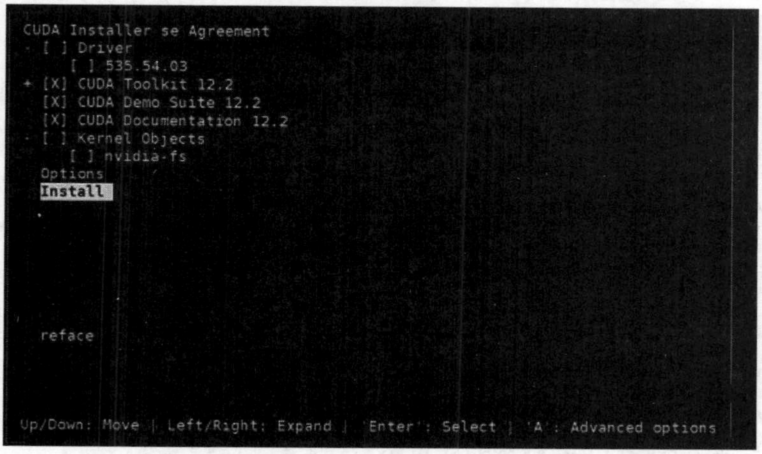

图 11-16　安装 CUDA Toolkit

截至目前还没完，还需要根据提示添加环境变量，命令如下：

````
```shell
vim ~/.bashrc
````

然后在文件末尾添加如图11-17所示的内容。
````

```
export PATH=     :/usr/local/cuda-12. /bin
export LD_LIBRARY_PATH=            :/usr/local/cuda-12. /lib64
```

图 11-17　添加环境变量

保存后退出，使环境变量生效，命令如下：

```
source ~/.bashrc
```

最后验证一下，命令如下：

```
nvcc -V
```

结果如图11-18所示。

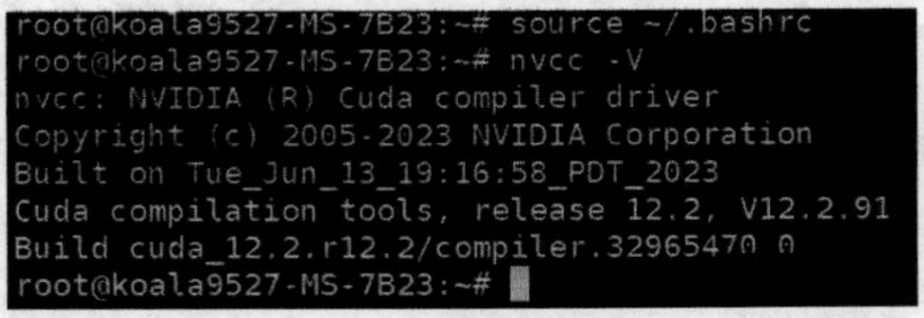

```
root@koala9527-MS-7B23:~# source ~/.bashrc
root@koala9527-MS-7B23:~# nvcc -V
nvcc: NVIDIA (R) Cuda compiler driver
Copyright (c) 2005-2023 NVIDIA Corporation
Built on Tue_Jun_13_19:16:58_PDT_2023
Cuda compilation tools, release 12.2, V12.2.91
Build cuda_12.2.r12.2/compiler.32965470_0
root@koala9527-MS-7B23:~#
```

图 11-18　验证是否成功

（3）安装cuDNN。

接下来安装cuDNN，这里需要PyTorch版本为2.0及以上。

看看cuDNN和CUDA的版本对应关系，CUDA 12.2对应的cuDNN版本如图11-19所示。

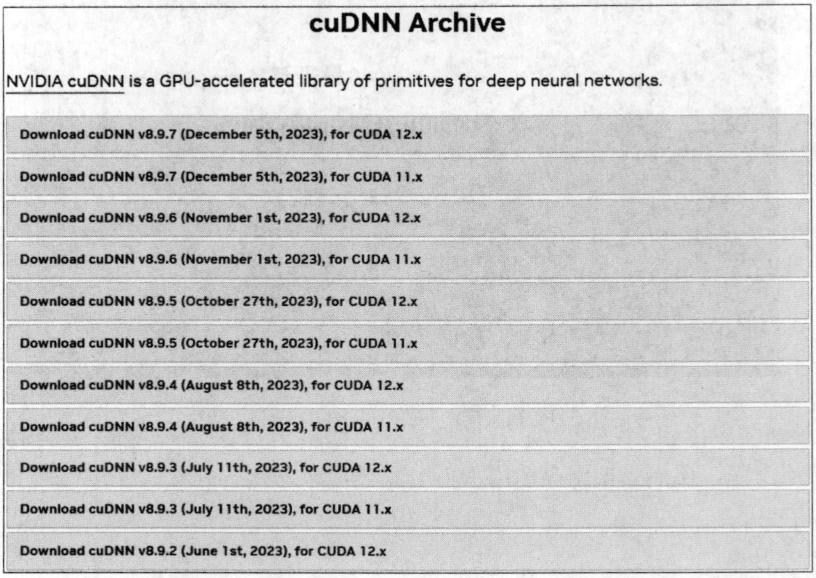

图 11-19　cuDNN 和 CUDA 的版本对应关系

cuDNN官方下载地址为https://developer.nvidia.com/rdp/cudnn-archive，下载需要验证NVIDIA的账号权限，这里通过Windows用SSH链接用FTP传了上去，如图11-20所示。

```
root@koala9527-MS-7B23:~# ls
cudnn-local-repo-ubuntu2204-8.9.5.30_1.0-1_amd64.deb  snap
root@koala9527-MS-7B23:~#
```

图 11-20 验证 NVIDIA 账号权限

直接安装，命令如下：

```
sudo dpkg -i cudnn-local-repo-ubuntu2204-8.9.5.30_1.0-1_amd64.deb
```

安装示例复制软件源的key，命令如下：

```
sudo cp /var/cudnn-local-repo-ubuntu2204-8.9.5.30/cudnn-local-FB167084-keyring.gpg /usr/share/keyrings/
```

更新软件源，命令如下：

```
sudo apt-get update
```

接下来，还要安装运行时库、开发者库以及与代码示例相关的软件。

这里需要指定具体的CUDA版本和cuDNN版本，上面的CUDA和cuDNN版本分别为12.2.0和8.9.5.30，所以命令如下：

```
sudo apt-get install libcudnn8=8.9.5.30-1+cuda12.2
sudo apt-get install libcudnn8-dev=8.9.5.30-1+cuda12.2
sudo apt-get install libcudnn8-samples=8.9.5.30-1+cuda12.2
```

执行完成后验证安装，命令如下：

```
cp -r /usr/src/cudnn_samples_v8/ $HOME
cd $HOME/cudnn_samples_v8/mnistCUDNN
make clean && make
./mnistCUDNN
```

如果在执行make命令时系统提示找不到该命令，说明你可能需要安装make工具，命令如下：

```
apt install make
```

然后又报错，如下所示：

```
rm -rf *orm -rf mnistCUDNN
CUDA_VERSION is 12020
Linking agains cublasLt = true
CUDA VERSION: 12020
TARGET ARCH: x86_64
```

```
    HOST_ARCH: x86_64
    TARGET OS: linux
    SMS: 50 53 60 61 62 70 72 75 80 86 87 90
    g++: No such file or directory
    nvcc fatal   : Failed to preprocess host compiler properties.
    >>> WARNING - FreeImage is not set up correctly. Please ensure FreeImage is set
up correctly. <<<
     [@] /usr/local/cuda/bin/nvcc -I/usr/local/cuda/include
-I/usr/local/cuda/include -IFreeImage/include -ccbin g++ -m64 -gencode
arch=compute_50,code=sm_50 -gencode arch=compute_53,code=sm_53 -gencode
arch=compute_60,code=sm_60 -gencode arch=compute_61,code=sm_61 -gencode
arch=compute_62,code=sm_62 -gencode arch=compute_70,code=sm_70 -gencode
arch=compute_72,code=sm_72 -gencode arch=compute_75,code=sm_75 -gencode
arch=compute_80,code=sm_80 -gencode arch=compute_86,code=sm_86 -gencode
arch=compute_87,code=sm_87 -gencode arch=compute_90,code=sm_90 -gencode
arch=compute_90,code=compute_90 -o fp16_dev.o -c fp16_dev.cu
     [@] g++ -I/usr/local/cuda/include -I/usr/local/cuda/include
-IFreeImage/include -o fp16_emu.o -c fp16_emu.cpp
     [@] g++ -I/usr/local/cuda/include -I/usr/local/cuda/include
-IFreeImage/include -o mnistCUDNN.o -c mnistCUDNN.cpp
    [@] /usr/local/cuda/bin/nvcc -ccbin g++ -m64 -gencode arch=compute_50,code=sm_50
-gencode arch=compute_53,code=sm_53 -gencode arch=compute_60,code=sm_60 -gencode
arch=compute_61,code=sm_61 -gencode arch=compute_62,code=sm_62 -gencode
arch=compute_70,code=sm_70 -gencode arch=compute_72,code=sm_72 -gencode
arch=compute_75,code=sm_75 -gencode arch=compute_80,code=sm_80 -gencode
arch=compute_86,code=sm_86 -gencode arch=compute_87,code=sm_87 -gencode
arch=compute_90,code=sm_90 -gencode arch=compute_90,code=compute_90 -o mnistCUDNN
fp16_dev.o fp16_emu.o mnistCUDNN.o -I/usr/local/cuda/include
-I/usr/local/cuda/include -IFreeImage/include -L/usr/local/cuda/lib64
-L/usr/local/cuda/lib64 -L/usr/local/cuda/lib64 -lcublasLt
-LFreeImage/lib/linux/x86_64 -LFreeImage/lib/linux -lcudart -lcublas -lcudnn
-lfreeimage -lstdc++ -lm
```

继续安装相关的软件，命令如下：

```
    sudo apt-get install libfreeimage3 libfreeimage-dev
```

继续报错，显然没有安装g++编译库，想找到具体问题，结果在NVIDIA论坛上找到了解决方案，命令如下：

```
    sudo apt-get install g++ freeglut3-dev build-essential libx11-dev libxmu-dev
libxi-dev libglu1-mesa libglu1-mesa-dev
```

最后成功了，如图11-21所示。

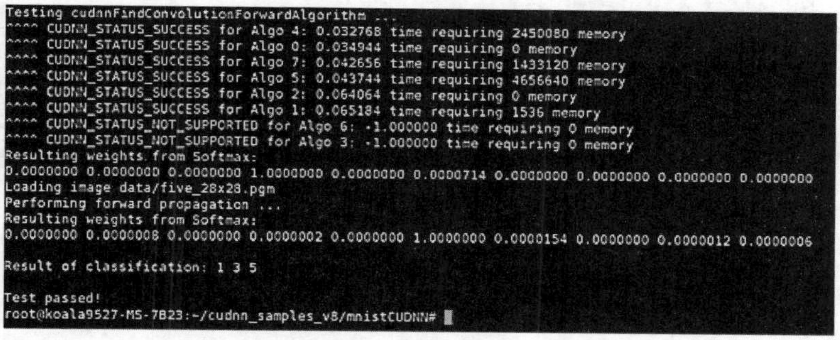

```
Testing cudnnFindConvolutionForwardAlgorithm ...
^^^^ CUDNN_STATUS_SUCCESS for Algo 4: 0.032768 time requiring 2450080 memory
^^^^ CUDNN_STATUS_SUCCESS for Algo 0: 0.034944 time requiring 0 memory
^^^^ CUDNN_STATUS_SUCCESS for Algo 7: 0.042656 time requiring 1433120 memory
^^^^ CUDNN_STATUS_SUCCESS for Algo 5: 0.043744 time requiring 4656640 memory
^^^^ CUDNN_STATUS_SUCCESS for Algo 2: 0.064064 time requiring 0 memory
^^^^ CUDNN_STATUS_SUCCESS for Algo 1: 0.065184 time requiring 1536 memory
^^^^ CUDNN_STATUS_NOT_SUPPORTED for Algo 6: -1.000000 time requiring 0 memory
^^^^ CUDNN_STATUS_NOT_SUPPORTED for Algo 3: -1.000000 time requiring 0 memory
Resulting weights from Softmax:
0.0000000 0.0000000 0.0000000 1.0000000 0.0000000 0.0000714 0.0000000 0.0000000 0.0000000 0.0000000
Loading image data/five_28x28.pgm
Performing forward propagation ...
Resulting weights from Softmax:
0.0000000 0.0000008 0.0000000 0.0000002 0.0000000 1.0000000 0.0000154 0.0000000 0.0000012 0.0000006

Result of classification: 1 3 5

Test passed!
root@koala9527-MS-7B23:~/cudnn_samples_v8/mnistCUDNN#
```

图 11-21　验证是否成功

2）下载项目

从官方Git项目地址进行下载，命令如下：

```
git clone https://github.com/THUDM/ChatGLM2-6B
cd ChatGLM2-6B
```

需要提前安装一些软件，命令如下：

```
apt install python3-pip git curl
```

这里就不使用conda了，直接安装相关依赖，命令如下：

```
pip install -r requirements.txt -i https://mirrors.aliyun.com/pypi/simple/
```

安装Git LFS（Large File Storage），这是Git的一个扩展，用于支持大文件的版本管理。

在项目的根目录下，通过编辑 .gitattributes 文件来指定哪些文件应该存储在与Git仓库分开的专门的LFS文件服务器中，命令如下：

```
curl -s https://packagecloud.io/install/repositories/github/git-lfs/
script.deb.sh | sudo bash sudo apt-get install git-lfs
```

切换一个文件夹执行大模型相关的模型，命令如下：

```
git clone https://huggingface.co/THUDM/chatglm2-6b
```

结果如图11-22所示。

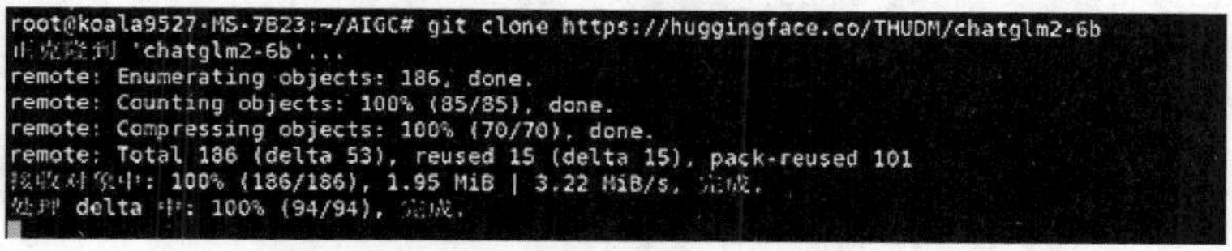

```
root@koala9527-MS-7B23:~/AIGC# git clone https://huggingface.co/THUDM/chatglm2-6b
正克隆到 'chatglm2-6b'...
remote: Enumerating objects: 186, done.
remote: Counting objects: 100% (85/85), done.
remote: Compressing objects: 100% (70/70), done.
remote: Total 186 (delta 53), reused 15 (delta 15), pack-reused 101
接收对象中: 100% (186/186), 1.95 MiB | 3.22 MiB/s, 完成.
处理 delta 中: 100% (94/94), 完成.
```

图 11-22　执行大模型相关模型

没有进度显示，看看源代码有多大，如图11-23所示。

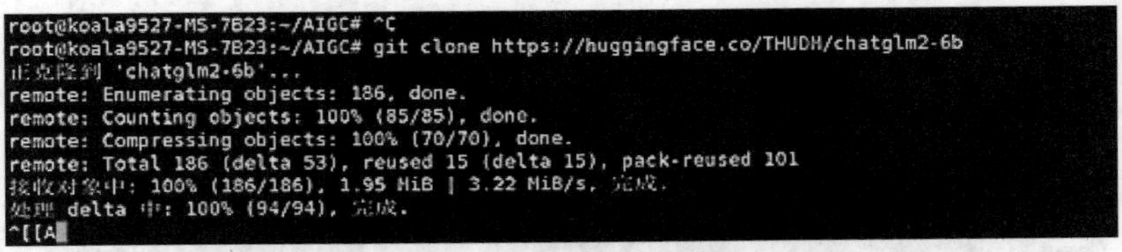

```
root@koala9527-MS-7B23:~/AIGC# ^C
root@koala9527-MS-7B23:~/AIGC# git clone https://huggingface.co/THUDM/chatglm2-6b
正克隆到 'chatglm2-6b'...
remote: Enumerating objects: 186, done.
remote: Counting objects: 100% (85/85), done.
remote: Compressing objects: 100% (70/70), done.
remote: Total 186 (delta 53), reused 15 (delta 15), pack-reused 101
接收对象中: 100% (186/186), 1.95 MiB | 3.22 MiB/s, 完成.
处理 delta 中: 100% (94/94), 完成.
^[[A
```

图 11-23　查看源代码大小

查看下载速度和带宽占用，命令如下：

```
sudo apt install nethogs
nethogs -d 5
```

理论上差不多需要10分钟，实际上不止。下载完成后，进入模型文件中，命令如下：

```
cd chatglm2-6b
```

3）命令行测试

试一下命令行启动：python3，进入交互式命令行，命令如下：

```
from transformers import AutoTokenizer, AutoModel
tokenizer = AutoTokenizer.from_pretrained("THUDM/chatglm2-6b-int4", 
trust_remote_code=True)
model = AutoModel.from_pretrained("THUDM/chatglm2-6b-int4", 
trust_remote_code=True, device='cuda')
response, history = model.chat(tokenizer, "你好", history=[])
print(response)
```

实际上，AutoModel.from_pretrained加载模型加载了很久。

然后报错了，如下所示：

```
. Make sure to double-check they do not contain any added malicious code. To avoid 
downloading new versions of the code file, you can pin a revision.
```

根据issue调整量化命令，直接修改量化模型名称就行：

需要把：

```
model = AutoModel.from_pretrained("THUDM/chatglm2-6b-int4", 
          trust_remote_code=True, device='cuda')
```

调整成：

```
model = AutoModel.from_pretrained("THUDM/chatglm2-6b-int4", 
trust_remote_code=True).quantize(4).cuda()
```

解释是：如果在from_pretrained中传入device='cuda'，就会把量化前的模型构建在GPU上，显卡只有8GB运行不了。

现在就可以了，然后问了两个问题，显存涨了200多兆字节，平均每个问题涨了大约100兆字节，回答内容还不错，比笔者想象中要好一些。

4）Web 测试

找到官方的项目地址：https://github.com/THUDM/ChatGLM2-6B，因为笔者是从Hugging Face上下载的没有Web测试的代码文件，所以要找到web_demo2.py根据自己的显卡显存调整一下量化等级代码，如下所示：

```
    ...
    @st.cache_resource
    def get_model():
    tokenizer= AutoTokenizer.from_pretrained("THUDM/chatglm2-6b-int4 ,
trust_remote_code=True)
    model=AutoModel.from_pretrained("THUDM/chatglm2-6b-int4",trust_remote_code=Tr
ue).quantize(4).cuda()
    # 多显卡支持，使用下面两行代替上面一行，将num_gpus改为你实际的显卡数量
    # from utils import load_model_on_gpus
    # model = load_model_on_gpus("THUDM/chatglm2-6b", num_gpus=2)
    model = model.eval()
    return tokenizer, model
    ...
```

运行命令如下：

```
streamlit run web.py
```

结果如图11-24所示。

```
root@koala9527-MS-7B23:~/AIGC/chatglm2-6b# vim web.py
root@koala9527-MS-7B23:~/AIGC/chatglm2-6b# streamlit run web.py

  You can now view your Streamlit app in your browser.

  Local URL: http://localhost:8501
  Network URL: http://192.168.2.226:8501
```

图 11-24　运行项目代码

然后访问地址。大模型的生成结果的文件流可以通过streamlit流式传输，不用跟命令行一样等待全部结果生成出来返回，如图11-25所示。

5）部署总结

整个环境搭建流程还算比较顺利，没有卡很久，然后大模型问答的结果内容比笔者想象中要好很多，感觉比ChatGPT 3.5只差了一点，主要是回复得非常快，这在第三方的在线部署模型上是体验不到的，后面可以尝试再找一些数据做大模型微调。

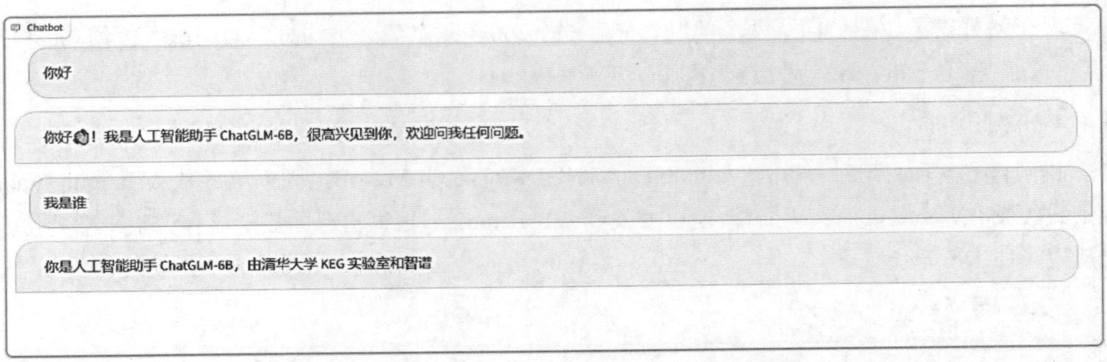

Chatbot

你好

你好👋！我是人工智能助手 ChatGLM-6B，很高兴见到你，欢迎问我任何问题。

我是谁

你是人工智能助手 ChatGLM-6B，由清华大学 KEG 实验室和智谱

图 11-25　访问模型地址

11.3　模型预训练与微调

目前大模型成为重要话题，每个行业都在探索大模型的应用落地，及其如何帮助企业自身。对于大部分企业来说，都没有足够的成本来创建独特的基础模型，然而无法自己创建基础模型，并不代表着大模型无法为大部分公司所用。在大量基础模型的开源分享之后，企业可以使用微调的方法，训练出适合本行业和独特用例的大模型以及应用。本节介绍模型的预训练和微调技术。

11.3.1　大模型预训练

1. 预训练的基本概念

预训练属于迁移学习的范畴。现有的神经网络在进行训练时，一般基于反向传播算法，先对网络中的参数进行随机初始化，再利用随机梯度下降等优化算法不断优化模型参数。而预训练的思想是，模型参数不再是随机初始化的，而是通过一些任务进行预先训练，得到一套模型参数，然后用这套参数对模型进行初始化，再进行训练。

预训练将大量低成本收集的训练数据放在一起，经过某种预训练的方法来学习其中的共性，然后将其中的共性“移植”到特定任务的模型中，再使用相关特定领域的少量标注数据进行“微调”。因此，模型只需要从“共性”出发，来“学习”该特定任务的“特殊”部分。

例如，让一个完全不懂英文的人去做英文法律文书的关键词提取工作会完全无法进行，或者说他需要非常多的时间去学习，因为他现在根本看不懂英文。但是，如果让一个英语为母语但没接触过此类工作的人去做这项任务，他可能只需要相对比较短的时间学习如何提取法律文书的关键词就可以上手这项任务。在这里，英文知识就属于“共性”的知识，这类知识不一定通过英文法律文书的相关语料进行学习，也可以通过大量英文语料学习，不管是小说、书籍，还是自媒体，都可以

是学习资料的来源。在该例中，让完全不懂英文的人去完成这样的任务，就对应了传统的直接训练方法，而完全不懂英文的人如果在早期系统地学习了英文，再让他去做同样的任务，就对应了“预训练 + 微调”的思路，系统地学习英文即为“预训练”的过程。

大语言模型的预训练是指搭建一个大的神经网络模型并“喂”入海量的数据，以某种方法来训练语言模型。大语言模型预训练的主要特点是所用的数据量够多、模型够大。

2. 预训练的需求

预训练技术被广泛应用于各种机器学习任务，主要是为了解决以下问题。

- 数据稀缺性：在许多任务中，标记数据是很昂贵的，并且难以获取。例如，在自然语言处理领域，需要大量标注数据才能训练模型。通过使用预训练技术，可以利用未标记的数据来训练模型，从而提高模型的性能和泛化能力。
- 先验知识问题：许多机器学习任务需要模型具备一定的先验知识和常识，例如自然语言处理中的语言结构和规则。通过使用预训练技术，可以让模型在未标记数据上学习这些知识，从而使其在各种任务上表现更好。
- 迁移学习问题：许多机器学习任务之间存在共性，例如自然语言处理中的语义理解和文本分类等。通过使用预训练技术，可以将模型从一个任务迁移到另一个任务，从而提高模型在新任务上的性能。
- 模型可解释性问题：预训练技术可以帮助模型学习抽象的特征，从而提高模型的可解释性。例如，在自然语言处理中，预训练技术可以使模型学习单词和短语的表示，从而提高模型的可解释性。

综上所述，预训练技术可以帮助机器学习模型解决数据稀缺性、先验知识和迁移学习等问题，从而提高模型的性能和可解释性，同时降低训练成本。

3. 预训练的基本原理

大语言模型预训练采用了Transformer模型的解码器部分，由于没有编码器部分，大语言模型去掉了中间的与编码器交互的多头注意力层。如图11-26所示，左边是Transformer模型的解码器，右边是大语言模型的预训练架构。

下面对大语言模型预训练过程中的批量训练、学习率、优化器和训练稳定性等方面进行讲解。

- 批量训练：对于语言模型的预训练，通常将批量训练的大小（batch_size）设置为较大的数值来维持训练的稳定性。在最新的大语言模型训练中，采用了动态调整批量训练大小的方法，最终在训练期间批量训练大小达到百万规模。结果表明，动态调度批量训练的大小可以有效地稳定训练过程。

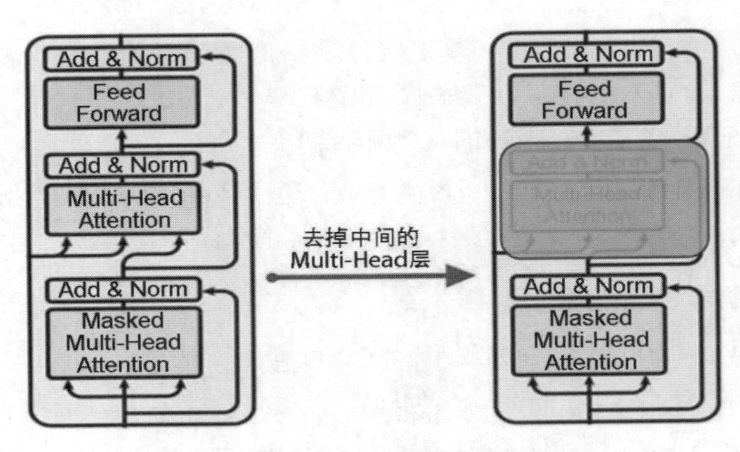

图 11-26　预训练基本原理

- 学习率：大语言模型训练的学习率通常采用预热和衰减的策略。学习率的预热是指模型在最初训练过程的0.1%～0.5%逐渐将学习率提高到最大值。学习率衰减策略在后续训练过程中逐步降低学习率使其达到最大值的10%左右或者模型收敛。
- 优化器：Adam优化器和AdamW优化器是常用的训练大语言模型的优化方法，它们都是基于低阶自适应估计矩的一阶梯度优化。优化器的超参数通常设置为β1=0.9、β2=0.95等。
- 训练稳定性：在大语言模型的预训练期间，经常会遇到训练不稳定的问题，可能导致模型无法继续训练下去。目前，解决这个问题通常采用的方法有正则化和梯度裁剪。梯度裁剪的阈值通常设为1.0，正则化系数为0.1。然而，随着大语言模型规模的扩大，模型的损失函数值更可能发生突变，导致模型训练的不稳定性。为了解决大语言模型训练稳定性的问题，训练时在发生损失函数的突变后，回溯到上一个保存的模型（Checkpoint），并跳过这一部分的训练数据继续进行模型的训练。

4. 预训练的主要优势

大语言模型预训练是一种先通过海量数据进行预训练，再进行微调的技术，其目的是提高机器学习算法的性能和效率。大模型预训练的优势主要有以下几点。

- 提高模型的泛化能力：通过大规模预训练，模型可以学习到更多的数据和知识，从而提高其对未知数据的泛化能力。
- 减少训练时间和数据量：预训练可以大幅减少训练时间和数据量，因为预训练的结果可以直接应用到其他任务上，避免了重复训练。
- 提高算法的效率：预训练可以使得算法更加高效，因为预训练的结果可以作为其他任务的初始值，避免从头开始训练的时间和计算资源浪费。
- 支持多种自然语言处理任务：预训练可以应用于各种自然语言处理任务，如文本分类、情感分析、机器翻译等，提高了自然语言处理技术的通用性和可拓展性。

- 提高模型的精度：大模型预训练可以提高模型的精度和性能，从而使得机器学习算法在各种任务上得到更好的表现。

5. 预训练后续阶段

大语言模型的预训练是指使用大量的数据来训练大规模的模型，以获得初始化的模型参数。随着ChatGPT的出现，预训练完成后，还会采用监督学习、奖励模型以及强化学习进行进一步的微调，这被称为RLHF（Reinforcement Learning from Human Feedback，基于人类反馈的强化学习）。预训练后续阶段主要分为以下3个步骤：

01 监督微调（Supervised Fine-Tuning，SFT）：在大语言模型的训练过程中，需要标记者的参与以进行监督。这一步骤涉及训练监督策略模型。

02 奖励模型训练：通过标记者的人工标注，训练出一个合适的奖励模型，为监督策略建立评价标准。

03 近端策略优化（Proximal Policy Optimization，PPO）强化学习模型训练：采用近端策略优化进行强化学习。通过监督学习策略生成 PPO 模型，将最优结果用于优化和迭代原有的 PPO 模型参数。

11.3.2　大模型微调技术

1. 什么是大模型微调

大模型微调（Fine-Tuning）是指在已经预训练好的大型语言模型基础上，使用特定的数据集进行进一步的训练，以使模型适应特定任务或领域。

其根本原理在于，机器学习模型只能够代表它所接收到的数据集的逻辑和理解，而对于其没有获得的数据样本，并不能很好地识别/理解，并且对于大模型而言，也无法很好地回答特定场景下的问题。

例如，一个通用大模型涵盖了许多语言信息，并且能够进行流畅的对话。但是如果需要在医药方面能够很好地回答患者问题的应用，就需要为这个通用大模型提供很多新的数据以供学习和理解。例如，布洛芬到底能否和感冒药同时吃？为了确定模型可以回答正确，我们需要对基础模型进行微调。

2. 为什么大模型需要微调

预训练模型（Pre-Trained Model），或者说基础模型（Foundation Model），已经可以完成很多任务，比如回答问题、总结数据、编写代码等。但是，并没有一个模型可以解决所有的问题，尤其是行业内的专业问答、关于某个组织自身的信息等，这是通用大模型无法触及的。在这种情况下，就需要使用特定的数据集对合适的基础模型进行微调，以完成特定的任务、回答特定的问题等。在这种情况下，微调就成了重要的手段。

3. 大模型微调的主要类型

同时，根据微调使用的数据集的类型，大模型微调还可以分为监督微调（Supervised Fine-tuning）和无监督微调（Unsupervised Fine-tuning）两种。

- 监督微调：监督微调是指在进行微调时使用有标签的训练数据集。这些标签提供了模型在微调过程中的目标输出。在监督微调中，通常使用带有标签的任务特定数据集，例如分类任务的数据集，其中每个样本都有一个与之关联的标签。通过使用这些标签来指导模型的微调，可以使模型更好地适应特定任务。
- 无监督微调：无监督微调是指在进行微调时使用无标签的训练数据集。这意味着在微调过程中，模型只能利用输入数据本身的信息，而没有明确的目标输出。这些方法通过学习数据的内在结构或生成数据来进行微调，以提取有用的特征或改进模型的表示能力。

监督微调通常在含有标签的任务特定数据集上执行，使得可以直接针对特定任务优化模型的性能。无监督微调则更侧重于从无标签数据中进行特征学习和表示学习，目的是提取更有用的特征表示或增强模型的泛化能力。这两种微调方法可以单独使用，也可以结合使用，取决于具体任务的需求和可用数据的类型和数量。

4. 大模型微调的主要步骤

大模型微调如前文所述有很多方法，并且对于每种方法都会有不同的微调流程、方式、准备工作和周期。然而大部分的大模型微调都包含以下几个主要步骤。

01 准备数据集：收集和准备与目标任务相关的训练数据集，确保数据集质量和标注准确性，并进行必要的数据清洗和预处理。

02 选择预训练模型/基础模型：根据目标任务的性质和数据集的特点，选择适合的预训练模型。

03 设定微调策略：根据任务需求和可用资源，选择适当的微调策略。考虑是进行全微调还是部分微调，以及微调的层级和范围。

04 设置超参数：确定微调过程中的超参数，如学习率、批量大小、训练轮数等。这些超参数的选择对微调的性能和收敛速度有重要影响。

05 初始化模型参数：根据预训练模型的权重，初始化微调模型的参数。对于全微调，所有模型参数都会被随机初始化；对于部分微调，只有顶层或少数层的参数会被随机初始化。

06 进行微调训练：使用准备好的数据集和微调策略对模型进行训练。在训练过程中，根据设定的超参数和优化算法逐渐调整模型参数以最小化损失函数。

07 模型评估和调优：在训练过程中，使用验证集对模型进行定期评估，并根据评估结果调整超参数或微调策略。这有助于提高模型的性能和泛化能力。

08 测试模型性能：在微调完成后，使用测试集对最终的微调模型进行评估，以获得最终的性能指标。这有助于评估模型在实际应用中的表现。

09 模型部署和应用：将微调完成的模型部署到实际应用中，并进行进一步的优化和调整，以满足实际需求。

这些步骤提供了一个一般性的大模型微调流程，但具体的步骤和细节可能会因任务和需求的不同而有所变化。根据具体情况，可以进行适当的调整和优化。

5. 大模型微调的主要方法

1）Instruction Tuning

指令微调（Instruction Tuning）是一种针对大型语言模型（LLMs）的进一步训练过程，它使用由（指令-输出）对构成的数据集。在这些数据集中，指令是指人类给予模型的命令或指示，而输出则是模型遵循这些指令所生成的预期回应。通过这种微调，可以缩小LLMs原本的下一词预测目标与用户期望模型按照人类指令执行任务目标之间的差异，使得模型能更好地理解和执行人类的指令。

指令微调可以被视为监督微调的一种特殊形式。但是，它们的目标依然有差别。监督微调是一种使用标记数据对预训练模型进行微调的过程，以便模型能够更好地执行特定任务。而指令微调是一种通过在包括（指令，输出）对的数据集上进一步训练大型语言模型（LLMs）的过程，以增强LLMs的能力和可控性。指令微调的特殊之处在于其数据集的结构，即由人类指令和期望的输出组成的配对。这种结构使得指令微调专注于让模型理解和遵循人类指令。

总的来说，指令微调是有监督微调的一种特殊形式，专注于通过理解和遵循人类指令来增强大型语言模型的能力和可控性。虽然它们的目标和方法相似，但指令微调的特殊数据结构和任务关注点使其成为监督微调的一个独特子集。

相关研究论文：*Instruction Tuning for Large Language Models: A Survey*。

2）BitFit

BitFit是一种稀疏的微调方法，它训练时只更新bias的参数或者部分偏置（Bias）参数。

在使用Transformer模型时，一种常见的做法是在微调过程中冻结大部分的transformer编码器参数，只更新偏置参数和针对特定任务的分类层参数。具体涉及的偏置参数包括：

（1）注意力（Attention）模块中计算查询（Query）、键（Key）和值（Value）时涉及的偏置。

（2）在合并多个注意力结果时的偏置。

（3）前馈网络（MLP）层中的偏置。

（4）层归一化（Layer Normalization）层的偏置参数。

通过调整这些参数，模型可以在保持预训练阶段学到的通用特征的同时，适应特定下游任务的需求。这种方法有助于减少过拟合的风险，并可以加速微调过程。

在BERT-Base和BERT-Large这类模型中，偏置参数所占的比例非常小，大约只有模型全部参数量的0.08%~0.09%。然而，一项基于GLUE数据集的研究发现，在BERT-Large模型上，尽管BitFit的参数量远少于Adapter和Diff-Pruning，其性能却与后两者相当，甚至在某些任务上超越了它们。这一发现表明，即使只调整少量的偏置参数，也能显著改善模型在特定任务上的表现。

实验结果表明，BitFit微调方法在只更新极少量的参数的情况下，在多个数据集上取得了令人满意的成效。虽然其效果未能达到全量参数微调的水平，但显著优于固定所有模型参数的Frozen方式。

通过比较BitFit训练前后的参数，观察到许多偏置参数变化不大，例如与计算键（Key）相关的偏置参数。然而，计算查询（Query）的偏置参数和将特征维度从N扩大到$4N$的前馈网络（FFN）层（Intermediate）的偏置参数变化最为显著。仅更新这两类偏置参数也能取得不错的效果。相反，如果固定这两类参数中的任何一个，模型性能都会受到较大影响。

相关研究论文：*BitFit: Simple Parameter-efficient Fine-tuning or Transformer-based Masked Language-models*。

3）Prefix Tuning

Prefix Tuning提出了一种方法，即在预训练的语言模型中添加可训练的、针对特定任务的前缀。通过这种方式，可以为不同的任务保存各自独特的前缀，从而降低了微调的成本。同时，这些前缀实际上是连续可微的虚拟Token（也称为Soft Prompt或Continuous Prompt），与离散的Token相比，它们更容易优化，并且能够带来更好的效果。

Prefix Tuning在输入Token之前构造一段任务相关的Virtual Tokens作为Prefix，然后训练的时候只更新Prefix部分的参数，而PLM中的其他部分参数固定。

该方法其实和构造Prompt类似，只是Prompt是人为构造的“显式”的提示，并且无法更新参数，而Prefix则是可以学习的“隐式”的提示。

为了防止直接更新Prefix的参数导致训练不稳定和性能下降的情况，在Prefix层前面加了MLP结构，训练完成后，只保留Prefix的参数。

通过消融实验证实，只调整Embedding层的表现力不够，将导致性能显著下降，因此在每层都加了Prompt的参数，改动较大。

相关研究论文：*Prefix-Tuning: Optimizing Continuous Prompts for Generation*。

4）Prompt Tuning

Prompt Tuning可以看作Prefix Tuning的简化版本，它给每个任务定义了自己的Prompt，然后拼接到数据上作为输入，但只在输入层加入Prompt Tokens，并且不需要加入MLP进行调整来解决难训练的问题。通过实验发现，随着预训练模型参数量的增加，Prompt Tuning的方法会逼近全参数微调的结果。

Prompt Tuning还提出了Prompt Ensembling，也就是在一个批次（Batch）中同时训练同一个任务的不同Prompt（即采用多种不同方式询问同一个问题），这样相当于训练了不同模型，比模型集成的成本小多了。

作者做了一系列对比实验，都在说明：随着预训练模型参数的增加，一切问题都不是问题，最简单的设置也能达到极好的效果。

- Prompt长度影响：模型参数达到一定量级时，Prompt长度为1也能达到不错的效果，Prompt长度为20就能达到极好的效果。
- Prompt初始化方式影响：Random Uniform方式明显弱于其他两种（Sampled Vocab和Class Label），但是当模型参数达到一定量级时，这种差异不复存在。
- 预训练的方式：LM Adaptation方式效果好，但是当模型达到一定规模时，差异几乎没有了。
- 微调步数影响：模型参数较少时，步数越多，效果越好。同样，随着模型参数达到一定规模，Zero Shot也能取得不错的效果。当参数达到100亿规模时，与全参数微调方式效果无异。

相关研究论文：*The Power of Scale for Parameter-Efficient Prompt Tuning*。

5）P-Tuning

P-Tuning方法的提出主要是为了解决人工设计Prompt的问题。

大模型的Prompt构造方式严重影响下游任务的效果。比如，GPT-3采用人工构造的模板来进行上下文学习，但人工设计的模板的变化特别敏感，加一个词或者少一个词，或者变动位置都会造成比较大的变化。

同时，近来自动化搜索模板工作成本比较高，以前这种离散化的Token搜索出来的结果可能并不是最优的，导致性能不稳定。

P-Tuning的创新之处在于将提示（Prompt）转换为可学习的嵌入层（Embedding Layer），但直接对嵌入层参数进行优化时面临以下两大挑战。

- 离散性（Discreteness）：与已经通过预训练优化过的语料嵌入层相比，直接对输入提示的嵌入进行随机初始化，然后开始训练，模型必须从头开始学习语言的所有细节。这不仅效率低，而且很可能因为训练数据的限制而陷入局部最优解。

11

- 关联性（Association）：这种方法难以有效捕捉提示嵌入之间的相互关系。

P-Tuning引入了一种连续可微的虚拟Token（类似于Prefix-Tuning的概念）。这种方法将Prompt转换成一个可学习的嵌入层（Embedding Layer），然后使用多层感知机（MLP）和长短期记忆网络（LSTM）对Prompt的嵌入进行进一步处理。

经过预训练的LM的词嵌入已经变得高度离散，如果随机初始化Virtual Token，容易优化到局部最优值，而这些Virtual Token理论是应该有关联的。因此，作者通过实验发现用一个Prompt Encoder来编码会收敛得更快，效果更好。即用一个LSTM+MLP来编码这些Virtual Token后，再输入到模型中。

对比实验的结果证实，P-Tuning能够达到与全参数微调一致的性能，并且在某些任务上甚至超越了全参数微调的效果。

实验还发现，在相同参数规模的条件下，如果进行全参数微调，BERT在自然语言理解（NLU）任务上的表现远超GPT。然而，在使用P-Tuning时，GPT能够实现超越BERT的性能。

相关研究论文：*GPT Understands，Too*。

6）P-Tuning v2

Prompt Tuning和P-Tuning方法存在两个主要的问题：

（1）缺乏模型参数规模和任务通用性。

- 缺乏规模通用性：Prompt Tuning论文中表明，当模型规模超过100亿个参数时，提示优化可以与全量微调相媲美。但是对于那些较小的模型（从100M到1B），提示优化和全量微调的表现有很大差异，这大大限制了提示优化的适用性。
- 缺乏任务普遍性：尽管Prompt Tuning和P-Tuning在一些自然语言理解（NLU）基准测试中表现出优势，但提示调优对硬序列标记任务（即序列标注）的有效性尚未得到验证。

（2）缺少深度提示优化，在Prompt Tuning和P-Tuning中，连续提示只被插入Transformer第一层的输入Embedding序列中，在接下来的Transformer层中，插入连续提示的位置的Embedding是由之前的Transformer层计算出来的，这可能导致两个潜在的优化挑战。

- 由于序列长度的限制，可调参数的数量是有限的。
- 输入嵌入对模型预测的影响相对间接。

考虑到这些问题，提出了P-Tuning v2，它利用深度提示优化（如Prefix Tuning）对Prompt Tuning和P-Tuning进行改进，作为一个跨规模和NLU任务的通用解决方案。

相比Prompt Tuning和P-Tuning的方法，P-Tuning v2方法在每一层加入了Prompts Tokens作为输入，带来两个方面的好处：

- 带来更多可学习的参数（从P-Tuning和Prompt Tuning的0.1%增加到0.1%～3%），同时也足够Parameter-Efficient。
- 加入更深层结构中的Prompt能给模型预测带来更直接的影响。

总之，P-Tuning v2是一种在不同规模和任务中都可与微调相媲美的提示方法。P-Tuning v2对从330M到10B的模型显示出一致的改进，并在序列标注等困难的序列任务上以很大的幅度超过了Prompt Tuning和P-Tuning。

相关研究论文：*P-Tuning v2: Prompt Tuning Can Be Comparable to Fine-tuning Universally Across Scales and Tasks*。

7）Adapter Tuning

随着计算机硬件性能的提高，预训练模型的参数量越来越多，在训练下游任务时进行全量微调变得昂贵且耗时。Adapter Tuning方法的出现缓解了上述问题。通过在预训练模型的每一层中插入针对下游任务的参数（每个下游任务仅增加3.6%的参数量），在微调时将模型主体冻结，仅训练与特定任务相关的参数，从而减少了微调阶段的算力开销。

Adapter Tuning设计了Adapter结构，并将其嵌入Transformer的结构里面，针对每一个Transformer层，增加了两个Adapter结构，分别是多头注意力投影之后和第二个Feed-Forward层之后。在训练时，固定住原来预训练模型的参数不变，只对新增的Adapter结构和Layer Norm层进行微调，从而保证了训练的高效性。

每当出现新的下游任务时，通过添加Adapter模块来产生一个易于扩展的下游模型，从而避免全量微调与灾难性遗忘的问题。

相关研究论文：*Parameter-Efficient Transfer Learning for NLP*。

8）AdapterFusion

AdapterFusion是一种融合多任务信息的Adapter的变体，在Adapter的基础上进行优化，通过将学习过程分为两个阶段来提升下游任务的表现。

- 知识提取阶段：在不同任务下引入各自的Adapter模块，用于学习特定任务的信息。
- 知识组合阶段：将预训练模型参数与特定任务的Adapter参数固定，然后引入新的参数（称为AdapterFusion）来学习如何结合多个Adapter中的知识，以提高模型在目标任务上的性能。

在第一阶段，有两种训练方式，分别如下。

- Single-Task Adapters（ST-A）：对于*N*个任务，模型分别独立进行优化，各个任务之间互不干扰，互不影响。
- Multi-Task Adapters（MT-A）：*N*个任务通过多任务学习方式进行联合优化。

在第二阶段，为了避免因引入特定任务参数而导致的灾难性遗忘问题，AdapterFusion采用了一个共享多任务信息的结构。对于特定的任务*m*，AdapterFusion整合了第一阶段训练得到的*N*个Adapter的信息。在这个过程中，语言模型的参数和*N*个Adapter的参数都被固定，新引入的是AdapterFusion的参数。这些新参数的目标是学习如何结合针对特定任务*m*的Adapter信息，以便在不引起遗忘的情况下提高模型的性能。

相关研究论文：*AdapterFusion:Non-Destructive Task Composition for Transfer Learning*。

9）AdapterDrop

近年来，Adapter已被证明可以很好地用于机器翻译、跨语言迁移、社区问答和迁移学习的任务组合。尽管它们最近很受欢迎，但Adapter的计算效率尚未在参数效率之外得到探索。

通过对Adapter的计算效率进行分析，发现与全量微调相比，Adapter在训练时快60%，但是在推理时慢4%～6%。基于此，提出了AdapterDrop方法缓解该问题。

AdapterDrop在不影响任务性能的情况下，对Adapter动态高效地移除，尽可能减少模型的参数量，提高模型在反向传播（训练）和正向传播（推理）时的效率。

实验表明，从较低的Transformer层中删除Adapter可以显著提高多任务设置中的推理速度。例如，将前5个Transformer层中的Adapter丢弃，在对8个任务进行推理时，速度提高了39%。并且即使有多个丢弃层，AdapterDrop也能保持良好的结果。

相关研究论文：*AdapterDrop: On the Efficiency of Adapters in Transformers*。

10）RLHF

RLHF（Reinforcement Learning from Human Feedback，人类反馈强化学习）的核心思想是使用强化学习的方式直接优化带有人类反馈的语言模型。RLHF 使得在一般文本数据语料库上训练的语言模型也能够和复杂的人类价值观保持一致。

RLHF是一种复杂的概念，涉及多个模型和不同的训练阶段。一般来说，这个过程可以分为以下3个步骤。

01 监督微调（Supervised Fine-tuning）：在这个阶段，使用数据集对预训练的语言模型（LM）进行微调。这是为了让模型能够更好地理解和生成与特定任务相关的文本。

02 奖励模型训练（Reward Model Training）：这个阶段的目标是训练一个奖励模型（RM）。这个模型通过人工对同一个 prompt 的不同输出进行排序，从而学习如何评估 LM 的输出质量。这样的奖励模型可以用来指导 LM 在后续的强化学习阶段中优化其输出。

03 强化学习微调（Reinforcement Learning Fine-tuning）：在这个阶段，使用强化学习算法（如策略梯度强化学习或近端策略优化 PPO）来微调 LM 的部分或全部参数。这样做的目的是使 LM 能够根据从奖励模型中学到的奖励信号生成更高质量的文本。

长期以来，人们认为使用强化学习来训练LM是不可能的，主要是因为工程和算法上的挑战。然而，现在有多个组织找到了可行的方案，即使用策略梯度强化学习或近端策略优化（PPO）算法来微调初始LM的部分或全部参数。尽管微调整个10B～100B+参数的成本非常高，但PPO算法已经成为RLHF中的有利选择，因为它已经存在了相对较长的时间，并且有大量的指南解释了其原理。

相关研究论文：*Learning to summarize from human feedback*。

11.4　上机练习题

练习：详细阐述大模型微调技术中的指令调优方法（Instruction Tuning）的主要步骤，以及如何对一个小型语言模型进行微调。

指令调优（Instruction Tuning）是一种针对大型语言模型的微调技术，其主要步骤如下。

01 收集数据：首先需要收集与任务相关的数据集，这些数据集应该包含自然语言指令和期望的输出。

02 构建指令：根据收集的数据集构建一系列自然语言指令。这些指令应该清晰地描述任务，并且尽可能地涵盖各种情况。

03 训练模型：使用构建的指令和数据集对大型语言模型进行微调。在训练过程中，模型会根据指令调整自身的参数，以更好地理解和执行任务。

04 评估模型：在训练完成后，需要对模型进行评估，以确定其在新任务上的性能。可以使用交叉验证等技术来评估模型的泛化能力。

05 优化模型：根据评估结果对模型进行优化。这可能涉及调整超参数、添加更多数据或重新设计指令等。

06 部署模型：最后，将优化后的模型部署到实际应用中。在部署过程中，需要考虑模型的性能、可扩展性和安全性等因素。

示例代码如下：

```
# 导入相关库
import torch
import transformers

# 加载预训练的语言模型
model = transformers.AutoTokenizer.from_pretrained('bert-base-uncased')

# 构建指令和数据集
instructions = ["这是一个关于动物的故事。", "故事中出现了一只猫和一只狗。"]
```

```
data = [{"text": "一只猫正在追逐老鼠。", "answer": "猫"}, {"text": "一只狗正在啃骨头。",
"answer": "狗"}]

# 微调模型
model.fit(instructions, data, epochs=10)

# 测试模型
test_instruction = "故事中出现了什么动物？"
test_input = "一只猫正在睡觉。"
prediction = model.predict(test_instruction, test_input)
print(prediction)
```

在这个示例中，我们使用了Hugging Face的transformers库来加载预训练的语言模型，并使用指令调优方法对模型进行微调。然后，使用模型来生成新的文本。

需要注意的是，这只是一个简单的示例，在实际应用中可能需要更复杂的模型和数据集，以及更多的优化和调整。此外，指令调优方法也存在一些限制，例如对于某些复杂任务可能效果不佳，或者需要大量的计算资源。

参 考 文 献

[1] 李炳臻，刘克，顾佼佼，等. 卷积神经网络研究综述[J]. 计算机时代，2021(04):8-12+17.

[2] 宾燚. 视觉数据的智能语义生成方法研究[D].电子科技大学，2020.

[3] 邓建国，张素兰，张继福，等. 监督学习中的损失函数及应用研究[J]. 大数据，2020，6(01):60-80.

[4] 许峰. 基于深度学习的网络舆情识别研究[D]. 北京邮电大学，2019.

[5] 杨丽，吴雨茜，王俊丽，等. 循环神经网络研究综述[J]. 计算机应用，2018，38(S2):1-6+26.

[6] 周畅，米红娟. 深度学习中三种常用激活函数的性能对比研究[J]. 北京电子科技学院学报，2017(04):27-32.

[7] 杨丽. 音频场景分析与识别方法研究[D]. 南京大学，2013.

[8] 张敏. PyTorch深度学习实战：从新手小白到数据科学家[M]. 北京：电子工业出版社，2020.

[9] 孙玉林，余本国. PyTorch深度学习入门与实战（案例视频精讲）[M]. 北京：中国水利水电出版社，2020.

[10] 张校捷. 深入浅出PyTorch——从模型到源码[M]. 北京：电子工业出版社，2020.

[11] 吴茂贵，郁明敏，杨本法，等. Python深度学习：基于PyTorch[M]. 北京：机械工业出版社，2019.

[12] 唐进民. 深度学习之PyTorch实战计算机视觉[M]. 北京：电子工业出版社，2018.

[13] 谢林・托马斯，苏丹舒・帕西著，马恩驰 陆健 译. PyTorch深度学习实战[M]. 北京：机械工业出版社，2020.

[14] [美] 伊莱・史蒂文斯，[意] 卢卡・安蒂加等著，牟大恩 译. PyTorch深度学习实战[M].北京：人民邮电出版社，2022.

[15] [印] V・基肖尔・阿耶德瓦拉，[印]耶什万斯・雷迪 著 汪雄飞，汪荣贵译，PyTorch计算机视觉实战：目标检测、图像处理与深度学习[M]. 北京：机械工业出版社，2023.

[16] 阿斯顿・张、李沐等. 动手学深度学习PyTorch版[M]. 北京：人民邮电出版社，2024.